Nam-Trung Nguyen

Mikrofluidik

Entwurf, Herstellung und Charakterisierung

Nam-Trung Nguyen

Mikrofluidik

Entwurf, Herstellung und Charakterisierung

Mit 140 Abbildungen, 12 Tabellen und 37 Beispielen

B. G. Teubner Stuttgart · Leipzig · Wiesbaden

Bibliografische Information der Deutschen Bibliothek
Die Deutsche Bibliothek verzeichnet diese Publikation in der Deutschen Nationalbibliographie;
detaillierte bibliografische Daten sind im Internet über <http://dnb.ddb.de> abrufbar.

Prof. Dr.-Ing. Nam-Trung Nguyen lehrt Technische Thermodynamik und industrielle Elektronik an der Nanyang Technological University in Singapur. Er forscht und entwickelt auf dem Gebiet der Mikrosystemtechnik und Mikrofluidik. 1988 Studium der Mikrosystemtechnik an der Technischen Universität Chemnitz. 1993 wissenschaftlicher Mitarbeiter an der Technischen Universität Chemnitz. 1997 wissenschaftlicher Mitarbeiter an der University of California at Berkeley (USA). 1999 wissenschaftlicher Mitarbeiter an der Nanyang Technological University (Singapur). 2001 Assistant Professor an der Nanyang Technological University (Singapur)

Von der Fakultät für Elektrotechnik und Informationstechnik der Technischen Universität Chemnitz genehmigte Habilitationsschrift

LaTeX-Formatvorlage: Harald Harders

1. Auflage Oktober 2004

Umschlaggestaltung: Ulrike Weigel, www.CorporateDesignGroup.de
Gedruckt auf säurefreiem und chlorfrei gebleichtem Papier.

ISBN-13: 978-3-519-00466-0   e-ISBN-13: 978-3-322-80069-5
DOI: 10.1007/ 978-3-322-80069-5

Vorwort

Das vorliegende Buch wurde von der Fakultät für Elektrotechnik und Informations-
technik der Technischen Universität Chemnitz als Habilitationsschrift genehmigt. Diese
Arbeit entstand während meiner Tätigkeit als wissenschaftlicher Mitarbeiter am Berke-
ley Sensors and Actuators Center (University of California at Berkeley, USA) und als
Assistant-Professor an der School of Mechanical and Production Engineering (Nanyang
Technological University, Singapur).

Mein besonderer Dank gilt Herrn Prof. Dr.-Ing. Wolfram Dötzel für die Übernahme
der Betreuung und die Durchsicht des Manuskripts. Ich bedanke mich bei Herrn Prof.
Dr.-Ing. habil. Gerald Gerlach und Herrn Prof. Dr.-Ing. habil. Helmut Wurmus für ihr
Interesse an dieser Arbeit und die Übernahme der Begutachtung. An dieser Stelle möchte
ich auch Herrn Dr. Martin Feuchte vom Teubner Verlag für die sehr gute Zusammenarbeit
danken.

Meinen Kollegen, insbesondere Herrn Associate-Professor Huang Xiaoyang, meinen
beiden PhD-Studenten Herrn Truong Thai-Quang und Herrn Wu Zhigang möchte ich
für die Zusamenarbeit danken.

Nicht zuletzt bedanke ich mich bei meiner Frau und beiden Kindern für ihre Liebe
und Verständnis für diese Arbeit.

Singapur, im June 2004   *Nam-Trung Nguyen*

Inhaltsverzeichnis

Abstract

Since the late 1970s silicon technology was extended to the development of miniaturi-zed mechanical devices, which later came to be known in North America as microelec-tromechanical systems (MEMS) or in Europe simply as microsystems. The use of this technology for making fluidic components set the foundation for the emerging research field of microfluidics. Since these early days microfluidics has been developed to a key technology, expecially for chemical and biochemical analysis. This work is dedicated to the entire development process of microfluidic systems from theoretical fundamentals, to fabrication techniques, to simulation techniques, and to characterization.

In chapter one, a brief introduction to microfluidics is presented. This chapter first dis-cusses the historical development of microfluidic components and their technologies. The discussion leads then to the recent trend in microfluidics. Potentials of the microfluidic technology are discussed under both scientific and commercial aspects.

Chapter two deals with the fundamentals of fluid mechanics in microscale. Scaling laws are derived for non-dimensional numbers which represent the ratio of different forces in a microflow. Different flow models and their analytical descriptions are presented. Accor-ding to the scaling laws, surface effects have a big impact in microscale. Models of different surface related effects such as electroosmosis flow, electrophoresis flow, passive capillary flow, thermocapillary flow, and electrocapillary flow are analyzed. A simple gas/liquid interface system is the micro bubble, which can be easily created in a microfluidic device. At the end of this chapter the generation of micro bubbles and their use as actuator are discussed.

Chapter three presents the most important technologies for the fabrication of microflui-dic systems. These technologies are discussed in three major groups: silicon technology, polymeric technology and other technologies. The chapter shows fabrication examples of microchannels using these different technology approaches.

Chapter four explains the basic methods for modelling fluid flows in microfluidic sys-tems in the three levels: molecular level, physical level, and system level. The chapter also discusses the criteria for the use of conventional computational fluid dynamics and macro modelling tools for microfluidic components and systems.

Chapter five discusses different characterization techniques for microfluidics. This chap-ter describes the concept of micro particle image velocimetry in details. Practical issues such as evaluation algorithms, experimental setup, methods for improvement of measu-rement results, and measurement examples are also presented in this chapter.

Chapters six to eight illustrate the concepts discussed in the previous chapters in case studies of typical microfluidic components such as micropumps and micromixers. In these chapters, the design, simulation, fabrication and characterization of an ultrasonic micropump, a polymeric micro checkvalve pump and micromixers are discussed in details.

Zeichen und Benennungen

A	Fläche
b	Auflösung der Fotolithographie
Bo	Bond-Zahl
c	Konzentration (kg^{-1}), Kapazität pro Flächeneinheit
c_p, c_v	spezifische Wärme
$C, C_{\mathrm{fluid.}}$	elektrische Kapazität, fluidische Kapazität
Ca	Kapilaritätszahl
d	Mischlänge, Dicke
D	Diffusionskoeffizient
D, D_{h}	Durchmesser, hydraulischer Durchmesser
e	Elementarladung
$E, E_{\mathrm{elek.}}$	Energie, elektrische Feldstärke
Ec	Eckert-Zahl
Eu	Euler-Zahl
f	Frequenz
$f_{\mathrm{D}}, f_{\mathrm{F}}$	Darcy-Reibungsfaktor, Fanning-Reibungsfaktor
$F, F_{\mathrm{H}}, F_{\mathrm{G}}$	Kraft, Haftkraft, Gewicht
Fr	Froude-Zahl
g	Beschleunigung
H	Höhe
$I, I(i,j)$	elektrischer Strom, Intensitätsmatrix
I_n, J_n	modifizierte Bessel-Funktion erster Gattung n-ter Ordnung
k	Adiabatenkoeffizient, Federkonstante, Wellenzahl
k_{B}	Boltzmann's Konstante
K_n	Bessel-Funktion zweiter Gattung n-ter Ordnung
Kn	Knudsen-Zahl
n	Konzentration (mol^{-1}), Moleküldichte (m^{-3})
$L, L_{\mathrm{fluid.}}$	elektrische Induktivität, fluidische Induktivität
L, L_{Gleit}	Länge, Gleitlänge
$\dot{m}$	Massenstrom
m, M	Masse, molekulare Masse
M	optische Vergrößerung
Ma	Mach-Zahl
N_{A}	Avogadro-Zahl
NA	numerische Apertur
p	Druck
Pe	Peclet-Zahl

Pr	Prandtl-Zahl
q	Ladung
Q	Volumenstrom
r, R	Abstand, Radius
$R, R_{\text{fluid.}}$	elektrischer Widerstand, fluidischer Widerstand
$R(m, n)$	Kreuzkorrelationsfunktion
Re	Reynolds-Zahl
$\bar{R}$	universelle Gaskonstante
S	Skalierungsfaktor
T	Temperature
t	Zeit
u, v, w	Geschwindigkeit
$\bar{u}, \bar{u}_{\text{rms}}, \bar{u}_{\text{w}}, \bar{u}_{\text{S}}$	Durchschnittsgeschwindigkeit, Effektivgeschwindigkeit, wahrscheinlichste Geschwindigkeit, Schallgeschwindigkeit
U	elektrische Spannung
U_n, V_n	Lommen-Funktion n-ter Ordnung
$\bar{v}$	spezifisches Molarvolumen
V	Volumen
W	Breite
We	Weber-Zahl
x, y, z	räumliche Koordinaten
z	Ladungszahl
γ	Temperaturkoeffizient der Oberflächenspannung
$\dot{\gamma}$	Sherdehnung
δ	mittlerer molekularer Abstand
$\varepsilon, \varepsilon_{\text{F}}, \varepsilon_{\text{K}}$	charakteristische Energie, rel. Fehler, Kompressionsverhältnis
$\varepsilon, \varepsilon_{\text{r}}$	Dielektrizitätskonstante, relative Dielektrizitätskonstante
$zeta$	Zeta-Potenzial
η_{s}	Wirkungsgrad eines chemischen Sensors
θ	Kontaktwinkel
$\lambda, \lambda_{\text{D}}$	freie Weglänge, Debye-Länge
λ	Wellenlänge
μ	dynamische Viskosität
$\mu_{\text{eo}}, \mu_{\text{ep}}$	Elektroosmose- und Elektrophorese-Beweglichkeit
ν	kinematische Viskosität
ρ, ρ_{E}	Dichte, Ladungsdichte
σ	Oberflächenspannung, charakteristische Länge
σ_{v}	Akkommodationskoeffizienten des tangentialen Impulses
σ_{T}	Akkommodationskoeffizienten der tangentialen Temperatur
τ	Scherkraft
$\tau, \tau_{\text{Inertanz}}, \tau_{\text{Kapazität}}$	charakteristische Zeitkonstante
Φ	Flussdichte
Ψ	Potenzial, elektrisches Potenzial
Ψ_{D}	Dissipationsfunktion
ω	Kreisfrequenz

1 Einleitung

Die Mikrofluidik ist eine Teildisziplin der Mikrosystemtechnik. Sie umfasst Entwurf, Herstellung, Anwendung und Untersuchung von Mikrosystemen, die Fluidmengen in Kanalquerschnitten mit Abmessungen von 1 µm bis 1 mm manipulieren und behandeln [99]. Mikrofluidische Systeme für diese kleinen Fluidmengen können Abmessungen im Millimeter- und Zentimeterbereich haben, weil für praktische Anwendungen die Fluidmenge und nicht die Größe des mikrofluidischen Systems von Bedeutung ist. Die meisten Mikrokanäle in praktischen Anwendungen haben Breiten von 50 µm bis 500 µm und Kanallängen von einigen Millimetern bis zu einigen Zentimetern.

Wegen der kleinen Fluidmenge und in vielen Fällen auch wegen der Systemgröße weisen Entwurf, Herstellung und Untersuchung mikrofluidischer Systeme bedeutende Unterschiede gegenüber konventionellen fluidischen Systemen auf. Das Verhalten der Fluidströmung unterliegt dem sogenannten Skalierungsgesetz und ändert sich mit der Miniaturisierung. Im Mikrobereich dominieren oberflächengebundene Effekte wie Grenzflächenspannung, elektrostatische und elektrokinetische Kräfte, während im Makrobereich volumengebundene Effekte wie Trägheits- und Schwerkraft bestimmend sind. Deshalb sind im Mikrobereich neue Herangehensweisen für Entwurf, Herstellung und Charakterisierung von mikrofluidischen Komponenten notwendig. Diese Arbeit behandelt unterschiedliche Aspekte des Entwicklungsprozesses eines mikrofluidischen Systems: grundlegende Theorien der Fluidströmung im Mikrobereich, die Herstellung, die Simulation und die Charakterisierung.

1.1 Entwicklungsgeschichte der Mikrofluidik

Trotz intensiver Forschungsarbeiten befindet sich die Mikrofluidik zum Zeitpunkt der Entstehung dieser Arbeit noch in einer frühen Entwicklungsphase. Beobachtungen aus dem letzten Jahrzehnt weisen auf zwei wesentliche Antriebskräfte der Mikrofluidik hin:

- Entwicklung neuer mikrofluidischer Komponenten und Systeme
- Entwicklung neuartiger Mikrotechnologien, die nicht auf Silizium basieren.

1.1.1 Entwicklung der mikrofluidischen Komponenten

Im letzten Jahrzehnt wurde eine große Anzahl von mikrofluidischen Komponenten und Systemen entwickelt und vorgestellt. In der Forschung und Entwicklung auf diesem Gebiet kann man drei generelle Vorgehensweisen beobachten: die Miniaturisierung konventioneller Systeme, die Ausnutzung neuer Effekte und die Suche nach neuen Anwendungen.

Miniaturisierung

Die Erfindung der integrierten Halbleiterschaltung erlaubte die Herstellung mikroelektronischer Komponenten mit Abmessungen im Mikrometer- und Submikrometerbereich.

Seit den 1980er Jahren wurde die Siliziumtechnologie zunehmend auch zur Herstellung mechanischer Komponenten benutzt. Forscher versuchten mit diesen Schlüsseltechnologien auch mikrofluidische Komponenten herzustellen. Ihre erste Vorgehensweise war die Miniaturisierung der konventionellen fluidischen Konzepte. Von Anfang der 1980er Jahre bis Ende der 1990er Jahre wurden Komponenten wie Mikroventile, Mikropumpen und Durchflusssensoren auf Silizium-Basis entwickelt and hergestellt. Dabei stellten sich drei generelle Probleme der Miniaturisierung heraus: die kleine Leistung der Mikroaktuatoren, die Wirkung der Skalierungsgesetzes auf der Mikroskala und die hohen Herstellungskosten.

Unter der Annahme, dass die Energiedichte unterschiedlicher Aktuatorkonzepte mit der Miniaturisierung konstant bleibt, verringert sich die totale Leistung mit dem Volumen oder mit der dritten Ordnung der Miniaturisierung. Daher können mikrofluidische Komponenten nicht die gleiche Größenordnung der Leistung wie die entsprechenden konventionellen Komponenten im Makrobereich liefern.

Das Verhältnis zwischen der Oberfläche und dem Volumen nimmt mit der Miniaturisierung zu (Abschnitt 2.1). Aus diesem Grund nehmen auch die Oberflächenkräfte, insbesondere die viskose Reibungskraft der Fluide, auf der Mikroskala zu. Die große Kraft braucht starke Aktuatoren, die aber nicht von den integrierten Komponenten zu erwarten sind. Sehr oft werden deshalb externe Aktuatoren benutzt. Die relativ großen externen Aktuatoren führen dazu, dass die Abmessung der mikrofluidischen Systeme noch im Zentimeterbereich liegt.

Während die Mikroelektronik Elektronen manipuliert and transportiert, behandelt die Mikrofluidik Moleküle und Teilchen mit viel größeren Abmessungen. Deshalb können mikrofluidische Strukturen nicht ohne Grenzen miniaturisiert werden und bleiben im Vergleich zu mikroelektronischen Komponenten relativ groß. Es ist auch selten, dass die komplexe Elektronik in einer mikrofluidischen Komponente untergebracht wird. Zusammen mit den übrigen Kosten der Siliziumtechnologie sind mikrofluidische Systeme aus Silizium zu teuer für den Markt, insbesonders den kommerziellen Markt der Einwegsysteme. Bild 1.1 zeigt zwei Beispiele der kommerziellen mikrofluidischen Einwegsysteme. Bild 1.1a stellt den Aufbau einer mikrofluidischen Kassette für die DNA-Analyse (*Deoxyribonucleic Acid*-Analyse) des Vollblutes dar. Diese Kassette wird von der Firma Cepheid (Sunnyvale, Kalifornien, USA) entwickelt. Trotz einer Blutprobe von 1 ml (1 mm^3), liegt die Dimension der Kassette ($38 \times 64 \times 25$ mm^3) im Zentimeterbereich. Die Probenvorbereitung braucht zusätzliche Komponenten wie Ventile, Pumpen, Filter, Mixer und Behälter für die Reinigungslösung sowie Zellenlysislösungen. Aktuatoren werden auf dieser Kassette nicht aufgebracht [138].

Ähnlich wie die Cepheid-Kassette hat die mikrofluidische Kassette der Firma I-STAT (Kanata, Ontario, Kanada) mikrofluidische Komponenten in einem Kunststoffgehäuse ($26 \times 44 \times 5$ mm^3) (Bild 1.1b). Die chemischen Sensoren werden aus Silizium hergestellt und in die Kassette eingebettet. In dieser Kassette werden keine aktiven Komponenten eingebaut.

Die Beispiele im Bild 1.1 führen auf die Frage: Wie weit kann man mit der Miniaturisierung fluidischer Komponenten gehen? Die Mikrofluidik behandelt Flüssigkeiten und oft chemische Lösungen. Die Empfindlichkeit und die Genauigkeit der Analyse hängen stark von der Anzahl der erhältlichen Moleküle oder der Konzentration der Lösung ab.

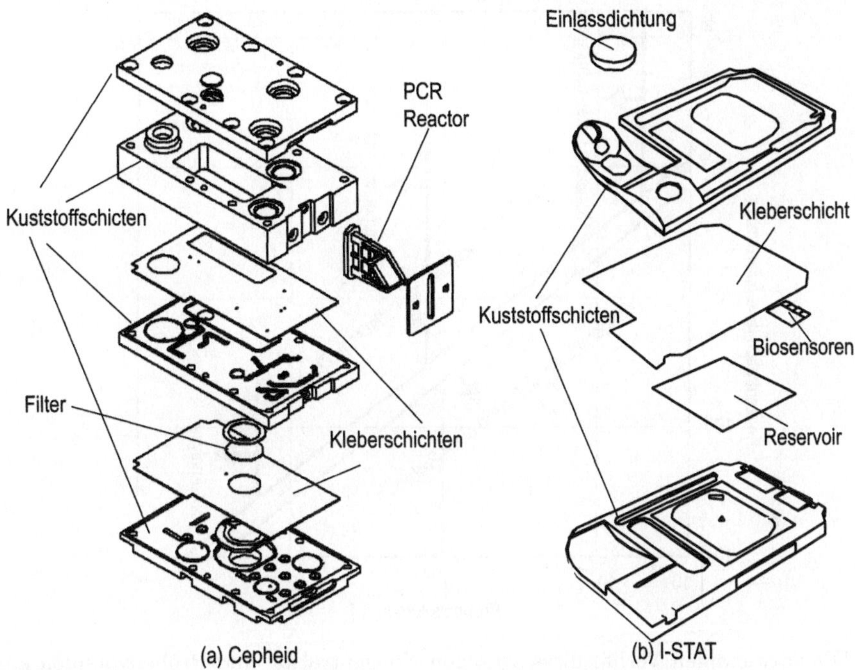

Bild 1.1: Mikrofluidische Blutanalysensysteme: (a) Cepheid-System ist eine mikrofluidische Kassette ($38 \times 64 \times 25$ mm^3) für DNA-Analyse des Blutes [138], (b) I-STAT-System ist eine mikrofluidische Kassette ($26 \times 44 \times 5$ mm^3)) für chemische Blutanalyse [54]

Die Beziehung zwischen dem Probenvolumen V und der Konzentration der aufgelösten Moleküle n_i ist [82]

$$V = \frac{1}{\eta_s N_A n_i}. \tag{1.1}$$

Dabei ist η_s der Wirkungsgrad des chemischen Sensors ($0 < \eta_s < 1$), $N_A = 6{,}02252 \times 10^{25}$ (mol^{-1}) ist die Avogadro-Zahl oder die Anzahl der Moleküle in einem Mol und n_i (mol/l) ist die Konzentration des aufgelösten Stoffes i. Gleichung (1.1) zeigt, dass die Probenmenge und logischerweise die Abmessung eines mikrofluidischen Systems von der Konzentration der Lösung abhängt. Natürliche Flüssigkeiten wie Blut haben bestimmte Konzentrationen der Zellen und Moleküle. Daher kann die Probenmenge nicht beliebig klein sein. Bild 1.2 zeigt die notwendigen Verhältnisse zwischen Konzentration und Probenvolumen klinischer und biochemischer Analysen. Zu kleine Probenvolumen haben nicht genug Moleküle für die Detektion. Klinische Untersuchungen von Körperflüssigkeiten brauchen eine Konzentration zwischen 10^{14} und 10^{21} Probenexemplare in einem Milliliter Lösung. Der Konzentrationsbereich einer Immunanalyse ist von 8 bis 18 Exemplare in einem Milliliter. Untersuchungen mit großen Molekülen wie DNA, Viren und Bakterien benötigen eine Konzentration von 2 bis 7 Exemplaren pro Milliliter [82].

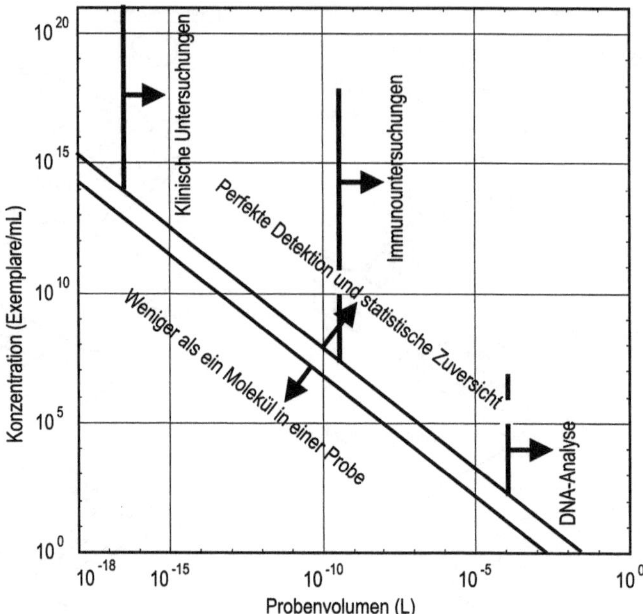

Bild 1.2: Die notwendigen Verhältnisse zwischen Konzentration und Probenvolumen klinischer und biochemischer Untersuchungen [109]

Ausnutzung neuer Effekte

Seit Mitte der 1990er Jahre fokussiert sich die Forschung auf die Ausnutzung neuer Effekte im Mikrobereich. Effekte, die im Makrobereich keine wesentliche Wirkung haben, können im Mikrobereich von großer Bedeutung sein. Die Forschungsarbeiten konzentrieren sich auf die Entwicklung nicht-mechanischer Aktuatoren für Mikroventile und Mikropumpen. Neue Konzepte mit elektrokinetischen, elektromagnetischen, akustischen Kräften sowie Oberflächenspannungen wurden auch für die Entwicklung mikrofluidischer Komponenten ausgenutzt.

Im Makrobereich hat z. B. die Diffusion wegen der herrschenden Trägheitskraft und Turbulenzen nichts zu bedeuten. Im Mikrobereich kann die Diffusion aber neuartige Anwendungen haben. Der an der *University of Washington* (USA) entwickelte H-Filter ist ein Beispiel (Bild 1.3) [17]. Der H-Filter erlaubt die Trennung der Moleküle in einer Lösung, die auch Verschmutzungen wie Zellen, Bakterien, Viren oder Staub enthält. Der Trennungsprozess erfolgt durch die Diffusion und nicht durch eine Filtermembrane. Das Konzept basiert auf den unterschiedlichen Diffusionskoeffizienten der Moleküle. Der Diffusionskoeffizient ist umgekehrt proportional zur Größe eines Moleküls. Kleine Moleküle haben große Diffusionskoeffizienten und können sich schneller bewegen. Dieser Umstand führt zu der im Bild 1.3 dargestellten Trennung der Moleküle.

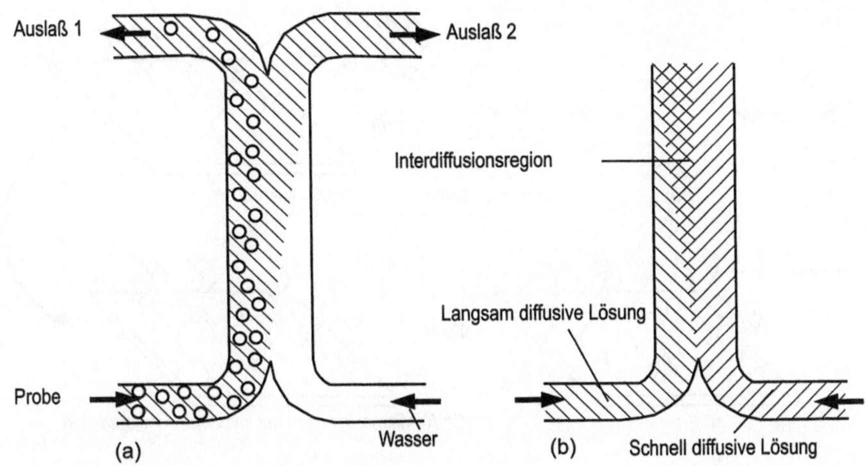

Bild 1.3: Der H-Filter (a) and der T-Mixer (b) der Firma Micronics (Redmon, Washington, USA).

Neue Anwendungen

Zwecke der Mikrofluidik sind neuartige Anwendungen in unterschiedlichen Feldern. Die bisherigen Anwendungsgebiete der Mikrofluidik sind Strömungssteuerung, chemische Analyse, medizinische Diagnose und die Entdeckung neuer Wirkstoffe. Von diesen Anwendungsgebieten haben z. B. DNA-Arrays eine der höchsten Wachstumsraten. Marktanalysen sagen für DNA-Mikroarrays einen Marktanteil von 300 Millionen US-Dollar und eine Wachstumsrate von 50 % pro Jahr voraus [94].

Ein DNA-Mikroarray ist eine Platte mit Tausenden Proben, die aus unterschiedlichen Einzelstrang-DNAs bestehen. Die Proben haben Abmessungen im Mikrometerbereich. Anstatt einer Analyse mit einem DNA-Typ können Tausende Analysen parallel durchgeführt werden. Auf dem Mikroarray werden Hybridisierungsreaktionen durchgeführt. Bild 1.4 illustriert das Arbeitsprinzip eines DNA-Mikroarrays. Mikrofluidik kann die Herstellung des Mikroarrays maßgeblich befördern. Der Marktführer Affymetrix Inc. (Santa Clara, Californien, USA) stellt DNA-Mikroarrays mittels Belichtungsverfahren her, das den Aufbau des DNA-Stranges aus einzelnen Nukleotiden ermöglicht. DNA-Stränge können auch direkt auf dem Substrat gedruckt werden. Für diese Technik können mikrofluidische Druckköpfe benutzt werden. Einzelne Nukleotiden werden Ebene für Ebene aufgedruckt. Die Drucktechnik kann auch vorsynthetisierte DNAs auf die Glasplatte übertragen [94].

Zu den Anwendungen der Zukunft gehören auch die verteilte Energieversorgung, das verteilte Wärmemanagement und die chemische Produktion. Die Massenproduktion der edlen chemischen Produkte kann durch Mikroreaktoren realisiert werden. Die kleine Größe ändert die Reaktionskinetik und führt zu neuen chemischen Produkten, die bisher auf der Makroskala nicht möglich waren. Die Massenproduktion dieser Produkte könnte einfach durch den parallelen Betrieb tausender Mikroreaktoren erreicht werden.

Eine typische Anwendung von Mikroreaktoren ist das am MIT (*Massachusetts Institute of Technology*) entwickelte Mikrotriebwerk. Das Mikrotriebwerk besitzt einen Mikrobren-

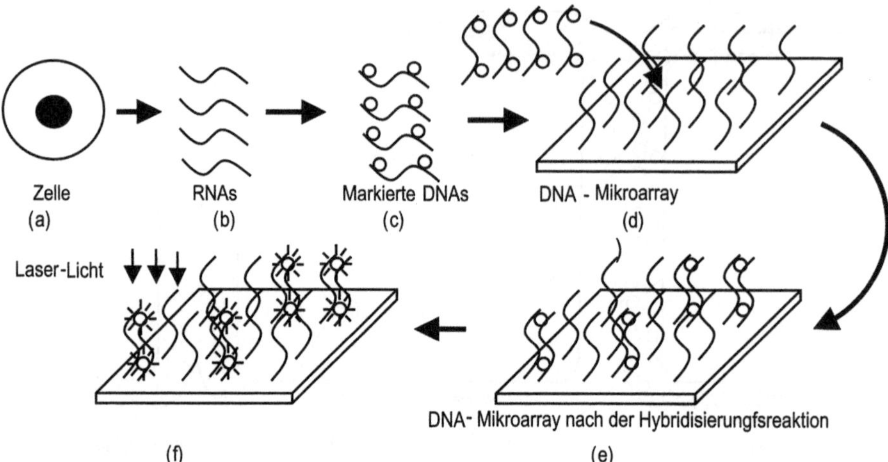

Bild 1.4: Genausdruck mit DNA-Mikroarrays. (a) Gene in einer normalen Zelle werden mit Genen in einer mit Wirkstoff behandelten Zelle verglichen. (b) Wenn eine Zelle Protein produziert, es transformiert die Gene (DNAs) zu RNA (*Ribonnucleic Acid*). (c) Durch chemische Reaktionen werden DNAs rekonstruiert und mit Fluoreszenz markiert. (d) Die markierten DNAs werden über das Mikroarray gespült. (e) Hybridisierungsreaktionen binden die DNA-Einzelstrange zu ihren komplementären Partnern auf dem Array, der Rest wird weggespült. (e) Das Array mit markierten Fluoreszenz wird für die aktive Gene ausgewertet.

ner, um die thermische Energie der Verbrennungsreaktion in mechanische Energie und anschließend in elektrische Energie umzuwandeln [29]. Das Ziel dieses Projekts ist die Erzeugung einer elektrischen Leistung von 10 W bis 50 W durch die Verbrennung von 7 g Brennstoff in einer Stunde [147]. Bild 1.5a beschreibt den prinzipiellen Aufbau des Mikrotriebwerks. Bild 1.5b zeigt die Mikroturbine. Mikrobrennstoffzellen sind Mikroreaktoren, die chemische Energie in elektrische Energie umwandeln. Die Mikrofluidik kann für das Brennstoffversorgungssystem und auch für die externe Strömungskontrolle benutzt werden [46]. Mikroraketen, Mikroflugzeuge können ihren Platz in der Weltraumforschung und in der Militärtechnik finden. Trotz der kleinen Größe können mikrofluidische Komponenten auch makroskopische Objekte beeinflussen [49]. Der Grund liegt in der Größe des Turbulenzwirbels, die typische Breiten von einigen Hunderten Mikrometer und Längen von einigen Millimetern haben. Die relativ kleinen Wirbel können durch Mikroaktuatoren kontrolliert werden. Dadurch werden makroskopische Effekte wie Turbulenzen über Flugzeugflügeln aktiv beeinflusst [49].

1.1.2 Entwicklung der Mikrotechniken für Mikrofluidik

Ähnlich wie die Verschiebung des Paradigmas in der Entwicklung der mikrofluidischen Komponenten bewegt sich die Entwicklung der Mikrotechniken für die Mikrofludik von den Siliziummikrotechniken zu anderen alternativen Mikrotechniken. Seit der Mitte der 1990er Jahren orientierte sich die Entwicklung auf Anwendungen in chemischen Analysen.

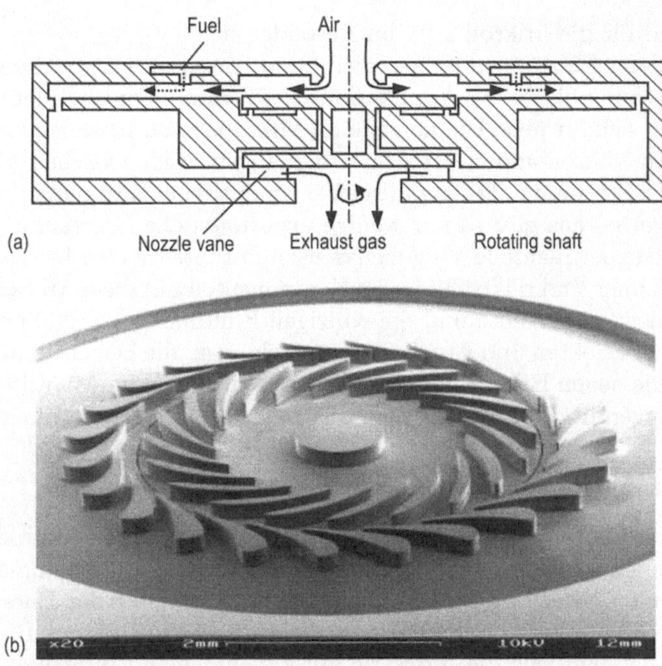

Bild 1.5: Das MIT-Mikrotriebwerk: (a) Der Aufbau, (b) Die hergestellte Turbine aus Silizium

Mit der Philosophie, dass die Funktionalität und die Einfachheit über der Miniaturisierung und der Komplexität steht, werden mikrofluidische Komponenten aus billigeren Materialien wie Kunststoffen hergestellt.

Dieser Trend führte zur Entwicklung einer Reihe von polymeren Mikrotechniken. Mikrofluidische Komponenten können mit Belichtungsverfahren, Heissprägen oder Abformung hergestellt werden. Der Stempel für Heissprägen und Abformung kann mit konventionellen Siliziummikrotechniken hergestellt werden. Für Anwendungen mit korrosiven Medien werden Materialien wie rostfreier Stahl oder Keramiken benötigt. Dafür können Techniken wie Mikroschneiden, Laserschneiden, Funkenerrosion EDM (*electro discharge machining*) und Lamination benutzt werden.

1.2   Potenziale der Mikrofluidik

1.2.1   Wissenschaftliche Potenziale

Die Entwicklung der Mikrofluidik öffnet neue Forschungsgebiete für Wissenschaftler und Ingenieure aus unterschiedlichen Disziplinen. Dieser Trend zeigt, dass die Mikrofluidik ein wahrhaft fachübergreifendes Forschungsgebiet ist. Die meisten Herstellungstechniken der Mikrofluidik stammen aus der Mikrosystemtechnik, die wiederum ihren Ursprung in der Mikroelektronik hat. Elektrotechniker und Maschinenbauer spielen eine wesentliche Rolle in der Realisierung der technologischen Infrastruktur der Mikrosystemtechnik im allgemeinen und für die Mikrofluidik im Besonderen.

Ingenieure dieser Disziplinen haben auch ihren Anteil im Entwicklungsprozess von der Grundlagenforschung bis zu der Applikationsentwicklung. Forscher der Strömungsmechanik interessieren sich für neue Phänomene im Mikrobereich. In vielen Fällen befindet sich die Strömung in Mikrokomponenten im Übergangsbereich zwischen viskoser Strömung und molekularer Strömung. Trotz zahlreicher analytischer und numerischer Modelle dieses Strömungsverhaltens gibt es nur wenige experimentelle Ergebnisse. Die Mikrofluidik ermöglicht neue experimentelle Vorgehensweisen mit integrierten Instrumenten. Für Chemiker und Mediziner sind mikrofluidische Komponenten nützliche Werkzeuge. Die kleinen Abmessungen der Instrumente und die winzigen Fluidmengen erlauben Forschern dieser Gebiete zu neuen Effekten und Ergebnissen zu gelangen, die bisher im Makrobereich nicht möglich sind. Die neuen Effekte der chemischen Reaktionen im Mikrobereich versprechen neue Anwendungen in der chemischen Industrie und in der Biotechnik.

1.2.2 Wirtschaftliche Potenziale

Mit der zunehmenden Bedeutung der Biotechnik, versprechen mikrofluidische Komponenten und Systeme ein großes wirtschaftliches Potenzial. Die kommerziellen Beispiele im Abschnitt 1.1.1 belegen dieses Potenzial. Zum Zeitpunkt der Entstehung dieser Arbeit sind mikrofluidische Systeme bereits wichtige Werkzeuge der Biotechnologie. Aus diesem Grund beteiligt sich die Industrie mit zunehmendem Interesse an Forschung und Entwicklung mikrofluidischer Systeme. Traditionelle mikrofluidische Komponenten wie Tintenstrahl-Druckkopf und Durchflusssensoren hatten bereits in der frühen Phase der Markteinführung der Mikrosysteme ihren Marktanteil. Mit der raschen Entwicklung der Biotechnik ist in der Zukunft ein viel größerer Markt für mikrofluidische Systeme zu erwarten. Ähnlich wie die Rolle der integrierten Schaltungen in der Elektronik wird die Mikrofluidik die chemische Analyse und Synthese revolutionieren. Das im Abschnitt 1.1 besprochene DNA-Mikroarray ist ein gutes Beispiel dafür. Teure Analysesysteme werden durch billigere Wegwerfkomponenten ersetzt. Dadurch werden Analysegeräte und angepasste Medikamente für jede Person erhältlich. Die große Menge dieser Produkte wird einen beträchtlichen Marktanteil sichern. Parallele Prozesse wie im Falle des DNA-Mikroarrays ermöglichen die Entdeckung neuer Wirkstoffe innerhalb von Stunden statt in Monaten, wie mit bisherigen konventionellen Methoden.

1.3   Organisation der Arbeit

Diese Arbeit behandelt die Mikrofluidik in einer systematischen Weise. Kapitel 2 befasst sich mit den Grundlagen der Strömungsmechanik auf der Mikroskala. Am Anfang werden die grundlegende Theorien behandelt und die Rolle des Skalierungsgesetzes in der Mikrofluidik wird diskutiert. Unterschiedliche Strömungsbereiche und ihre analytischen Modelle werden vorgestellt. Am Ende dieses Kapitels werden fluidische Effekte herausgearbeitet, die für den Entwurf von Sensoren und Akuatoren in mikrofluidischen Systemen wichtig sind.

Kapitel 3 stellt die wichtigsten Technologien zur Herstellung von mikrofluidischen Systemen vor. Die Mikrotechniken werden in 3 Kategorien behandelt: die Siliziumtechnik, die polymere Technik und sonstige Techniken. Beispiele für die Herstellung von Mikrokanälen werden erläutert. In diesem Kapitel werden die technologischen Randbedingungen für den Entwurf von mikrofluidischen Komponenten vorgestellt.

Kapitel 4 erläutert die wesentlichen Vorgehensweisen in der Simulation der Fluidströmungen in Mikrokomponenten. Dieses Kapitel betrachtet die Kriterien für die Gültigkeit der konventionellen CFD-Werzeuge (*Computational Fluid Dynamics*), die im Makrobereich verwendet werden.

Kapitel 5 stellt Charakterisierungstechniken für die Mikrofluidik vor. Das Konzept der Mikro–PIV (*Particle Image Velocimetry*) wird erläutert. Vorteile und Nachteile dieser Charakterisierungstechnik werden diskutiert und mit anderen Techniken verglichen.

Am Ende der Arbeit werden einige Beispiele vorgestellt. Die Entwicklung einer Ultraschall-Mikropumpe, einer Mikropumpe mit Mikroventilen aus Kunststoffen, eines Mikromischers aus Kunststoff werden in Einzelheiten erläutert. Die Entwurfsbeispiele illustrieren typische Herangehensweisen in der Entwicklung mikrofluidischer Komponenten und Systeme.

2 Strömungsmechanik im Mikrobereich

2.1 Skalierungsgesetze

Die Miniaturisierung führt zu einem neuartigen Verhalten der fluidischen Komponenten. In einigen Fällen sind Entwurfsintuitionen und Entwurfswerkzeuge aus dem Makrobereich im Mikrobereich nicht mehr gültig. In diesem Abschnitt wird der Einfluss der Miniaturisierung auf das Verhalten mikrofluidischer Systeme diskutiert. Die Diskussion basiert auf den Skalierungsgesetzen, die sich von den konventionellen Theorien im Makrobereich ableiten lassen. Die Skalierungsgesetze werden für dimensionslose Zahlen, für das statische Verhalten und das dynamische Verhalten der mikrofluidischen Systeme analysiert und durch Rechenbeispiele illustriert. Außerdem werden die relativ großen Herstellungstoleranzen der mikrofluidischen Komponenten berücksichtigt. Abweichungen der bisher veröffentlichten experimentellen Ergebnisse könnten teilweise durch die Skalierungsanalyse der relativen geometrischen Toleranzen erklärt werden.

2.1.1 Die Trimmersche Klammer-Notation

Skalierungsgesetze erlauben eine grobe Einschätzung des Systemverhaltens im Mikrobereich. Die Miniaturisierung verändert eine räumliche Dimension um den sogenannten Skalierungsfaktor S. Für die Miniaturisierung gilt $S < 1$. Das heißt, eine positive Potenz verursacht die Abnahme und eine negative Potenz eine Zunahme der Skalierungsgröße. Weil unterschiedliche Effekte unterschiedliche Beziehungen zwischen der resultierenden Kraft F und dem Skalierungsfaktor S bewirken, werden die Kraftbeziehungen in den sogenannten Trimmerschen Klammern zusammengefasst:

$$F \propto \begin{bmatrix} S^1 \\ S^2 \\ S^3 \\ S^4 \end{bmatrix}. \tag{2.1}$$

Unterschiedliche Kräfte skalieren in unterschiedlichen Ordnungen zu der Miniaturisierung. Die Haftkraft und die Trägheitskraft wird zum Beispiel mit S^2 bzw. S^3 in (2.1) repräsentiert. Beispiel 2.1 erläutert den Einfluss der Skalierung auf diese Kräfte auf das Verhalten einer Flüssigkeitsmenge.

Beispiel 2.1: Einfluss der Größe auf das Verhalten einer Flüssigkeit

Das Verhalten einer Flüssigkeitsmenge hängt von dem Gewicht, der Oberflächenspannung und der Haftkraft ab. Während das Gewicht F_G proportional zum Volumen V der Flüssigkeitsmenge ist, sind die Oberflächenspannung und die Haftkraft F_H proportional zur Oberfläche A. Das Verhältnis zwischen F_H

und F_G kann durch den Skalierungsfaktor S wie folgt beschrieben werden:

$$F_H/F_G \propto A/V \propto S^2/S^3 \propto 1/S. \tag{2.2}$$

Gleichung (2.2) beschreibt das sogenannte *square-cube*-Gesetz. Für die Illustration des *square-cube*-Gesetzes wird hier ein Gedankenexperiment mit einer Tasse Kaffee durchgeführt. Es wird angenommen, dass sich etwa 125 ml Kaffee in einer Tasse befinden. Der Skalierungsfaktor ist auf $S = 1$ festgelegt. Diese Menge entspricht einem Volumen von $5 \times 5 \times 5\,\mathrm{cm}^3$. Schüttet man den Inhalt der Tasse auf dem Tisch, wird der Kaffee auslaufen. Bei dieser Menge überwiegt das Gewicht die Haftkraft wie auch die Oberflächenspannung und erlaubt dem Kaffee zu fließen.

Nimmt man einen Löffel mit etwa 0,125 ml Kaffee, das ist die Menge eines $5 \times 5 \times 5\,\mathrm{mm}^3$-Würfels, wird der Skalierungsfaktor in diesem Fall $S = 0,1$. Wird der Kaffee auf den Tisch gekippt, ist es unwahrscheinlicher, dass der Kaffee ausläuft. Aus der Gleichung (2.2) wird ersichtlich, dass das Verhältnis F_H/F_G um den Faktor 10 vergrössert wird und die Haftkraft und die Oberflächenspannung das Verhalten der Kaffeemenge verändern.

Nun wird ein Tröpfchen Kaffee, das etwa $0,5 \times 0,5 \times 0,5\,\mathrm{cm}^3$ groß ist, beobachtet. Diese Menge entspricht 0,125 µl. Dieses Tröpfchen Kaffee bleibt auf dem Tisch liegen. Es wird sich nicht bewegen, auch wenn der Tisch gekippt wird. Mit einem Skalierungsfaktor von $S = 0,01$ ist das Verhältnis F_H/F_G um 100 vergrößert. Die Haftkraft und die Oberflächenspannung bestimmen das Verhalten der Kaffeemenge.

Die Skalierung der physikalischen Variablen hängt von dem eigentlichen physikalischen Effekt ab, während die Dimension oder die Einheit davon unabhängig ist. Daher unterscheidet sich die Skalierungsanalyse von der in der traditionellen Strömungsmechanik benutzten Dimensionsanalyse. Tabelle 2.1 illustriert diesen Sachverhalt.

2.1.2   Skalierungsgesetze für dimensionslose Zahlen

Dimensionslose Zahlen werden im Makrobereich eingeführt, weil die Dimensionsanalyse ein praktisches Werkzeug der traditionellen Strömungsmechanik ist. Systeme mit den gleichen dimensionslosen Zahlen werden als hydrodynamisch ähnlich betrachtet. Aus diesem Grund können Skalierungsmodelle in unterschiedlichen Größen korrekte Aussagen über das Strömungsverhalten liefern, so lange die dimensionslose Zahlen stimmen. Dieser Abschnitt versucht die Dimensionsanalyse mit der Skalierungsanalyse zu kombinieren, um den Einfluss der Miniaturisierung auf das Strömungsverhalten zu untersuchen.

Der Einfluss des Skalierungsgesetzes auf die Strömungsmechanik kann durch die Kraftanalyse herausgearbeitet werden. Das Kraftgleichgewicht wird in der Strömungsmechanik von der Navier-Stokes-Gleichung beschrieben [113]:

$$\rho \underbrace{\frac{D\boldsymbol{v}}{Dt}}_{\text{Trägheitskraft}} = \underbrace{-\nabla p}_{\text{Druckgradient}} + \underbrace{\rho\boldsymbol{g}}_{\text{Schwerkraft}} + \underbrace{\mu\nabla^2\boldsymbol{v}}_{\text{Reibungskraft}} , \tag{2.3}$$

Tabelle 2.1: Abgeleitete Skalierung physikalischer Größen (L: Länge, T: Zeit, M: Masse)

Größen	Dimensionen	Skalierung
Oberfläche	L^2	S^2
Volumen	L^3	S^3
Geschwindigkeit[1]	L/T	1 oder S^{-2}
Winkelgeschwindigkeit	T^{-1}	1
Beschleunigung	$F/M = L/T^2$	$\begin{bmatrix} S^{-2} \\ S^{-1} \\ S^0 \\ S^1 \end{bmatrix}$
Kraft	ML/T^2	$\begin{bmatrix} S^1 \\ S^2 \\ S^3 \\ S^4 \end{bmatrix}$
Arbeit	ML^2/T^2	$\begin{bmatrix} S^2 \\ S^3 \\ S^4 \\ S^5 \end{bmatrix}$

mit:

$$v = \begin{pmatrix} u \\ v \\ w \end{pmatrix} \tag{2.4}$$

als Geschwindigkeitsvektor, ρ Dichte, p Druck, g Beschleunigungsvektor und μ dynamische Viskosität. Aus der Gleichung (2.3) ist ersichtlich, dass die Verhältnisse zwischen der Trägheitskraft, dem Druckgradienten, der Schwerkraft und der Reibungskraft das Verhalten der Strömung bestimmen. Im folgenden wird das Skalierungsgesetz für die verschiedenen Kraftverhältnisse einer Strömung analysiert. Für diese Analysen wird eine konstante Strömungsgeschwindigkeit angenommen.

Verhältnis zwischen der Trägheitskraft und der Reibungskraft

Das Verhältnis zwischen der Trägheitskraft und der viskosen Reibungskraft wird durch die Reynolds-Zahl charakterisiert:

$$\mathrm{Re} = \frac{\text{Trägheitskraft}}{\text{viskose Reibungskraft}} = \frac{\rho u D_\mathrm{h}}{\mu}. \tag{2.5}$$

Dabei ist u die mittlere Strömungsgeschwindigkeit und D_h ist der hydraulische Durchmesser (Abschnitt 2.2) oder eine andere charakteristische Geometrie. Es wird angenommen, dass die Dichte ρ und die Viskosität μ bei der Skalierung konstant bleiben. Diese Annahme ist nicht zutreffend, wenn die Kontinuum-Bedingung nicht erfüllt ist (Abschnitt 2.2). Aus (2.5) ist die Reynolds-Zahl dann proportional zu der charakteristischen Geometrie. Mit einer konstanten Strömungsgeschwindigkeit bedeutet das Skalierungsgesetz für die

Reynolds-Zahl:

$$\text{Re} \propto S..$$ (2.6)

Im Makrobereich ist die Reynolds-Zahl das Kriterium für das Strömungsverhalten. Ist die Strömung von der Reibungskraft dominiert (kleine Reynolds-Zahl), befindet sich die Strömung im laminaren Regime. Ist die Trägheitskraft viel größer als die Reibungskraft (große Reynolds-Zahl), ergibt sich eine turbulente Strömung. Im Makrobereich gibt es einen Übergangsbereich zwischen der laminaren und turbulenten Strömung ($2000 < \text{Re} < 4000$). Oft wird $\text{Re}_{\text{krit.}} = 2300$ als die kritische Reynolds-Zahl angenommen. Die Reynolds-Zahl von mikrofluidischen Komponenten ist in den meisten Fällen viel kleiner als die kritische Reynolds-Zahl $\text{Re}_{\text{krit.}}$. Deshalb ist das Strömungsverhalten in den meisten mikrofluidischen Komponenten und Systemen *laminar*.

Beispiel 2.2:   Die Reynolds-Zahl in einer zylindrischen Kapillare

Bestimme die Reynolds-Zahl für Luft und Wasser bei einer Strömungsgeschwindigkeit von $u = 1\,\text{mm/s}$! Der Strömungskanal ist eine zylindrische Kapillare mit einem Durchmesser von $100\,\mu\text{m}$. Die Viskosität und die Dichte der Luft sind $\mu_{\text{Luft}} = 17{,}2 \times 10^{-6}$ und $\rho_{\text{Luft}} = 1{,}2929\ \text{kg/m}^3$. Für Wasser sind die Werte $\mu_{\text{Wasser}} = 1{,}002 \times 10^{-3}\ \text{Pa.s}$ und $\rho_{\text{Wasser}} = 1000\ \text{kg/m}^3$.

Die Reynolds-Zahl für Luft ist:

$$\text{Re}_{\text{Luft}} = \frac{\rho_{\text{Luft}} u D_{\text{h}}}{\mu_{\text{Luft}}} = \frac{1{,}2929 \times 1 \times 10^{-3} \times 100 \times 10^{-6}}{17.2 \times 10^{-6}} = 7.52 \times 10^{-3}.$$

Die Reynolds-Zahl für Wasser ist:

$$\text{Re}_{\text{Wasser}} = \frac{\rho_{\text{Wasser}} u D_{\text{h}}}{\mu_{\text{Wasser}}} = \frac{1000 \times 1 \times 10^{-3} \times 100 \times 10^{-6}}{1.002 \times 10^{-3}} = 100 \times 10^{-3}.$$

Mit der gleichen Strömungsgeschwindigkeit ist die Reynolds-Zahl des Wassers eine Größenordnung höher als die Reynolds-Zahl der Luft. Die beiden Reynolds-Zahlen sind aber viel kleiner als die kritische Reynolds-Zahl von 2300. Die Strömung in diesem Fall ist eindeutig laminar.

Verhältnis zwischen der Trägheitskraft und der Schwerkraft

Für Strömungen mit einer freien Oberfläche wird das Verhältnis zwischen der Trägheitskraft und der Schwerkraft durch die Froude-Zahl charakterisiert:

$$\text{Fr} = \frac{\text{Trägheitskraft}}{\text{Schwerkraft}} = \frac{u}{\sqrt{g D_{\text{h}}}}.$$ (2.7)

Dabei ist g die Fallbeschleunigung. Im Falle eines offenen Kanals ist die charakteristische Länge gleich der Kanalhöhe und die Froude-Zahl das Verhältnis zwischen der Strömungsgeschwindigkeit und der Geschwindigkeit der Oberflächenwelle. Im Makrobereich wird $\text{Fr} < 1$ als *subkritisch* und $\text{Fr} > 1$ als *superkritisch* betrachtet. Für eine konstante Strömungsgeschwindigkeit u ergibt sich aus der Gleichung (2.7) das Skalierungsgesetz für die

Froude-Zahl:

$$\text{Fr} \propto S^{-0,5}. \tag{2.8}$$

Es kann aus (2.8) abgeleitet werden, dass die Froude-Zahl eines offenen Mikrokanals mit der Miniaturisierung zunimmt. Das Verhalten dieser Strömung wird durch das folgende Beispiel verdeutlicht.

Beispiel 2.3:   Die Froude-Zahl in einem offenen Mikrokanal

Bestimme die Froude-Zahl der Wasserströmung in einem offenen Mikrokanal! Die Strömungsgeschwindigkeit ist $u = 1\,\text{mm/s}$, und die Kanalhöhe ist $100\,\mu\text{m}$. Die Erdbeschleunigung wird als $9,8\,\text{m/s}^2$ angenommen.

Die Froude-Zahl für diese Strömung ist:

$$\text{Fr} = \frac{u}{\sqrt{gL}} = \frac{10^{-3}}{\sqrt{9,8 \times 100 \times 10^{-6}}} = 0,03.$$

Die Strömung ist *subkritisch*. Das heißt, die Strömungsgeschwindigkeit ist langsamer als die Wellengeschwindigkeit.

Verhältnis zwischen dem Druckabfall und der Trägheit

Die Beziehung zwischen dem Druckabfall und der Trägheit wird durch die Euler-Zahl repräsentiert:

$$\text{Eu} = \frac{\text{Druckabfall}}{\text{Trägheit}} = \frac{\Delta p}{\rho u^2}. \tag{2.9}$$

Für die Skalierungsanalyse wird der Druckabfall über einer zylindrischen Kapillare betrachtet:

$$\Delta p = f_{\text{D}} \frac{L}{D} \rho \frac{u^2}{2} = 32 \frac{\mu L u}{D^2}. \tag{2.10}$$

Dabei ist f_{D} der Darcy-Reibungsfaktor. Wird (2.10) in (2.9) ersetzt, ergibt sich:

$$\text{Eu} = 32 \frac{\mu L}{\rho D^2 u}. \tag{2.11}$$

Das Skalierungsgesetz für die Euler-Zahl kann aus (2.11) abgeleitet werden:

$$\text{Eu} \propto S^{-1}. \tag{2.12}$$

Der Druckabfall in einem Mikrokanal ist wegen der Reibungskraft sehr groß, während die Trägheit vernachlässigbar ist. Dieser Fakt führt zu einer großen Euler-Zahl wie bereits in (2.12) ersichtlich ist.

Beispiel 2.4:   Die Euler-Zahl einer zylindrischen Kapillare

Bestimme die Euler-Zahl für die Wasserströmung im Beispiel 2.2 über eine Kanallänge von 1 cm!

Die Euler-Zahl ist:

$$\mathrm{Eu} = 32\frac{\mu L}{\rho D^2 U} = 32\frac{1.002 \times 10^{-3} \times 10^{-2}}{1000 \times (10^{-4})^2 \times 10^{-3}} = 32\,064.$$

Die große Euler-Zahl weist auf einen großen Druckabfall über dem Mikrokanal hin.

Verhältnis zwischen der Trägheitskraft und der Oberflächenkraft

Obwohl die Oberflächenkraft nicht in der Gleichung (2.3) enthalten ist, ist diese Kraft sehr wichtig, wenn eine Flüssigkeits-Gas-Grenzschicht vorhanden ist. Das Verhältnis zwischen der Trägheitskraft und der Oberflächenkraft wird durch die Weber-Zahl beschrieben:

$$\mathrm{We} = \frac{\text{Trägheitskraft}}{\text{Oberflächenkraft}} = \frac{\rho u^2 D_\mathrm{h}}{\sigma} \tag{2.13}$$

Gleichung (2.13) ergibt das Skalierungsgesetz:

$$\mathrm{We} \propto S. \tag{2.14}$$

Es ist deutlich, dass durch die kleine Weber-Zahl die Oberflächenkraft über den Mikrobereich dominiert.

Beispiel 2.5:   Die Weber-Zahl einer zylindrischen Kapillare

Bestimme die Weber-Zahl für die Kapillarenströmung mit einer Wasser/Luft-Grenzschicht bei einer Geschwindigkeit von 1 mm/s! Die Geometrie der Kapillare ist vom Beispiel 2.2 genommen. Die Oberflächenspannung der Wasser/Luft-Grenzschicht ist 72 N/m. Es wird angenommen, dass die Kapillare absolut hydrophil (Kontaktwinkel ist 0°) ist.

Die Weber-Zahl in diesem Fall ist:

$$\mathrm{We} = \frac{\rho u^2 D_\mathrm{H}}{\sigma} = \frac{1000 \times (10^{-3})^2 \times 10^{-4}}{72} = 1,39 \times 10^{-9}.$$

Die kleine Weber-Zahl macht deutlich, dass die Kapillarenströmung als ein Aktuatorprinzip im Mikrobereich ausgenutzt werden könnte.

Verhältnis zwischen der Schwerkraft und der Oberflächenkraft

Das Verhältnis zwischen der Schwerkraft und der Oberflächenkraft wird durch die Bond-Zahl beschrieben:

$$\mathrm{Bo} = \frac{\text{Schwerkraft}}{\text{Oberflächenkraft}} = \frac{\rho g D_\mathrm{h}^2}{\sigma}. \tag{2.15}$$

In Anwendungen mit einer Grenzfläche zwischen zwei Fluids wird die Dichte ρ in (2.15) durch den Unterschied der Dichte $\Delta\rho$ ersetzt. Das Skalierungsgesetz für die Bond-Zahl bedeutet dann:

$$\mathrm{Bo} \propto S^2. \tag{2.16}$$

Aus der Beziehung (2.16) wird deutlich, dass die Oberflächenspannungskraft über die Schwerkraft dominiert. Die Skalierung mit der zweiten Ordnung weist drauf hin, dass die Schwerkraft gegenüber der Oberflächenkraft vernachlässigbar ist.

Verhältnis zwischen der Reibungskraft und der Oberflächenkraft

Das Verhältnis zwischen der Reibungskraft und der Oberflächenkraft wird durch die Kapillaritätszahl Ca charakterisiert. Dieses Verhältnis ist zugleich das Verhältnis zwischen der Weber-Zahl (2.13) und der Reynolds-Zahl (2.5):

$$\mathrm{Ca} = \frac{\text{Reibungskraft}}{\text{Oberflächenkraft}} = \frac{\mathrm{We}}{\mathrm{Re}} = \frac{\mu u}{\sigma}. \tag{2.17}$$

In der Beziehung (2.17) tritt keine räumliche Variable auf. Daher ändert sich die Kapillaritätszahl nicht mit der Miniaturisierung.

Gültigkeit der Kontinuum-Annahme

Bei der Analyse der oben aufgelisteten dimensionslosen Zahlen wurde ein Kontinuum angenommen. Diese Annahme ist z. B. für Gase im Submikrometerbereich nicht mehr gültig. Dieses Problem wird im Abschnitt 2.2 im Einzelnen behandelt. Eine wichtige dimensionslose Zahl zur Bestimmung der Kontinuum-Bedingungen für Gase ist die Knudsen-Zahl:

$$\mathrm{Kn} = \frac{\text{freie Weglänge}}{\text{charkteristische Geometrie}} = \frac{\lambda}{D_\mathrm{h}}. \tag{2.18}$$

Dabei ist λ die freie Weglänge der Gasmoleküle, D_h ist der hydraulische Durchmesser oder eine andere charakteristische Geometrie. Mit $\mathrm{Kn} < 0.01$ kann die Strömung als eine viskose Kontinuum-Strömung angenommen werden. Das Skalierungsgesetz für die Knudsen-Zahl bedeutet:

$$\mathrm{Kn} \propto S^{-1}. \tag{2.19}$$

Die Knudsen-Zahl nimmt mit der Miniaturisierung zu. Bei kleinen Geometrien oder niedrigen Drücken könnte daher ein molekulares Strömungsverhalten auftreten. Tabelle 2.2 fasst die obengenannten dimensionslosen Zahlen und ihre Skalierungsgesetze zusammen.

Beispiel 2.6:   Die Knudsen-Zahl einer zylindrischen Kapillare

Die freie Weglänge der Luftmoleküle unter Raumbedingungen (25 °C, 1 bar) ist $6{,}111 \times 10^{-8}$ m. Bestimme die Knudsen-Zahl für Luft in der Kapillare des Beispiels 2.2!

Tabelle 2.2: Wichtige dimensionslose Zahlen und ihre Skalierungsgesetze

Name	Interpretation	Gleichung	Skalierung	Anwendung
Reynolds-Zahl, Re	$\dfrac{\text{Trägheitskraft}}{\text{viskoseReibungskraft}}$	$\dfrac{\rho u D_\mathrm{h}}{\mu}$	S	Alle strömungsmechnischen Probleme
Fround-Zahl, Fr	$\dfrac{\text{Trägheitskraft}}{\text{Schwerkraft}}$	$\dfrac{u}{\sqrt{gL}}$	$S^{-0,5}$	Mit einer freien Oberfläche
Euler-Zahl, Eu	$\dfrac{\text{Druckabfall}}{\text{Trägheit}}$	$\dfrac{\Delta p}{\rho u^2}$	S^{-1}	Mit Interessen an den Druckabfall
Weber-Zahl, We	$\dfrac{\text{Trägheitskraft}}{\text{Oberflächenkraft}}$	$\dfrac{\rho u^2 D_\mathrm{h}}{\sigma}$	S	Mit Oberflächenspannung
Bond-Zahl, Bo	$\dfrac{\text{Schwerkraft}}{\text{Oberflächenkraft}}$	$\dfrac{\rho g D_\mathrm{h}^2}{\sigma}$	S^2	Mit Oberflächenspannung
Kapillaritätszahl, Ca	$\dfrac{\text{Reibungskraft}}{\text{Oberflächenkraft}}$	$\dfrac{\mu u}{\sigma}$	1	Mit Oberflächenspannung
Knudsen-Zahl, Kn	$\dfrac{\text{freieWeglänge}}{\text{charkteristischeGeometrie}}$	$\dfrac{\lambda}{D_\mathrm{h}}$	S^{-1}	Mit einem niedrigen Druck oder einer kleinen Geometrie

Die Knudsen-Zahl für Luft ist:

$$\mathrm{Kn} = \frac{\lambda}{D_\mathrm{h}} = \frac{6{,}111 \times 10^{-8}}{10^{-4}} = 6{,}111 \times 10^{-4}.$$

Die Knudsen-Zahl ist viel kleiner als 0,01. Das heißt, die Luftströmung in der Kapillare ist eine viskose Kontinuum-Strömung.

2.1.3 Skalierungsgesetze des statischen Verhaltens

Scherstress und Scherdehnung

In den meisten Fällen wird für Strömungen das Kontinuum-Modell angenommen. Im Gegensatz zu einem Festkörper können Fluide (Gase und Flüssigkeiten) einer Scherkraft nicht widerstehen. Unter einer Scherbeanspruchung bewegt sich ein Fluid und verliert die ursprüngliche Form. Die Viskosität eines Fluids verursacht eine Reibungskraft gegen die Scherkraft, Bild 2.1a. Die dynamische Viskosität μ eines Fluids wird durch die folgende Beziehung definiert:

$$\tau = \mu \frac{\mathrm{d}u}{\mathrm{d}y} = \mu \dot{\gamma}. \tag{2.20}$$

Die Variation der Geschwindigkeit u über die Achse y wird als Scherdehnung $\dot{\gamma} = \mathrm{d}u/\mathrm{d}y$ bezeichnet. Bei einer konstanten Strömungsgeschwindigkeit nehmen die Scherdehnung und der Scherstress τ mit der Miniaturisierung zu:

$$\tau \propto S^{-1}. \tag{2.21}$$

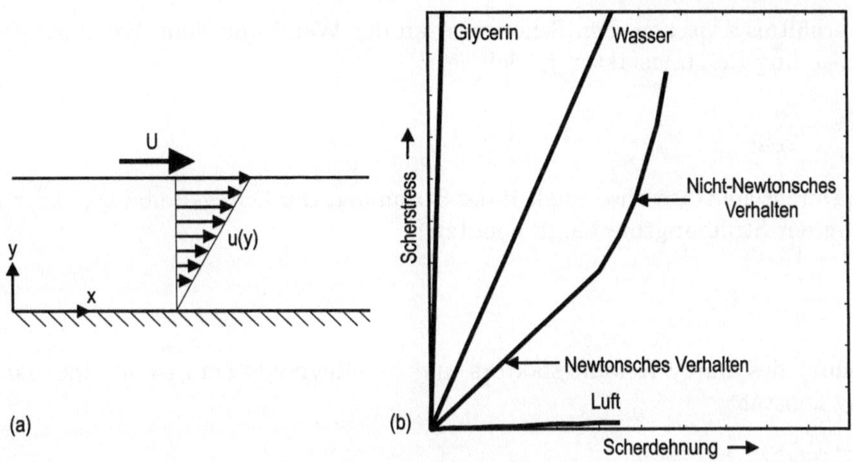

Bild 2.1: Definition der Viskosität: (a) Die Couette-Strömung, (b) Beziehung zwischen der Scherdehnung und dem Scherstress einiger typischen Fluide, wegen dem hohen Scherstress im Mikrobereich kann das Fluid ein nichtlineares Verhalten besitzen

Tabelle 2.3: Eigenschaften einiger Fluide(μ: dynamische Viskosität, ν: kinematische Viskosität, k: Wärmeleitfähigkeit, κ: Temperaturleitfähigkeit, $p = 1\,\text{bar}$, $T = 15\,°\text{C}$)

Fluid	μ ($\times 10^{-3}\text{Nsm}^{-2}$)	ν ($\times 10^{-6}\text{m}^2\text{s}^{-}1$)	k ($\text{JK}^{-1}\text{s}^{-1}\text{m}^{-1}$)	κ ($\times 10^{-6}\text{m}^2\text{s}^{-1}$)
Wasser	1,14	1,14	0,59	0,140
Ethylalkohol	1,34	1,70	0,183	0,0099
Glycerin	2330	1850	0,29	0,098
Luft	0,0178	14,5	0,0253	20,2

Tabelle 2.3 listet die Viskosität und andere Eigenschaften einiger Flüssigkeiten und der Luft auf.

Der Effekt der Skalierung wird drastischer, wenn der Volumenstrom $Q \propto uS^2$ konstant bleiben soll

$$\tau \propto S^{-3}, \tag{2.22}$$

weil die Geschwindigkeit dann skaliert als:

$$u \propto S^{-2}. \tag{2.23}$$

Die Beziehung in (2.20) kann beim hohen Scherstress nicht mehr linear sein. Es kann daher passieren, dass Newtonsche Flüssigkeiten des Makrobereiches im Mikrobereich ein nichtnewtonsches Verhalten aufweisen. Dieses Problem ist den Nichtlinearitäten oder der nichtlinearen Spannung-Dehnungs-Beziehung bei mechanischen Komponenten ähnlich. Bild 2.1b stellt dieses Problem grafisch da.

Das Verhältnis zwischen dem Scherstress an der Wand und dem dynamischen Druck wird als Fanning-Reibungsfaktor f_F definiert:

$$f_\mathrm{F} = \frac{\tau_\mathrm{w}}{1/2\rho\bar{u}^2}, \qquad\qquad (2.24)$$

mit $\bar{u}$ als Durchschnittsgeschwindigkeit der Strömung. Der Darcy-Reibungsfaktor f_D wird auch oft in der Strömungsmechanik benutzt:

$$f_\mathrm{D} = \frac{8\tau_\mathrm{w}}{\rho\bar{u}^2} = 4f_\mathrm{F}. \qquad\qquad (2.25)$$

Das Produkt des Darcy-Reibungsfaktors und der Reynolds-Zahl ist in einer laminaren Strömung konstant:

$$f_\mathrm{D}\mathrm{Re} = C_f. \qquad\qquad (2.26)$$

Die Konstante C_f hängt von der Geometrie des Kanals ab, sie hat für zylindrische Kanäle einen Wert von 64. Aus (2.26) und dem Skalierungsgesetz für die Reynolds-Zahl (2.6) ist das Skalierungsgesetz für den Darcy-Reibungsfaktor ersichtlich:

$$f_\mathrm{D} \propto S^{-1}. \qquad\qquad (2.27)$$

Miniaturisierung bedeutet die Zunahme des Reibungsfaktors und demzufolge des Druckabfalls, wie im nächsten Abschnitt diskutiert wird.

Volumenstrom und Druckabfall

Bei einer konstanten Strömungsgeschwindigkeit nimmt der Volumenstrom Q mit der Miniaturisierung ab:

$$Q \propto S^2. \qquad\qquad (2.28)$$

Der Grund liegt in dem kleinen Querschnitt der Mikrokanäle. Berücksichtigt man die kleine Geschwindigkeit in mikrofluidischen Systemen, ist der Durchfluss eher noch kleiner. In mikrofluidischen System werden oft Durchflussmengen in der Größenordnung von nl/min oder µl/min behandelt.

Nimmt man für die Skalierungsanalyse die Gleichung des Druckabfalls über eine zylindrische Kapillare (2.10), wird ersichtlich, dass der Druckabfall über einen Mikrokanal mit der Miniaturisierung zunimmt:

$$\Delta p \propto S^{-1}. \qquad\qquad (2.29)$$

Weil der Volumenstrom und der Druckabfall oft in Charakterisierungsexperimenten gemessen werden, soll der Einfluss der Toleranzskalierung auf die Genauigkeit dieser Messungen hier näher betrachtet werden. Die relative Toleranz $\Delta L/L$ in der Mikrosystemtechnik ist groß gegenüber den konventionellen Herstellungstechniken des Makrobereiches. Die relative Toleranz der auf der Fotolithografie basierten Mikrotechniken ist etwa 5 bis 10 %[78,

S. 326]. Im Beispiel einer zylindrischen Kapillare betrachtet man den Druckabfall als eine Funktion der Länge L und des Durchmessers D:

$$\Delta p = f(L, D) = f_\mathrm{D}\frac{L}{D}\rho\frac{u^2}{2} = 32\frac{\mu L u}{D^2}. \tag{2.30}$$

Dann ist der durch Herstellungstoleranzen verursachte relative Fehler des Druckabfalls:

$$\Delta f(L, D) = \left|\frac{\mathrm{d}f(L, D)}{\mathrm{d}L}\Delta L\right| + \left|\frac{\mathrm{d}f(L, D)}{\mathrm{d}D}\Delta D\right| \tag{2.31}$$

$$\frac{\Delta f(L, D)}{f(L, D)} = \frac{\Delta L}{L} + 2\frac{\Delta D}{D} = 3\frac{\Delta L}{L}. \tag{2.32}$$

Das heißt, eine relative Herstellungstoleranz von $10\,\%$ kann für den Druckabfall einen Messfehler von $30\,\%$ bedeuten. Dieser Umstand erklärt zum Teil die abweichenden Ergebnisse der bisher veröffentlichten Druck-Volumenstrom-Messungen.

Diffusiver Transport

Bisher werden Flüssigkeiten und Gase als reine Medien behandelt. In biomedizinischen und chemischen Anwendungen sind die Transporteffekte zweier oder mehrerer Stoffe von besonderer Bedeutung. Die Flussdichte Φ, die Masse eines Stoffes durch eine Flächeneinheit in einer Zeiteinheit, in einer Richtung ist proportional zu dem Gradienten der Konzentration in dieser Richtung. Dieses Gesetz wird als Ficksches Gesetz bezeichnet:

$$\Phi = -D\frac{\mathrm{d}c}{\mathrm{d}x}. \tag{2.33}$$

Dabei ist D der Diffusionskoeffizient und c die Konzentration des Stoffes. Die Beziehung (2.33) führt zu dem Skalierungsgesetz des diffusiven Transportes:

$$\Phi \propto S^{-1}. \tag{2.34}$$

Das heißt, der hohe Gradient der Konzentration durch die Miniaturisierung kann zu einer großen Flussdichte führen. Schnelle Mischungsprozesse sind daher durch Diffusion möglich. Bei einer konstanten Flussdichte Φ wird die durchschnittliche Diffusionszeit τ_D über eine Mischlänge d als [23]:

$$\tau_\mathrm{D} = \frac{d^2}{2D} \tag{2.35}$$

berechnet. Die Diffusionszeit nimmt in der zweiten Ordnung mit der Miniaturisierung ab:

$$\tau_\mathrm{D} \propto S^2. \tag{2.36}$$

Advektiver Transport

Die Skalierungsgesetze (2.34) und (2.36) zeigen, dass die Diffusion für sehr kleine Systeme oder sehr langsame Prozesse wichtig ist. Ein weiterer Transporteffekt für die Mischung zweier oder mehrerer Stoffe ist die Advektion oder der Stofftransport mit einer Strömung. Die advektive Flussdichte wird wie folgt berechnet:

$$\Phi = uc. \tag{2.37}$$

Dabei sind u und c die Geschwindigkeit in x-Richtung und die Konzentration. Kombiniert man die Diffusion und die Advektion, ergibt sich die totale Flussdichte:

$$\Phi = uc - D\frac{dc}{dx}. \tag{2.38}$$

Unter Berücksichtigung der Diffusion und der Advektion wird die generelle Transportgleichung wie folgt formuliert:

$$\frac{\partial c}{\partial t} + u\frac{\partial c}{\partial x} + v\frac{\partial c}{\partial y} + w\frac{\partial c}{\partial z} = D\left(\frac{\partial^2 c}{\partial x^2} + \frac{\partial^2 c}{\partial y^2} + \frac{\partial^2 c}{\partial z^2}\right) + r. \tag{2.39}$$

r ist der Quellterm für die Stofferzeugung.

Wärmetransport

Die Gleichung für den Massentransport (2.39) ist ähnlich wie die Gleichung für den Wärmetransport:

$$\frac{\partial T}{\partial t} + u\frac{\partial T}{\partial x} + v\frac{\partial T}{\partial y} + w\frac{\partial T}{\partial z} = \frac{\kappa}{\rho c_v}\left(\frac{\partial^2 T}{\partial x^2} + \frac{\partial^2 T}{\partial y^2} + \frac{\partial^2 T}{\partial z^2}\right) + \frac{S}{\rho c_v}. \tag{2.40}$$

Dabei ist T die Temperatur, κ die Wärmeleitfähigkeit, ρ die Dichte und c_v die spezifische Wärme bei einem konstanten Volumen. S ist der Quellterm der Energie. Die Skalierungsgesetze (2.34) und (2.36) sind auch für die Wärmeflussdichte und die thermische Zeitkonstante des fluidischen Systems gültig.

2.1.4   Skalierungsgesetze des dynamischen Verhaltens

Das dynamische Verhalten mikrofluidischer Systeme ist schwierig vorauszusagen. Wenn sie mit mechanischen und elektrischen Systemen gekoppelt sind, muss das dynamische Verhalten aller Systeme in der Analyse berücksichtigt werden. Im folgenden werden die Skalierungsgesetze nur für mikrofluidische Systeme anhand der Analogie zur Elektrotechnik abgeleitet. Diese Analogiebeziehungen werden im Abschnitt 4.3 näher behandelt. Tabelle 2.4 zeigt die wichtigsten Variablen dieser Analogien.

Tabelle 2.4: Analogie zwischen Fluidik und Elektronik

Elektronik		Fluidik	
Variable	Definition	Variable	Definition
Elektrischer Strom	I	Massenstrom	$\dot{m}$
Elektrische Spannung	U	Druck	p
Spannungsabfall	ΔU	Druckabfall	Δp
Elektrischer Widerstand	$R = \frac{\Delta U}{I}$	Fluidischer Widerstand	$R_{\text{fluid.}} = \frac{\Delta p}{\dot{m}}$
Elektrische Induktivität	$U = L\frac{\mathrm{d}I}{\mathrm{d}t}$	Fluidische Trägheit	$\Delta p = L_{\text{fluid.}}\frac{\mathrm{d}\dot{m}}{\mathrm{d}t}$
Elektrische Kapazität	$I = C\frac{\mathrm{d}U}{\mathrm{d}t}$	Fluidische Kapazität	$\dot{m} = C_{\text{fluid.}}\frac{\mathrm{d}p}{\mathrm{d}t}$

Fluidischer Widerstand

Für die Ableitung des Skalierungsgesetzes des fluidischen Widerstands wird hier das Beispiel einer zylindrischen Kapillare genommen. Ersetzt man die mittlere Strömungsgeschwindigkeit u durch den Massenstrom:

$$\dot{m} = \rho u A_{\text{Querschnitt}} = \rho u \pi \frac{D^2}{4},\tag{2.41}$$

ergibt sich die Beziehung:

$$\Delta p = \frac{128\mu L}{\pi\rho D^4}\dot{m}.\tag{2.42}$$

Gemäß der Definition in der Tabelle 2.4 wird der fluidische Widerstand einer zylindrischen Kapillare wie folgt berechnet:

$$R_{\text{fluid.}} = \frac{128\mu L}{\pi\rho D^4}.\tag{2.43}$$

Daher kann das Skalierungsgesetz für den fluidischen Widerstand als:

$$R_{\text{fluid.}} \propto S^{-3}\tag{2.44}$$

abgeleitet werden. Der fluidische Widerstand in mikrofluidischen Systemen nimmt mit der Miniaturisierung in der dritten Ordnung zu. Die Auswirkung dieses Gesetzes auf das dynamische Verhalten wird in diesem Abschnitt später diskutiert.

Fluidische Inertanz

Wenn sich ein ruhendes Fluid in einer zylindrischen Kapillare bewegt, wird die Trägheitskraft wie folgt berechnet:

$$\mathrm{d}F = A\mathrm{d}p = \int\limits_{r=0}^{r=D/2} 2\pi\rho\frac{\mathrm{d}u}{\mathrm{d}t}r\mathrm{d}r\mathrm{d}x = \mathrm{d}x\rho\frac{\mathrm{d}}{\mathrm{d}t}\left(2\pi\int\limits_{r=0}^{r=D/2} ur\mathrm{d}r\right) = \mathrm{d}x\rho\frac{\mathrm{d}Q}{\mathrm{d}t} \qquad (2.45)$$

oder:

$$\frac{\mathrm{d}p}{\mathrm{d}z} = \frac{1}{A}\rho\frac{\mathrm{d}Q}{\mathrm{d}t} = \frac{1}{A}\frac{\mathrm{d}\dot{m}}{\mathrm{d}t}. \qquad (2.46)$$

Der Druckabfall in x-Richtung ist dann:

$$\Delta p = \frac{L}{A}\frac{\mathrm{d}\dot{m}}{\mathrm{d}t}. \qquad (2.47)$$

Gemäß der Definition in Tabelle 2.4 wird die fluidische Inertanz einer zylindrischen Kapillare aus

$$L_{\text{fluid.}} = \frac{L}{A} = \frac{4L}{\pi D^2}. \qquad (2.48)$$

berechnet. Diese Beziehung führt zum Skalierungsgesetz der fluidischen Inertanz:

$$L_{\text{fluid.}} \propto S^{-1}. \qquad (2.49)$$

Fluidische Kapazität

Die fluidische Kapazität einer mikrofluidischen Komponente ist schwieriger zu bestimmen. Die fluidische Kapazität kann durch elastische Elemente wie eine Membran oder durch die Kompressibilität (die Änderung der Dichte) des Fluids verursacht werden. Die Kompressibilität eines Fluids ist eine Materialeigenschaft und skaliert nicht. Der Massenstrom durch Kompressibilität wird wie folgt berechnet:

$$\dot{m} = V_0\frac{\mathrm{d}\rho}{\mathrm{d}t} = V_0\frac{\partial\rho}{\partial p}\frac{\mathrm{d}p}{\mathrm{d}t} = \rho_0 V_0\gamma\frac{\mathrm{d}p}{\mathrm{d}t} = m_0\gamma\frac{\mathrm{d}p}{\mathrm{d}t}. \qquad (2.50)$$

Dabei sind V_0, ρ_0, m_0 das Volumen, die Dichte und die Masse des Anfangzustandes. γ ist der Kompressibilitätsfaktor des Fluids. Aus der Definition in Tabelle 2.4 wird die fluidische Kapazität wie folgt berechnet:

$$C_{\text{fluid.}} = m_0\gamma. \qquad (2.51)$$

Die fluidische Kapazität ist proportional zur Masse und daher zur dritten Ordnung der Skalierung. Für inkompressible Fluide ist $C_{\text{fluid.}} = 0$. Die Elastizität mechanischer Komponenten hängt vom Komponentenentwurf ab und wird für die Skalierungsanalyse als konstant angenommen. Aus diesen Gründen lautet das Skalierungsgesetz für die fluidische Kapazität:

$$C_{\text{fluid.}} \propto S^3 \quad \text{für kompressible Fluide}$$
$$C_{\text{fluid.}} \propto 1 \quad \text{für inkompressible Fluide.} \tag{2.52}$$

Charakteristische Zeitkonstante

Aus den Skalierungsgesetzen (2.44), (2.49) und (2.52) kann die charakteristische Zeitkonstante aus der Analogie zu der Elektrotechnik abgeleitet werden. Die Zeitkonstante durch die fluidische Inertanz wird als

$$\tau_{\text{Inertanz}} = \frac{L_{\text{fluid.}}}{R_{\text{fluid.}}}. \tag{2.53}$$

berechnet. Das Skalierungsgesetz für die aus der Trägheit resultierenden Zeitkonstante lautet

$$\tau_{\text{Inertanz}} \propto S^2. \tag{2.54}$$

Die von der fluidischen Kapazität verursachte Zeitkonstante ist

$$\tau_{\text{Kapazität}} = R_{\text{fluid.}} C_{\text{fluid.}}. \tag{2.55}$$

Aus (2.44) und (2.52) ergibt sich das Skalierungsgesetz der von der fluidischen Kapazität verursachten Zeitkonstante für ein kompressibles Fluid:

$$\tau_{\text{Kapazität}} \propto 1. \tag{2.56}$$

Wie aus (2.56) ersichtlich ist, ändert sich die kapazitive charakteristische Zeitkonstante eines mikrofluidischen Systems nicht mit der Miniaturisierung. Für ein inkompressibles Fluid nimmt die Zeitkonstante zu, weil sich die fluidische Kapazität nicht ändert:

$$\tau_{\text{Kapazität}} \propto S^3. \tag{2.57}$$

Beispiel 2.7:   Die Charakteristische Zeitkonstante in einer zylindrischen Kapillare

Bestimme die charakteristische Zeitkonstante für eine mit Wasser gefüllte zylindrische Kapillare mit einem Durchmesser von $100\,\mu\text{m}$. Die Viskosität und die Dichte des Wassers sind $\mu_{\text{Wasser}} = 1.002 \times 10^{-3}\,\text{Pa.s}$ und $\rho_{\text{Wasser}} = 1000\,\text{kg/m}^3$.

Ersetzt man $R_{\text{fluid.}}$ und $L_{\text{fluid.}}$ in (2.53) durch (2.43) und (2.48), ergibt sich die Zeitkonstante der Inertanz:

$$\tau_{\text{Inertanz}} = \frac{\rho D^2}{32\mu} = \frac{1000 \times (100 \times 10^{-6})^2}{32 \times 1.002 \times 10^{-3}} = 0{,}31 \times 10^{-3}\text{s} = 0{,}31\,\text{ms}.$$

Aus der obigen Gleichung ist ersichtlich, dass die *charakteristische Zeitkonstante nicht von der Länge des Mikrokanals abhängt*. Die Zeitkonstante der Inertanz

Tabelle 2.5: Skalierungsgesetze für fluidische Variablen (1: für konstante Geschwindigkeit; 2: für konstanten Volumenstrom; 3: kompressibel; 4: inkompressibel; 5: Inertanz; 6: Kapazität, kompressibel; 7: Kapazität, inkompressibel)

Fluidische Variablen	Symbol	Skalierung
Scherstress	$\tau^1_{u=\text{const.}}$, $\tau^2_{Q=\text{const.}}$	S^{-1}, S^{-3}
Volumenstrom	Q	S^2
Druckabfall	Δp	S^{-1}
Difussive Flussdichte	Φ	S^{-1}
Difussionszeit	τ_D	S^2
Fluidischer Widerstand	$R_\text{fluid.}$	S^{-3}
Fluidische Inertanz	$L_\text{fluid.}$	S^{-1}
Fluidische Kapazität	$C^3_\text{fluid.}$, $C^4_\text{fluid.}$	$S^3, 1$
Charakteristische Zeitkonstante	τ^5_Inertanz, $\tau^6_\text{Kapazität}$, $\tau^7_\text{Kapazität}$	$S^2, 1, S^3$

ist proportional zu der zweiten Ordnung des Kanaldurchmessers. Daher kann eine kleine Änderung im Durchmesser zu einem großen Unterschied in der Zeitkonstante führen.

Tabelle 2.5 fasst die Skalierungsgesetze der in Abschnitten 2.1.3 und 2.1.4 behandelten fluidischen Variablen zusammen.

2.2   Strömungstheorien im Mikrobereich

Die meisten Strömungstheorien basieren auf zwei grundlegenden Modellen von Fluiden: das molekulare Modell und das Kontinuum-Modell. Das molekulare (oder diskrete) Modell benutzt die Kinetiktheorie und die Wechselwirkung zwischen den Molekülen, um das Strömungsverhalten zu beschreiben. In diesem Modell soll jedes Molekül berücksichtigt werden. Der Rechenaufwand für ein praktisches Ergebnis ist so groß, dass kein Rechnersystem des neuesten Standes der Technik diese Aufgabe in einer annehmbaren Zeit durchführen kann. In der traditionellen Strömungsmechanik wird das molekulare Modell als nicht praktikabel angesehen und für Berechnungen nicht benutzt.

Das Kontinuum-Modell betrachtet das Fluid als ein Kontinuum. Die Fluideigenschaften werden kontinuierlich durch den Raum definiert. Die Kontinuum-Theorie benutzt Eigenschaften wie Viskosität und Dichte und betrachtet sie als Materialeigenschaften.

Heute berührt die Miniaturisierung jedoch die Grenze der molekularen Dimensionen. Mit der Weiterentwicklung der Nanotechnologie wird dieses Problem noch kritischer. Für die Modellierung der Strömung in diesem Bereich soll klargestellt werden, welches Modell benutzt werden soll. Welche Modifikationen müssen an der Kontinuum-Theorie vorgenommen werden, wenn für schnelle Berechnungen weiterhin das Kontinuum-Modell benutzt werden soll? Für *Gasströmungen* wurden etablierte Kontinuum-Theorien entwickelt. Diese Theorien stimmen gut mit experimentellen Ergebnissen überein [19, 39]. Dagegen gibt es keine endgültige Theorie für *Flüssigkeitsströmungen*. Experimentelle Ergebnisse weichen nicht nur von der klassischen Theorien für Makrobereiche, sondern auch untereinander ab.

Die Abweichung zu den klassischen Modellen wird z. B. mit Mikroblasen und mit der Länge der Mikrokanäle erklärt [39]. Diese Theorie nimmt eine unveränderte Viskosität der Flüssigkeiten im Mikrobereich an. Die Existenz der Mikroblasen verursacht die Steigerung des Druckabfalls auf Grund von Oberflächenspannungseffekten. Wegen der relativ kurzen Längen der Mikrokanäle wird der Druckabfall trotz der laminaren Verhältnisse in Mikrokanälen maßgeblich von Trägheitsverlusten verursacht. *Elwenspoek* und andere vermuteten, dass Einlaufseffekte in mikrofluidischen Komponenten diese Abweichungen verursachen [28]. Oberflächenkräfte wie van-der-Waal-Kraft oder elektrostatische Kräfte könnten auch die Ursachen der Abweichungen im Mikrobereich sein. Es wird z. B. durch Experimente herausgestellt, dass die Reibungskraft nicht nur eine Funktion der Normalkraft wie im Makrobereich sondern auch der Oberfläche ist. Die Navier-Stokes-Gleichung (2.3) sollte Terme zur Beschreibung dieser nichtlinearen Effekte enthalten [50].

Die unsichere Kanalgeometrie (Abschnitt 2.1.3) und die Gefahr der Kontamination der Messflüssigkeiten mit Teilchen und anderen Bestandteilen sind weitere Gründe für die Abweichungen. Gemäß dem Skalierungsgesetz nehmen diese im Makrobereich vernachlässigbaren Fehler derartig zu, dass Messfehler und Mikroeffekte nicht voneinander getrennt werden können. Es wurden unterschiedliche Experimente mit Flüssigkeitsströmungen durchgeführt. Die Ergebnisse und die erklärenden Theorien können in drei Gruppen geteilt werden [64]:

- Instabilität durch frühes Auftreten des Übergangsbereichs vom laminaren zum turbulenten Regime [108, 152].
- Zunahme der Reibungskraft und Druckabfall durch zusätzliche Oberflächeneffekte wie Oberflächenrauheit, Elektrokinetik, Temperatureffekte und Mikrozirkulationen [110, 145, 80], [105], [119, 44].
- Keine Änderung im Vergleich zu der konventionellen Theorie. Abweichungen werden einfach durch Messfehler oder Herstellungstoleranzen der Mikrokanäle verursacht [59].

Im folgenden werden unterschiedliche Theorien für Fluidströmungen im Mikrobereich zusammengefasst. Wegen der unklaren Theorie der Flüssigkeitsströmung wird die Strömungsart mit konventionellen Modellen behandelt.

2.2.1 Molekulares Modell

Molekulare Wechselwirkungen

Betrachtet man die Materien aus der molekularen Sicht, wird ihr Verhalten von den intermolekularen Kräften bestimmt. Die Interaktion zwischen zwei neutralen Molekülen kann durch das sogenannte Lennard-Jones-Potenzial [65]:

$$\Psi_{ij}(r) = 4\varepsilon \left[c_{ij} \left(\frac{r}{\sigma} \right)^{-12} - d_{ij} \left(\frac{r}{\sigma} \right)^{-6} \right]. \tag{2.58}$$

beschrieben werden. Dabei r ist der Abstand zwischen den Molekülen i und j, c_{ij} und d_{ij} sind Koeffizienten für die wechselwirkenden Moleküle, ε ist die charakteristische Energie. Als charakteristische Länge σ wird der Moleküldurchmesser benutzt genommen. Der

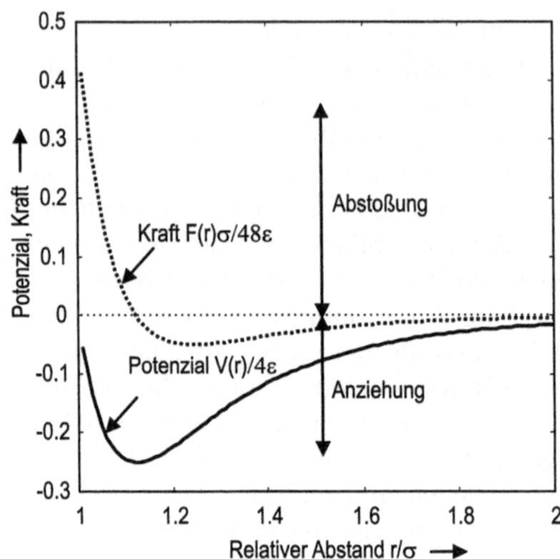

Bild 2.2: Dimensionslose Darstellung der potenziellen Energie und der Kraft mit dem Lennard-Jones-Modell

Term mit der Potenz von -12 beschreibt die Abstoßung der Moleküle, wenn sie sich sehr nahe zueinander befinden. Der Term mit der Potenz von -6 beschreibt die Anziehung zwischen den Molekülen durch die van-der-Waals-Kräfte. Die Kraft zwischen zwei Molekülen kann aus (2.58) abgeleitet werden:

$$F_{ij}(r) = -\frac{\mathrm{d}\Psi_{ij}(r)}{\mathrm{d}r} = \frac{48\varepsilon}{\sigma}\left[c_{ij}\left(\frac{r}{\sigma}\right)^{-13} - \frac{d_{ij}}{2}\left(\frac{r}{\sigma}\right)^{-7}\right]. \tag{2.59}$$

Bild 2.2 zeigt die typischen Verläufe der Potenzialenergie und der Interaktionskraft zwischen zwei Molekülen. Die charakteristische Energie und die charakteristische Länge typischer Fluide werden in der Tabelle 2.6 aufgelistet. Die Koeffizienten c_{ij} und d_{ij} werden in diesem Fall auf 1 gesetzt. Dieses Modell ergibt die charakteristische Zeit τ:

$$\tau = \sigma\sqrt{\frac{M}{\varepsilon}}. \tag{2.60}$$

Dabei ist M die molekulare Masse. Die charakteristische Zeit τ entspricht der Schwingungsperiode des Moleküls zwischen der Anziehung und der Abstoßung [61, 65, 47]. Die Beziehung zwischen dem Druck p, der absoluten Temperatur T und dem spezifischen Molarvolumen $\bar{v}$ (m^3/mol) wird durch die Ideal-Gas-Gleichung beschrieben:

$$p\bar{v} = \bar{R}T = N_\mathrm{A}k_\mathrm{B}T. \tag{2.61}$$

Dabei ist $\bar{R} = 8{,}314$(kJ/kmol.K) die universelle Gaskonstante und $N_\mathrm{A} = 6{,}02252 \times 10^{23}$/mol die Avogadro-Zahl bzw. die Anzahl der Moleküle in einem Mol. Benutzt man

Tabelle 2.6: Lennard-Jone's charakteristische Energie und charakteristische Länge einiger Fluide ($k_B = 1.38 \times 10^{-23}$ J/K: Boltzmann's Konstante, $d_{ij} = c_{ij} = 1$)[48]

Fluid	Charakeristische Energie (ε/K_B)	Charakteristische Länge σ (nm)
Luft	97,0	0,362
N_2	91,5	0,368
CO_2	190,0	0,400
O_2	113,0	0,343
Ar	124,0	0,342

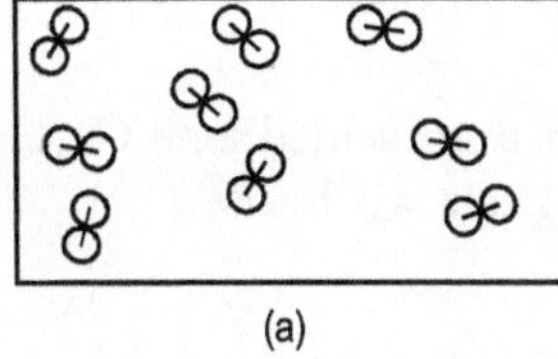 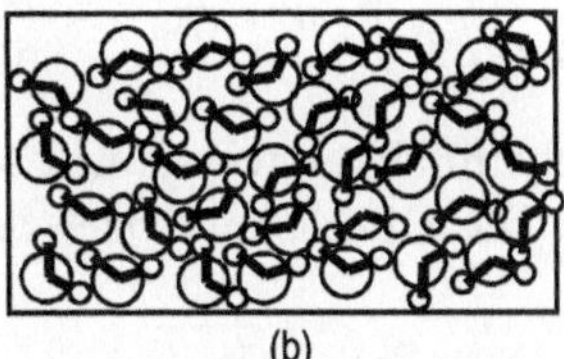

Bild 2.3: Molekulare Anordnung eines Gases (a) z.B. N_2 und einer Flüssigkeit (b) z. B. H_2O

die Moleküldichte n(m^{-3}), hat die Gleichung (2.61) die Form:

$$p = nk_B T. \tag{2.62}$$

Daher kann die Molküldichte wie folgt berechnet werden:

$$n = \frac{p}{k_B T}. \tag{2.63}$$

Mit dem Druck und der Temperatur der Standardbedingung ($T = 298{,}15$ K, $p = 101\,625$ Pa) ergibt sich aus (2.63) eine Moleküldichte von $n = 2{,}47 \cdot 10^{25}$ m^{-3}. Der mittlere molekulare Abstand δ kann mit der Moleküldichte n abgeschätzt werden:

$$\delta = \frac{1}{\sqrt[3]{n}}. \tag{2.64}$$

Der Durchschnittsabstand zwischen Gasmolekülen in der Standardbedingung ist dann $\delta = 3{,}43 \times 10^{-9}$ m. Vergleicht man diesen Abstand mit dem Molküldurchmesser des Stickstoffs (Tabelle 2.6), ergibt sich ein Faktor von $\delta/\sigma = 3{,}43 \times 10^{-9}/0{,}362 \times 10^{-9} \approx 10$. Gase, die die Bedingung $\delta/\sigma > 7$ erfüllt, werden als verdünnte Gase bezeichnet [13]. Die Kinetiktheorie kann für verdünnte Gase benutzt werden, weil nur binäre Wechselwirkung zwischen Gasmolekülen angenommen werden.

Die Kinetiktheorie

Die wichtigste Kenngrößen der Gasdynamik sind die freie Weglänge λ, die Durchschnittsgeschwindigkeit $\bar{u}$, die molekulare Effektivgeschwindigkeit $\bar{u}_{\mathrm{rms}}$, die wahrscheinlichste Geschwindigkeit $\bar{u}_{\mathrm{w}}$, die Schallgeschwindigkeit u_{S} und die kinematische Viskosität ν. Für ein ideales Gas, dessen Moleküle als eine harte Kugel mit der Masse m modelliert werden, berechnet sich die freie Weglänge [13]:

$$\lambda = \frac{1}{\sqrt{2}\pi\sigma^2 n}. \tag{2.65}$$

Dabei ist σ der Moleküldurchmesser. Die Wahrscheinlichkeit der Geschwindigkeit $P(u)$ im Bereich zwischen u und $u + \mathrm{d}u$ folgt der sogenannten Maxwell-Boltzmann-Verteilung:

$$P(u) = 4\pi \left(\frac{M}{2\pi k_{\mathrm{B}} T} \right)^{\frac{3}{2}} u^2 \exp -\frac{1/2 M u^2}{k_{\mathrm{B}} T}. \tag{2.66}$$

Mit dieser Wahrscheinlichkeitsverteilung können unterschiedliche Geschwindigkeitswerte berechnet werden. Die Durchschnittsgeschwindigkeit wird aus:

$$\bar{u} = \int\limits_0^\infty u P(u)\mathrm{d}u = \frac{2\sqrt{2}}{\sqrt{\pi}} \sqrt{\frac{k_{\mathrm{B}} T}{M}} = \frac{2\sqrt{2}}{\sqrt{\pi}} \sqrt{RT} \tag{2.67}$$

berechnet. Dabei ist $R = \bar{R}/(N_{\mathrm{A}} M) = k_{\mathrm{B}}/M$ die Gaskonstante des betrachteten Gases. Die molekulare Effektivgeschwindigkeit ist [146]:

$$\bar{u}_{\mathrm{rms}} = \sqrt{\int\limits_0^\infty u^2 P(u)\mathrm{d}u} = \sqrt{\frac{3 k_{\mathrm{B}} T}{M}} = \sqrt{\frac{3p}{\rho}} = \sqrt{3RT}. \tag{2.68}$$

Die Effektivgeschwindigkeit ist repräsentativ für die kinetische Energie des Moleküls:

$$\mathrm{KE} = \frac{1}{2} M \bar{u}_{\mathrm{rms}}^2 = \frac{3}{2} k_{\mathrm{B}} T. \tag{2.69}$$

Die wahrscheinlichste Geschwindigkeit $\bar{u}_{\mathrm{w}}$ repräsentiert die Spitze in der Wahrscheinlichkeitsverteilung (2.66) und wird aus:

$$\bar{u}_{\mathrm{w}} = \sqrt{\frac{2 k_{\mathrm{B}} T}{M}} = \sqrt{2RT} \tag{2.70}$$

berechnet. Die Schallgeschwindigkeit lässt sich aus dem Verhältnis der spezifischen Wärmen $k = c_p/c_v$ wie folgt berechnen:

$$u_{\mathrm{s}} = \sqrt{\frac{c_p}{c_v} RT} = \sqrt{kRT}. \tag{2.71}$$

Dabei sind c_p und c_v die spezifische Wärme bei einem konstanten Druck bzw. bei einem konstanten Volumen. Aus (2.67), (2.68) und (2.70) ist ersichtlich, dass $\bar{u}_{\mathrm{w}} < \bar{u} < \bar{u}_{\mathrm{rms}}$. Alle diese Geschwindigkeitswerte sind in der Größenordnung der Schallgeschwindigkeit

Tabelle 2.7: Eigenschaften eines typischen Gases (N_2) und einer typischen Flüssigkeit (H_2O)

Eigenschaften	Gas (N_2)	Flüssigkeit (H_2O)
Molekularer Durchmesser	$0{,}3\,\text{nm}$	$0{,}3\,\text{nm}$
Anzahl der Moleküle	$3 \times 10^{25}\ \text{m}^{-3}$	$2 \times 10^{28}\ \text{m}^{-3}$
Intermolekularer Abstand	$3\,\text{nm}$	$0{,}4\,\text{nm}$
Freie Weglänge	$100\,\text{nm}$	$0{,}1\,\text{nm}$
Molekulare Geschwindigkeit	$500\,\text{m/s}$	$1\,000\,\text{m/s}$

u_s. Oft wird die Strömungsgeschwindigkeit u mit der Schallgeschwindigkeit normiert. Die resultierende dimensionslose Zahl wird als Mach-Zahl Ma bezeichnet:

$$\text{Ma} = \frac{u}{u_s}. \tag{2.72}$$

Eine Strömung mit $\text{Ma} < 0.3$ kann als inkompressibel angenommen werden. Die kinematische Viskosität wird aus der dynamischen Viskosität μ und der Dichte ρ berechnet. Die kinematische Viskosität für Gase ist:

$$\nu = \frac{\mu}{\rho} = \frac{1}{2}\lambda\bar{c}. \tag{2.73}$$

Die Knudsen-Zahl (2.18) kann aus der freien Weglänge (2.65) der Reynolds-Zahl (2.5) und der Mach-Zahl (2.72) berechnet werden:

$$\text{Kn} = \frac{\lambda}{L} = \sqrt{\frac{k\pi}{2}}\frac{\text{Ma}}{\text{Re}}. \tag{2.74}$$

Wie bereits in 2.1.2 diskutiert wurde, ist die Knudsen-Zahl ein wichtiges Kriterium für die Bestimmung des Strömungsbereiches für Gase. Für unterschiedliche Bereiche müssen unterschiedliche Modelle benutzt werden:

- $\text{Kn} < 10^{-3}$: Navier-Stokes-Gleichung mit Haftbedingungen,
- $10^{-3} < \text{Kn} < 10^{-1}$: Navier-Stokes-Gleichung mit Gleitbedingungen,
- $10^{-1} < \text{Kn} < 10$: Übergangsströmung,
- $\text{Kn} > 10$: Freie molekulare Strömung.

Bild 2.4 stellt die unterschiedlichen Strömungsbereiche dar. Die Linie $L/\delta = 20$ zeigt die Grenze der statistischen Schwankungen, die eine Fluktuation von $1\,\%$ in Messungen des Makrobereichs nachweist.

2.2.2 Kontinuum-Theorie für Gase im Mikrobereich

Das Kontinuum-Modell

Das Kontinuum-Modell unterteilt Materialien in Feststoffe, Flüssigkeiten und Gase. Diese Zustände unterscheiden sich in der Amplitude der thermischen Schwingung der Moleküle. Feststoffe haben kleine Schwingungsamplitude ($r \ll \sigma$) und starke intermolekulare

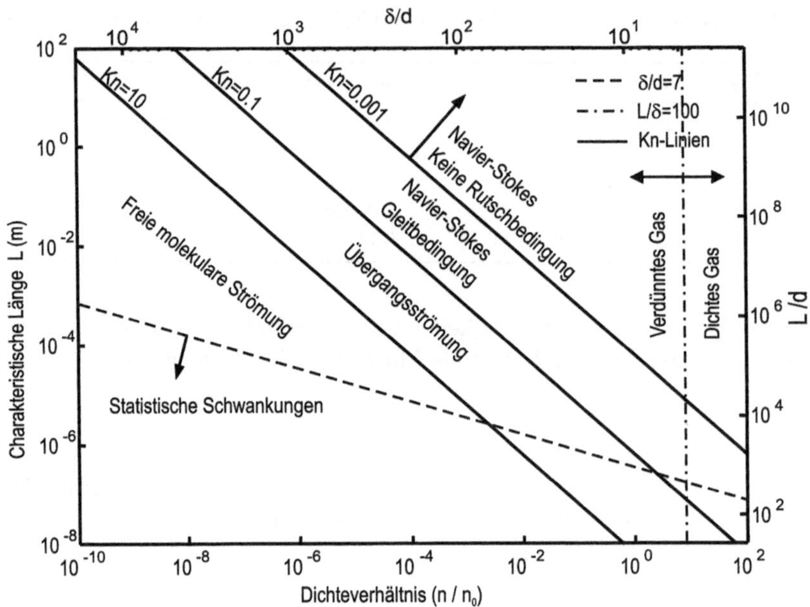

Bild 2.4: Graphische Darstellung der dimensionslosen Größen für Gasströmungen [61]

Interaktion. Flüssigkeitsmoleküle sind weiter auseinander $(r \sim \sigma)$ und haben schwächere intermolekulare Interaktion. Gasmolküle befinden sich weit auseinander $(r \gg \sigma)$. Unter Standardbedingungen ist der durchschnittliche Abstand zwischen Gasmolekülen etwa 10σ. Die intermolekulare Wechselwirkung ist daher sehr schwach. Gasmoleküle tauschen nur kurze starke Stöße aus. Bild 2.3 und Tabelle 2.7 illustrieren diesen Punkt. Fluideigenschaften werden in diesem Modell als kontinuierlich betrachtet. Für das Kontinuum-Modell werden deshalb die Eigenschaften als *Punktwerte* angenommen. Die Probenmenge im Kontinuum soll eine Mindestgröße haben, um eine statistisch konstante Eigenschaft zu besitzen. Die Bestimmung dieser minimalen Größe hängt von dem Typ der Eigenschaft ab. Kinematische Eigenschaften wie Geschwindigkeit, Beschleunigung und thermodynamische Eigenschaften verlangen eine bestimmte Anzahl der Moleküle, um eine bestimmte statistische Variation zu erlangen. Eine statistische Variation von 1% verlangt 10^4 Moleküle in der Probe. Transporteigenschaften wie Viskosität und Diffusionskoeffizient hängen von der Interaktion zwischen Molekülen ab und brauchen daher eine Probe mit dem Mehrfachen der freien Weglänge in jeder Dimension. Jede Dimension der Probe soll zum Beispiel das Zehnfache der freien Weglänge sein [25].

Beispiel 2.8:   Die Mindestprobengröße für Kontinuumeigenschaften

Schätze die Mindestprobengrößen für Wasser und N_2, bei der die Eigenschaften als statistisch konstant angesehen werden können! Benutze Daten aus der Tabelle 2.7.

Die Dimension der Probe für kinetische und thermodynamische Eigenschaften wird mit 10^4 Molekülen berechnet:

$$L_{N_2} = \sqrt[3]{10^4/(3 \times 10^{25} m^{-3})} = 70 \times 10^{-9} m;$$

$$L_{H_2O} = \sqrt[3]{10^4/(2 \times 10^{28} m^{-3})} = 8 \times 10^{-9} m$$

Die Dimension der Probe für Transporteigenschaften wird mit dem Zehnfachen der freien Weglänge berechnet:

$$L_{N_2} = 10 \times 100 \times 10^{-9} = 10^{-6} m;$$

$$L_{H_2O} = 10 \times 0.4 \times 10^{-9} = 4 \times 10^{-9} m$$

Für alle Eigenschaften werden von den oben berechneten Werten die größere Dimension der Probe genommen:

$$L_{N_2} = 10^{-6} m = 1\mu m;$$

$$L_{H_2O} = 8 \times 10^{-9} m \approx 10^{-8} m = 10 nm$$

Erhaltungssätze für Gasströmungen

Für das Kontinuum-Modell wird ein ideales Gas angenommen, das ein Newtonsches Fluid und isotrop ist. Die Erhaltungssätze von Masse, Impuls und Energie werden mit ($u_i = u$, $u_j = v$, $u_k = w$) wie folgt formuliert [99]:

$$\frac{\partial \rho}{\partial t} + \frac{\partial}{\partial x_i}(\rho u_i) = 0, \tag{2.75}$$

$$\rho\left(\frac{\partial u_i}{\partial t} + \frac{\partial u_j u_i}{\partial x_j}\right) = \rho \mathbf{F}_i - \frac{\partial p}{\partial x_i} + \frac{\partial}{\partial x_i}\left[\mu\left(\frac{\partial u_i}{\partial x_j} + \frac{\partial u_j}{\partial x_i} + \lambda\frac{\partial u_k}{\partial x_k}\delta_{ji}\right)\right], \tag{2.76}$$

$$\rho c_v\left(\frac{\partial T}{\partial t} + u_i\frac{\partial T}{\partial x_i}\right) = -p\frac{\partial u_i}{\partial x_i} + \Phi_D + \frac{\partial}{\partial x_i}\left(\kappa\frac{\partial T}{\partial x_i}\right). \tag{2.77}$$

Die Dissipationsfunktion Ψ_D wird wie folgt berechnet:

$$\Psi_D = \frac{1}{2}\mu\left(\frac{\partial u_i}{\partial x_j} + \frac{\partial u_j}{\partial x_i}\right)^2 + \lambda\left(\frac{\partial u_k}{\partial x_k}\right). \tag{2.78}$$

Randbedingungen für Gasströmungen

Die allgemeine Navier-Randbedingung zeigt die Beziehung zwischen dem Geschwindkeitssprung an der Wand Δu_{Wand}, der Gleitlänge L_{Gleit} und der Scherdehnung du/dy:

$$\Delta u\bigg|_{Wand} = u_{Gas} - u_{Wand} = L_{Gleit}\frac{du_{Gas}}{dy}\bigg|_{Wand}. \tag{2.79}$$

Tabelle 2.8: Akkomodationskoeffizienten typischer Gase und Wände [99]

Gas	Wand	σ_T	σ_v
Luft	Al	$0,87 - 0,97$	$0,87 - 0,97$
Luft	Eisen	$0,87 - 0,96$	$0,87 - 0,93$
Luft	Bronze	-	$0,88 - 0,95$
He	Al	$0,073$	-
Wasserstoff	Eisen	$0,31 - 0,55$	-

Die Gleitlänge L_{Gleit} ist der virtuelle Abstand von der Wandfläche zu der eigentlichen Position, wo die Haftbedingung erfüllt würde. Im Makrobereich wird die Gleitlänge als klein betrachtet ($L_{\text{Gleit}} \to 0$). Deshalb wird für Berechnungen die Haftbedingung $u_{\text{Gas}} = u_{\text{Wand}} = 0$ angenommen. Die vollständige Randbedingungen für die Geschwindigkeit und den Temperatursprung im Mikrobereich oder in verdünnten Gasen lauten [87, 132]:

$$u_{\text{Gas}} - u_{\text{Wand}} = \lambda \frac{2 - \sigma_v}{\sigma_v} \frac{du}{dy}\bigg|_{\text{Wand}} + \frac{3}{4} \frac{\mu}{\rho T_{\text{Gas}}} \frac{dT}{dy}\bigg|_{\text{Wand}} , \tag{2.80}$$

$$T_{\text{Gas}} - T_{\text{Wand}} = \frac{2 - \sigma_T}{\sigma_T} \frac{2k}{k + 1} \frac{\lambda}{\text{Pr}} \frac{dT}{dy}\bigg|_{\text{Wand}} . \tag{2.81}$$

Die Akkommodationskoeffizienten des tangentialen Impulses (*tangential momentum accomodation coefficient*) σ_v und der tangentialen Temperatur (*tangential temperature accomodation coefficient*) σ_T werden wie folgt definiert:

$$\sigma_v = \frac{\tau_e - \tau_r}{\tau_e - \tau_w}, \tag{2.82}$$

$$\sigma_T = \frac{dE_e - dE_r}{dE_e - dE_w}, \tag{2.83}$$

wobei die Indices e, r und w bedeuten die einfallende, die reflektierte und die Wandbedingung. Die Prandtl-Zahl Pr in (2.81) wird als:

$$\text{Pr} = \frac{c_p \mu}{\kappa} \tag{2.84}$$

definiert. τ_e und τ_r in (2.82) sind die tangentialen Impulse der einfallenden und reflektierten Moleküle. τ_w ist der tangentiale Impuls der Moleküle, deren Impuls von der Wand absorbiert wurde. Für eine feste Wand gilt $\tau_w = 0$. Die Ernegieflüsse dE_e, dE_r und dE_w in (2.83) gehören auch zu den einfallenden, reflektierten und von der Wand entlassenen Moleküle.

Der zweite Term in (2.80) weist auf das sogenannte *thermische Schleichen* hin. Das Gas an der Wand bewegt sich in die Richtung des Temperaturgradienten zu der höheren Temperatur. Die Werte der Akkommodationskoeffizienten liegen zwischen 0 und 1. Tabelle 2.8 listet einige Werte für typische Gase und Wandmaterialien auf. Die Extremwerte haben folgende physikalische Bedeutung:

- *Spekulare Reflexion* $\sigma_v = 0$: Die tangentialen Impulse der einfallenden Moleküle sind den tangentialen Impulsen der reflektierten Moleküle gleich. Das heißt, es gibt keinen Impulsaustausch zwischen den Molekülen und der Wand.
- *Diffuse Reflexion* $\sigma_v = 1$: Die Impulse der Moleküle werden von der Wand komplett absorbiert.

Für dimensionslose Analysen werden (2.80) und (2.81) wie folgt formuliert [47]:

$$
\begin{aligned}
u^*_{\text{Gas}} - u^*_{\text{Wand}} &= \text{Kn}\frac{2-\sigma_v}{\sigma_v}\frac{\partial u^*}{\partial y^*}\bigg|_{\text{Wand}} + \frac{3}{2\pi}\frac{k-1}{k}\frac{\text{Kn}^2\text{Re}}{\text{Ec}}\frac{\partial T^*}{\partial x^*}\bigg|_{\text{Wand}} \\
&= \text{Kn}\frac{2-\sigma_v}{\sigma_v}\frac{\partial u^*}{\partial y^*}\bigg|_{\text{Wand}} + \frac{3}{4}\frac{\Delta T}{T_0}\frac{1}{\text{Re}}\frac{\partial T^*}{\partial x^*}\bigg|_{\text{Wand}},
\end{aligned}
\tag{2.85}
$$

$$
T^*_{\text{Gas}} - T^*_{\text{Wand}} = \frac{2-\sigma_T}{\sigma_T}\frac{2k}{k+1}\frac{\text{Kn}}{\text{Pr}}\frac{\partial T^*}{\partial y^*}\bigg|_{\text{Wand}}.
\tag{2.86}
$$

Dabei sind T^*, u^*, x^* und y^* die dimensionslose Temperatur, Geschwindigkeit und Länge in x- sowie y-Richtung. Die Eckert-Zahl Ec in (2.85) wird wie folgt definiert:

$$
\text{Ec} = \frac{u_0^2}{c_p\Delta T} = (k-1)\frac{T_0}{\Delta T}\text{Ma}^2.
\tag{2.87}
$$

Beispiel 2.9:   Verhaltenbestimmung einer Gasströmung

Bestimme das Verhalten der Stickstoffströmung in einer zylindrischen Kapillare bei einer Temperatur von 350 K und einem Druck von 200 kPa. Die Strömungsgeschwindigkeit ist 100 m/s. Die Kapillare hat einen Durchmesser von 10 µm. Die molekulare Masse und der molekulare Durchmesser des Stickstoffs sind $M = 28,013\,\text{kg/kmol}$ und $\delta = 3,75^{-10}\,\text{m}$.

Die spezifische Gaskonstante des Stickstoffes ist:

$$
R = \bar{R}/M = 8314,5/28,013 = 296,8 \text{ kJ/kgK}.
$$

Die Moleküldichte und der molekulare Durchschnittsabstand lassen sich berechnen:

$$
n = p/k_\text{B}T = 2 \times 10^5/(1,3805 \times 10^{-23} \times 350) = 4,14 \times 10^{25} \text{ m}^{-3},
$$
$$
\delta = n^{-1/3} = 2,89 \times 10^{-9} \text{ m}.
$$

Die freie Weglänge eines Stickstoffmoleküls ist:

$$
\lambda = 1/(\sqrt{2}\pi\sigma^2 n) = [\sqrt{2}\pi(3,75\times10^{-10}\text{m})^2 \times 4,14\times10^{25} \text{ m}^{-3}]^{-1} = 3,9\times10^{-8}\text{m}.
$$

Die molekulare Effektivgeschwindigkeit für die gegebene Temperatur und den

Druck ist:

$$\overline{u}_{\mathrm{rms}} = \sqrt{3RT} = \sqrt{3 \times 296{,}8 \times 350} = 558 \text{ m/s}.$$

Die Schallgeschwindigkeit ergibt sich mit $k = 1.4$:

$$u_{\mathrm{s}} = \sqrt{kRT}\sqrt{1{,}4 \times 296{,}8 \times 350} = 381 \text{ m/s}.$$

Die kinematische Viskosität lässt sich mit der freien Weglänge und der Durchschnittsgeschwindigkeit berechnen:

$$\nu = 1/2\lambda\overline{u}_{\mathrm{rms}} = 1/2 \times 3{,}9 \times 10^{-8} \times 558 = 1{,}09 \times 10^{-5} \text{ m}^2/\text{s}.$$

Mit den oben berechneten Werten können folgende Kenngrößen berechnet werden. Das Verhältnis

$$\delta/\sigma = 2{,}89 \times 10^{-9}/(3{,}75 \times 10^{-10}) = 7{,}7 > 7$$

führt zu der Feststellung, dass Stickstoff in diesem Fall ein verdünntes Gas ist. Die Mach-Zahl für die gegebene Geschwindigkeit ist:

$$\mathrm{Ma} = u/u_{\mathrm{s}} = 100/381 = 0{,}26 < 0{,}3.$$

Die Mach-Zahl ist kleiner als 0,3. Stickstoff kann daher als inkompressibel betrachtet werden. Die Knudsen-Zahl in dieser Situation ist:

$$\mathrm{Kn} = \lambda/D_{\mathrm{h}} = 3{,}9 \times 10^{-8}/10^{-5} = 0{,}004.$$

Diese Knudsen-Zahl liegt im Bereich des Navier-Stokes-Ansatzes mit der Gleitbedingung $10^{-3} < \mathrm{Kn} < 10^{-1}$. Die Reynolds-Zahl:

$$\mathrm{Re} = uL/\nu = 100 \times 10^{-5}/(1.09 \times 10^{-5}) = 92 < 2000$$

weist auf eine laminare Strömung hin.

2.2.3 Kontinuum-Theorie für Flüssigkeiten im Mikrobereich

Das Kontinuum-Modell für Flüssigkeiten

Im Gegensatz zu Gasen stoßen Moleküle in Flüssigkeiten ständig zusammen. Daher ist das Verhalten der Flüssigkeiten im Mikrobereich anders als das der Gase. Das Verhalten der Flüssigkeiten im Mikrobereich ist sehr komplex und eher unerforscht. Es gibt keine Kennzahl für die Bestimmung des Strömungsverhaltens im Mikrobereich wie die Knudsen-Zahl für Gase. Die lineare Beziehung zwischen dem Scherstress und der Scherdehnung (konstante Viskosität) ist nicht mehr gültig, wenn die Scherdehnung zu groß ist (Abschnitt 2.1.3). Die Nichtlinearität tritt auf, wenn die Scherdehnung mehr als doppelt so groß wird wie der Kehrwert der charakteristischen Zeitkonstante eines Moleküls (2.60)[141]:

$$\dot{\gamma} = \frac{\partial u}{\partial y} \geq \frac{2}{\tau}. \tag{2.88}$$

Die kritische Scherdehnung $\dot{\gamma}_{\text{krit.}} = 2/\tau$ ist aber sehr groß (in der Größenordnung von 10^{12} Hz) und würde in mikrofluidischen Systemen nicht auftreten. Im folgenden werden die ideale Newtonsche, inkompressible und isotrope Flüssigkeit behandelt.

Erhaltungssätze für Flüssigkeitsströmungen

Die Erhaltungssätze für Flüssigkeiten (2.75, 2.76, 2.77) werden wie folgt mit den Koordinaten $x_i = (x, y, z)$ und Geschwindigkeitskomponenten $u_i = (u, v, w)$ vereinfacht:

$$\frac{\partial u_i}{\partial x_i} = 0, \tag{2.89}$$

$$\rho \left(\frac{\partial u_i}{\partial t} + u_j \frac{\partial u_i}{\partial x_j} \right) = \rho \mathbf{F}_i - \frac{\partial p}{\partial x_i} + \frac{\partial}{\partial x_i} \left[\mu \left(\frac{\partial u_i}{\partial x_j} + \frac{\partial u_j}{\partial x_i} \right) \right], \tag{2.90}$$

$$\rho c_v \left(\frac{\partial T}{\partial t} + u_i \frac{\partial T}{\partial x_i} \right) = \frac{\partial}{\partial x_i} \left(\kappa \frac{\partial T}{\partial x_i} \right). \tag{2.91}$$

Randbedingungen für Flüssigkeitsströmungen

In den meisten Fällen sind die Haftbedingungen für Geschwindigkeit und Temperatur der Flüssigkeitsströmungen im Mikrobereich weiterhin gültig:

$$\left.\begin{aligned} u_{\text{Wand}} &= u_{\text{Fl}} \big|_{\text{Wand}} \\ T_{\text{Wand}} &= T_{\text{Fl}} \big|_{\text{Wand}} \end{aligned}\right. \tag{2.92}$$

Dabei sind u_{Wand} und T_{Wand} die Geschwindigkeit und die Temperatur der Wand. $u_{\text{Fl}}\big|_{\text{Wand}}$ und $T_{\text{Fl}}\big|_{\text{Wand}}$ sind die Geschwindigkeit und die Temperatur der Flüssigkeit an der Wand. Wird die Gleitbedingung berücksichtigt, gilt auch (2.79):

$$\Delta u \big|_{\text{Wall}} = u_{\text{Fl}} - u_{\text{Wand}} = L_{\text{Gleit}} \frac{\partial u_{\text{Fl}}}{\partial y} \bigg|_{\text{Wand}}. \tag{2.93}$$

Die Gleitlänge L_{Gleit} ändert sich bei einer großen Scherdehnung $\dot{\gamma}$ [141]:

$$L_{\text{Gleit}} = L^0_{\text{Gleit}} \left(1 - \frac{\dot{\gamma}}{\dot{\gamma}_{\text{krit.}}} \right)^{-\frac{1}{2}}. \tag{2.94}$$

Dabei ist L^0_{Gleit} die konstante Gleitlänge bei kleinen Scherdehnungen und $\dot{\gamma}_{\text{krit.}}$ ist die kritische Scherdehnung.

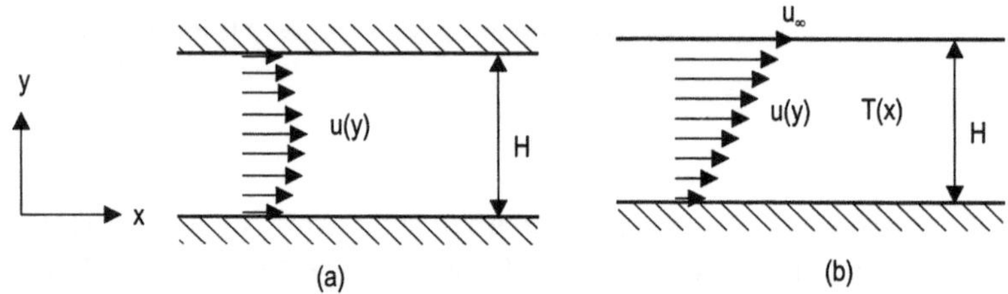

Bild 2.5: Zweidimensionale Strömungsmodelle: (a) Poiseulle-Strömung (Gleitbedingung, iso-
therm), (b) Couette-Strömung (Gleitbedingung, Temperaturgradient in x-Richtung)

2.2.4   Strömung mit Gleitbedingung in typischen Kanalgeometrien

Poiseulle-Strömung zwischen zwei parallelen Platten für Gase mit der Gleitbedingung

Das Geschwindigkeitsprofil einer zwei-dimensionalen, inkompressiblen Strömung zwischen zwei parallelen Platten ist [61]:

$$u(y) = \frac{H^2}{2\mu}\frac{dp}{dx}\left(\frac{y^2}{H^2} - \frac{y}{H} - \frac{2-\sigma_v}{\sigma_v}\frac{\mathrm{Kn}}{1+\mathrm{Kn}}\right).$$ (2.95)

Dabei ist H der Abstand zwischen den Platten. In (2.95) wird die Gleitbedingung mit der entsprechenden Knudsen-Zahl angenommen.

Couette-Strömung für Gase mit der Gleitbedingung

Das Geschwindigkeitsprofil der Couette-Strömung für Gase mit der Gleitbedingung lautet [61]:

$$\frac{u(y)}{u_\infty} = \frac{\frac{y}{H} + \frac{2-\sigma_v}{\sigma_v}\mathrm{Kn}}{1 + 2\frac{2-\sigma_v}{\sigma_v}\mathrm{Kn}} + \frac{3}{2\pi}\frac{k-1}{k}\frac{\mathrm{Kn}^2\mathrm{Re}}{\mathrm{Ec}}\frac{\mathrm{d}T_s}{\mathrm{d}x}.$$ (2.96)

Dabei ist $\mathrm{d}T_s/\mathrm{d}x$ der tangentiale Temperaturgradient an der Oberfläche, die das thermische Schleichen verursacht.

Poiseuille-Strömung in einer zylindrischen Kapillare für Gase

Das Geschwindigkeitsprofil für Gase in einer zylindrischen Kapillare hat die allgemeine Form [61]:

$$u^*(r, \mathrm{Kn}) = \frac{u(x,r)}{\bar{u}(x)} = \frac{-\left(\frac{r}{R}\right)^2 + 1 + 2\frac{\mathrm{Kn}}{1-b\mathrm{Kn}}}{\frac{1}{2} + 2\frac{\mathrm{Kn}}{1-b\mathrm{Kn}}}.$$ (2.97)

Dabei ist $\bar{u}(x)$ die Durschschnittsgeschwindigkeit, R ist der Radius der Kapillare, b ist der Korrektionsfaktor für die unterschiedlichen Strömungsbedingungen. Für eine Strömung mit der Gleitbedingung gilt $b = -1$.

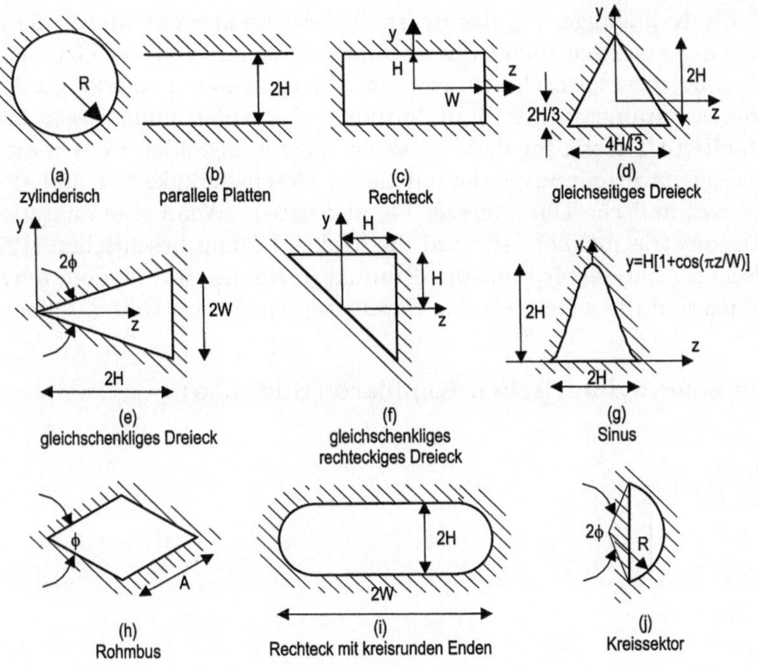

Bild 2.6: Typische Kanalquerschnittsformen und ihre geometrische Parameter

Einlauflänge

Das Verhältnis zwischen der Einlauflänge L_{Einlauf} und dem hydraulischen Durchmesser D_{h} ist eine Funktion der Reynolds-Zahl Re [127]:

$$\frac{L_{\mathrm{Einlauf}}}{D_{\mathrm{h}}} \approx \frac{0{,}6}{1 + 0{,}035\mathrm{Re}} + 0{,}056\mathrm{Re}. \tag{2.98}$$

Die Reynolds-Zahlen in mikrofluidischen Systemen sind in den meisten Fällen kleiner als 10. Die Einlauflänge ist daher weniger als die Hälfte des hydraulischen Durchmessers oder der Kanalbreite und kann für lange Kanäle vernachlässigt werden.

2.2.5 Strömung mit Haftbedingung in typischen Kanalgeometrien

Wegen der kleinen Reynolds-Zahl und der kurzen Einlauflänge kann die Strömung mit Haftbedingung in den meisten Fällen der Mikrofluik als laminar und voll entwickelt angesehen werden. In diesem Fall wird der Druckabfall durch das Produkt des Fanning-Reibungsfaktors f_{F} (2.24) und der Reynolds-Zahl Re (2.5) charakterisiert:

$$\Delta p = f_{\mathrm{F}} \mathrm{Re} \frac{2L\mu}{D_{\mathrm{h}}^2} u. \tag{2.99}$$

Dabei sind L die Kanallänge, D_h der hydraulische Durchmesser und μ die dynamische Viskosität. Im Makrobereich hängt das Produkt $f_\mathrm{F}\mathrm{Re}$ nur von der Geometrie ab. Wie bereits am Anfang dieses Abschnitts erwähnt, hängt dieses Produkt im Mikrobereich noch von anderen Parametern ab. Zum Zeitpunkt der Anfertigung dieser Arbeit gibt es noch keine etablierte Theorie für diese Abweichung. Im folgenden werden die Ergebnisse der Geschwindigkeitsverteilung u, der mittleren Geschwindigkeit $\bar{u}$ und des Produkts $f_\mathrm{F}\mathrm{Re}$ und der hydraulische Durchmesser D_h angegeben. Wenn eine analytische Lösung für die Kanalgeometrie möglich ist, wird die exakte Lösung beschrieben [127]. Im Falle einer numerischen Analyse wird nur das Produkt $f_\mathrm{F}\mathrm{Re}$ als ein Polynom dargestellt. Die Kanalgeometrien und die entsprechende Parameter werden im Bild 2.6 illustriert.

Strömung in einer zylindrischen Kapillare (Bild 2.6a)

$$u = -\frac{\mathrm{d}p}{\mathrm{d}x}\frac{1}{4\mu}(R^2 - r^2),$$

$$\bar{u} = \frac{\mathrm{d}p}{\mathrm{d}x}\frac{R^2}{8\mu},$$

$$f_\mathrm{F}\mathrm{Re} = 16,$$

$$D_\mathrm{h} = 2R. \tag{2.100}$$

Strömung zwischen zwei parallelen Platten (Bild 2.6b)

$$u = -\frac{\mathrm{d}p}{\mathrm{d}x}\frac{1}{2\mu}(y^2 - H^2),$$

$$\bar{u} = \frac{\mathrm{d}p}{\mathrm{d}x}\frac{H^2}{3\mu},$$

$$f_\mathrm{F}\mathrm{Re} = 24,$$

$$D_\mathrm{h} = 2H. \tag{2.101}$$

Strömung in einem rechteckigen Kanal (Bild 2.6c)

$$u = -\frac{\mathrm{d}p}{\mathrm{d}x}\frac{16W^2}{\mu\pi^3}\sum_{n=1,3,\dots}^{\infty}\frac{1}{n^3}(-1)^{\frac{n-1}{2}}\left[1 - \frac{\cosh(n\pi y/2W)}{\cosh(n\pi H/2W)}\right]\cos\left(\frac{n\pi z}{2W}\right),$$

$$\bar{u} = \frac{\mathrm{d}p}{\mathrm{d}x}\frac{W^3}{3\mu}\left[1 - \frac{192}{\pi^5}\frac{W}{H}\sum_{n=1,3,\dots}^{\infty}\frac{1}{n^5}\tanh\left(\frac{n\pi H}{2W}\right)\right],$$

$$f_\mathrm{F}\mathrm{Re} = 24(1 - 1{,}3553\alpha + 1{,}9467\alpha^2 - 1{,}7012\alpha^3 + 0{,}9564\alpha^4 - 0{,}2537\alpha^5),$$

$$D_\mathrm{h} = 4HW/(H + W). \tag{2.102}$$

Dabei ist $\alpha = h/w$ das Seitenverhältnis des Kanals.

Strömung in einem Kanal mit dem Querschnitt eines gleichseitigen Dreiecks (Bild 2.6d)

$$u = -\frac{\mathrm{d}p}{\mathrm{d}x}\frac{1}{8\mu H}\left[-y^3 + 3yz^2 + 2H(y^2 + z^2) - \frac{32}{27}H^3\right],$$

$$\bar{u} = \frac{\mathrm{d}p}{\mathrm{d}x}\frac{1}{15\mu}H^2,$$

$$f_\mathrm{F}\mathrm{Re} = 40/3,$$

$$D_\mathrm{h} = 4H/3.$$

(2.103)

Strömung in einem Kanal mit dem Querschnitt eines gleichschenkligen Dreiecks (Bild 2.6e)

$$u = -\frac{\mathrm{d}p}{\mathrm{d}x}\frac{1}{2\mu}\frac{y^2 - z^2\tan\phi}{1 - \tan^2\phi}\left[\left(\frac{z}{2h}\right)^{C-2} - 1\right],$$

$$\bar{u} = \frac{\mathrm{d}p}{\mathrm{d}x}\frac{2h^2}{3\mu}\frac{(C - 2)\tan^2\phi)}{1 - \tan^2\phi},$$

$$f_\mathrm{F}\mathrm{Re} = \frac{12(C + 2)(1 - \tan^2\phi)}{(C - 2)[\tan\phi + \sqrt{1 + \tan^2\phi}]^2},$$

$$D_\mathrm{h} = \frac{4h\sin\phi}{1 + sin\phi} = \frac{2w\cos\phi}{1 + \sin\phi}.$$

(2.104)

Dabei wird die Konstante C wie folgt berechnet:

$$C = \sqrt{4 + \frac{5}{4}\left(\frac{1}{\tan^2\phi} - 1\right)}.$$

Strömung in einem Kanal mit dem Querschnitt eines gleichschenkligen, rechtwinkligen Dreiecks (Bild 2.6f)

$$u = -\frac{\mathrm{d}p}{\mathrm{d}x}\frac{1}{2\mu}\left\{\frac{1}{2}(y + z)^2 - H(y + z) + \right.$$

$$\left. +\frac{2}{h}\sum_{n=0}^{\infty}\frac{(-1)^n[\sinh(Cz)\cos(Cy) + \sinh(Cy)\cos(Cz)]}{C^3\sinh(CH)}\right\},$$

$$\bar{u} = \frac{\mathrm{d}p}{\mathrm{d}x}\frac{1}{8\mu h^3}\left[\frac{4}{3}H^5 - \sum_{n=0}^{\infty}\frac{1}{C^5\tanh(CH)}\right],$$

$$f_\mathrm{F}\mathrm{Re} = 13{,}154,$$

$$D_\mathrm{h} = 4H/(2 + \sqrt{2}).$$

(2.105)

Dabei wird die Konstante C wie folgt berechnet:

$$C = \frac{(2n+1)\pi}{2H}.$$

Strömung in einem Kanal mit sinusförmigem Querschnitt (Bild 2.6g)

Die Querschnittsform wird durch die Gleichung:

$$y = H\left(1 + \cos\frac{\pi z}{w}\right).$$

definiert. Mit dem Seitenverhältnis $0 \leq \alpha = H/W \leq 2$ ergeben sich:

$$f_{\mathrm{F}}\mathrm{Re} = 9{,}601 + 0{,}3195\alpha + 13{,}269\alpha^2 - 16{,}225\alpha^3 + 8{,}5098\alpha^4 - 1{,}9461\alpha^5 + 0{,}1317\alpha^6,$$

$$(2.106)$$

$$D_{\mathrm{h}} = 2w(1{,}0181\alpha - 0{,}1713\alpha^2 - 0{,}9129\alpha^3 + 1{,}1044\alpha^4 - 0{,}5237\alpha^5 + 0{,}0908\alpha^6).$$

Strömung in einem Kanal mit rhombusförmigem Querschnitt (Bild 2.6h)

Mit dem kleinen Winkel $0° \leq \phi \leq 90°$ und der Kante a ergeben sich:

$$f_{\mathrm{F}}\mathrm{Re} = 11{,}998 - 1{,}02 \times 10^{-2}\phi + 2{,}3 \times 10^{-3}\phi^2 + 5 \times 10^{-5}\phi^3 + 4 \times 10^{-7}\phi^4 - 10^{-9}\phi^5,$$

$$(2.107)$$

$$D_{\mathrm{h}} = A\sin\phi.$$

Strömung in einem rechteckigen Kanal mit kreisrunden Enden (Bild 2.6i)

Der Kanalquerschnitt kommt in Mikrokanälen, die isotrop geätzt werden. Mit dem Seitenverhältnis $0 \leq \alpha = H/W \leq 1$ ergeben sich:

$$f_{\mathrm{F}}\mathrm{Re} = 24 - 23{,}616\alpha + 22{,}346\alpha^2 - 4{,}7246\alpha^3 - 3{,}0672\alpha^4 + 1{,}0623\alpha^5, \qquad (2.108)$$

$$D_{\mathrm{h}} = \frac{2[4(W-H)H + \pi H^2]}{2W - 2H + \pi H}.$$

Strömung in einem Kanal mit dem Querschnitt eines Kreissektors (Bild 2.6j)

Der Sonderfall dieser Querschnittform $2\phi = 180°$ tritt auf, wenn der Mikrokanal isotrop mit einer kleinen Breite geätzt wird.

$$f_{\mathrm{F}}\mathrm{Re} = 15{,}557 - 3 \times 10^{-4}\phi + 2 \times 10^{-5}\phi^2 - 10^{-7}\phi^3 + 4 \times 10^{-10}\phi^4 - 3 \times 10^{-13}\phi^5,$$

$$(2.109)$$

$$D_{\mathrm{h}} = R\frac{\pi\phi/45° - 2\sin 2\phi}{2 + \pi\phi/90°}.$$

Bild 2.7 zeigt die Abhängigkeit des Produkts $f_{\mathrm{F}}\mathrm{Re}$ von den Geometrieparametern einiger typischer Querschnittsformen. Rechteckige Kanäle haben Werte zwischen 24 (parallele

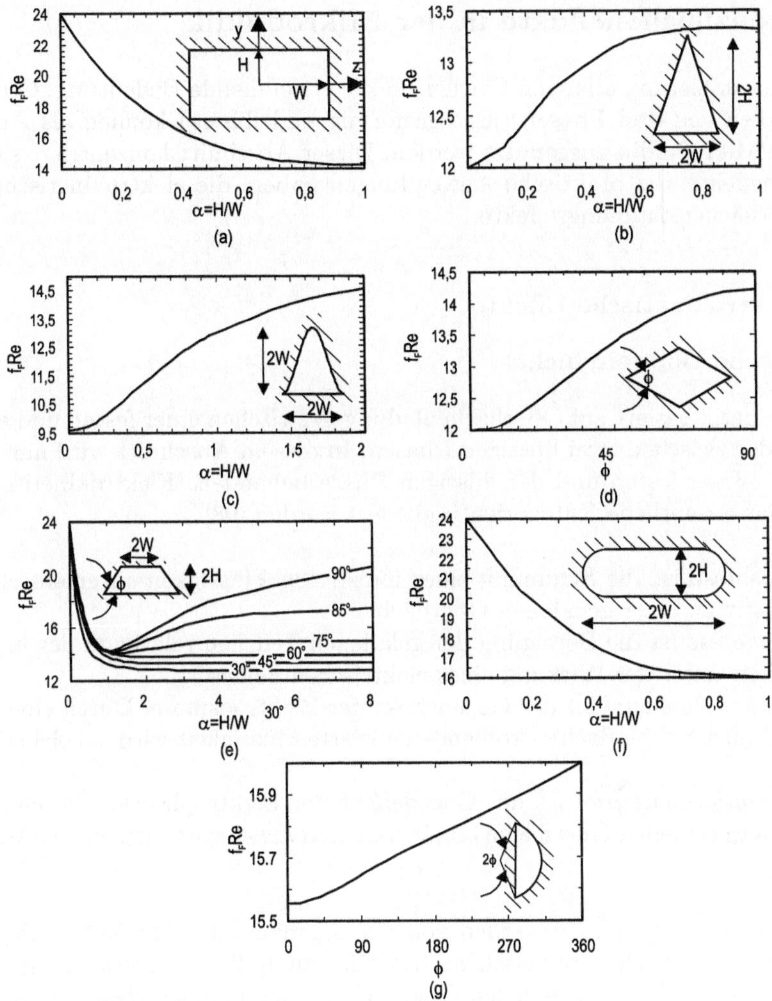

Bild 2.7: Das Produkt des Reibungsfaktors und der Reynolds-Zahl einiger typischen Kanalformen

Platten) und 14,22708 (Quadrat), Bild 2.7a. Wenn die Enden eines rechteckigen Kanals gerundet sind, liegt der Wert im Bereich von 24 (parallele Platten) und 16 (zylindrisch), Bild 2.7f. Im allgemeneinen haben dreieckige Querschnitte die niedrigsten Reibungswerte. Der Kanalquerschnitt im Bild 2.7c kann mit Laserabtragung einfach hergestellt werden (Abschnitt 3.4.1). Mit dieser Technologie kann einfach ein Wert $f_F \text{Re} < 10$ erreicht werden. Trapezförmige Kanalquerschnitte existieren in mikrofluidischen Systemen, die durch nasschemisches anisotropes Ätzen hergestellt werden. Der typische Winkel 54,4° der 111-Ebene kann Werte zwischen 14 und 24 verursachen, Bild 2.7e.

2.3 Grenzflächeneffekte in der Mikrofluidik

Mit der Miniaturisierung erlangen Flächeneffekte zunehmende Bedeutung. Grenzflächeneffekte zwischen den drei Phasen (fest, gasförmig und flüssig) können als Antriebskonzepte für die Mikrofluidik ausgenutzt werden. Dieser Abschnitt konzentriert sich nur auf Grenzflächeneffekte, die praktische Anwendungen haben: die elektrokinetischen Effekte und die Oberflächenspannungseffekte.

2.3.1 Elektrokinetische Effekte

Die elektrische Doppelschicht

Die Elektrokinetik basiert auf Oberflächenladungen zwischen einer festen und einer flüssigen Phase oder zwischen zwei flüssigen Phasen. In diesem Abschnitt wird nur die Grenzfläche zwischen der festen und der flüssigen Phase behandelt. Elektrokinetische Effekte können in vier wesentliche Kategorien gegliedert werden [98]:

- *Elektroosmose* ist die Strömung einer ionisierten Flüssigkeit in einem elektrischen Feld relativ zu einer geladenen Oberfläche.
- *Elektrophorese* ist die Bewegung der geladenen Teilchen relativ zu der umgebenden Flüssigkeit unter der Wirkung eines elektrischen Feldes.
- *Strömendes Potenzial* ist der Gegeneffekt der Elektroosmose. Durch eine gegenüber einer geladenen Oberfläche strömende ionisierte Flüssigkeit wird ein elektrisches Feld erzeugt.
- *Sedimentationspotenzial* ist der Gegeneffekt der Elektrophorese. Durch sich gegenüber einer geladenen Oberfläche bewegende Ladungsträger wird ein elektrisches Feld erzeugt.

Die oben aufgelisteten Effekte werden von der sogenannten *elektrischen Doppelschicht* verursacht. Die elektrische Doppelschicht entsteht durch die Wechselwirkung zwischen einem Elektrolyten und einer geladenen Oberfläche. Ionen in einer Lösung werden von der geladenen Oberfläche angezogen und bilden eine dünne Ladungsschicht, die als Stern-Schicht bezeichnet wird. Die Stern-Schicht haftet an der Oberfläche durch die elektrostatische Kraft. Die Stern-Schicht verursacht den Aufbau einer dickeren Ladungsschicht in der Flüssigkeit. Diese Schicht wird als die diffuse Schicht oder die Gouy-Chapman-Schicht bezeichnet. Die Stern-Schicht und die Gouy-Chapman-Schicht zusammen bilden die elektrische Doppelschicht, Bild 2.8a. Während die Stern-Schicht an der Oberfläche haftet, kann sich die Gouy-Chapman-Schicht unter dem Einfluss eines elektrischen Feldes bewegen. Die Fläche zwischen den zwei Schichten wird als die Scherfläche bezeichnet. Das elektrische Potenzial der Oberfläche ist das Wandpotenzial Ψ_{Wand}. Das Potential der Scherfläche ist das Zeta-Potenzial ζ, Bild 2.8b. Die Potenzialverteilung in der Lösung wird durch die eindimensionale Poisson-Gleichung beschrieben [98]:

$$\frac{\mathrm{d}^2\Psi}{\mathrm{d}y^2} = -\frac{\rho_{\mathrm{E}}(y)}{\varepsilon}. \tag{2.110}$$

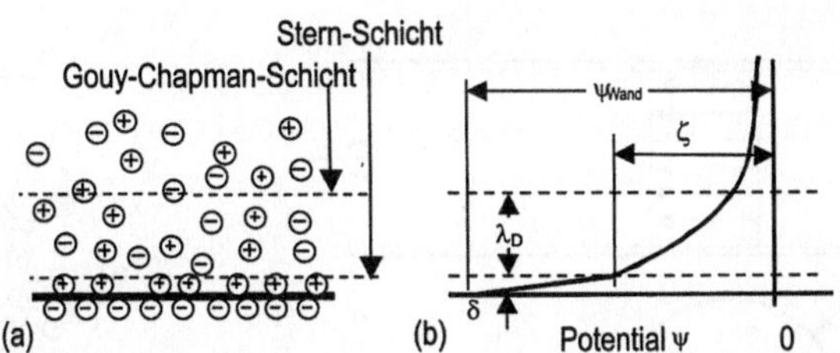

Bild 2.8: Die elektrische Doppelschicht: (a) Die Stern-Schicht und die Gouy-Chapman-Schicht, (b) Der Potenzialverlauf

Dabei sind ρ_E und $\varepsilon = \varepsilon_0 \varepsilon_r$ die elektrische Ladungsdichte bzw. die Dielektrizitätskonstante des Elektrolyts. Wird für die Ladungsdichte die Boltzmann-Verteilung angenommen, kann die Ionenkonzentration n_i wie folgt berechnet werden:

$$n_i = n_{i\infty} \exp\left(-\frac{z_i e \Psi}{k_B T}\right).$$
(2.111)

Dabei sind $n_{i\infty}$ die Ionenkonzentration in der Lösung $(1/m^3)$ und z_i die Ladungszahl des Ions, $e = 1{,}602 \times 10^{-19}$ ist die Elementarladung. Die totale Ladung in der Doppelschicht ist:

$$\rho_E = \sum_i^\infty n_i z_i e.$$
(2.112)

Die Ladungsdichte ρ_E in einem symmetrischen Elektrolyt ist proportional zu dem Konzentrationsunterschied zwischen Kationen und Anionen:

$$\rho_E \sim ze(n_+ - n_-)$$

$$\rho_E = -2 z e n_\infty \sinh\left(\frac{ze}{k_B T}\Psi\right).$$
(2.113)

Aus (2.110) und (2.113) ergibt sich die Poisson-Boltzmann-Gleichung:

$$\frac{\mathrm{d}^2\Psi}{\mathrm{d}y^2} = \frac{2 z e n_\infty}{\varepsilon} \sinh\left(\frac{ze\Psi}{k_B T}\right).$$
(2.114)

Mit der Annahme einer gegenüber einer charakteristischen Länge (z. B. dem hydraulischen Durchmesser) kleinen Doppelschicht oder einer hohen Ionenkonzentration in der Flüssigkeit kann die rechte Seite der Gleichung (2.114) durch die lineare Annäherung der hyberbolischen Funktion $\sinh(x) = x$ ersetzt werden:

$$\frac{\mathrm{d}^2\Psi}{\mathrm{d}y^2} = \frac{\Psi}{\lambda_D}.$$
(2.115)

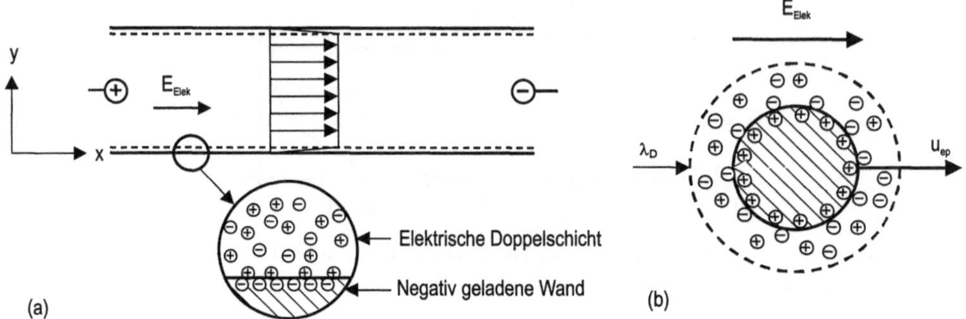

Bild 2.9: Elektrokinetische Effekte: (a) Die Elektroosmose-Strömung in einer Kapillare mit negativ geladener Wand, (b) Die Elektrophorese-Bewegung eines positiv geladenen Teilchens

Dabei ist λ_D die Dicke der elektrischen Doppelschicht, die sogenannte Debye-Länge:

$$\lambda_\mathrm{D} = \sqrt{\frac{\varepsilon k_\mathrm{B} T}{2z^2 e^2 n_\infty}}. \tag{2.116}$$

Die Verteilung des Potenzials ist die Lösung der Gleichung (2.115):

$$\Psi = \Psi_\mathrm{Wand} \exp\left(-\frac{y}{\lambda_\mathrm{D}}\right). \tag{2.117}$$

Elektroosmose

Die Massen- und Energieerhaltungssätze (2.89) und (2.91) sind für die Berechnung der Elektroosmose weiterhin gültig. Im Impulserhaltungssatz (2.90) kann das elektrische Feld wie folgt berücksichtigt werden:

$$\rho\left(\frac{\partial v}{\partial t} + (\mathbf{v}\cdot\nabla)\mathbf{v}\right) = -\nabla p + \mu\nabla^2\mathbf{v} + \rho_\mathrm{E}\mathbf{E} = -\nabla p + \mu\nabla^2\mathbf{v} + \varepsilon\mathbf{E}\nabla^2\Psi. \tag{2.118}$$

Wenn kein Druckgradient vorhanden ist, hat das Kraftgleichgewicht in (2.118) die eindimensionale Form:

$$-\mu\frac{\mathrm{d}^2 u_\mathrm{eo}}{\mathrm{d}y^2} = \varepsilon E_\mathrm{elek.}\frac{\mathrm{d}^2\Psi}{\mathrm{d}y^2}. \tag{2.119}$$

Mit der Annahme einer im Vergleich zu dem Kanaldurchmesser kleinen Doppelschicht ergibt sich aus (2.119) die Elektroosmose-Geschwindigkeit, auch als Smoluchowski-Geschwindigk bezeichnet:

$$u_\mathrm{eo} = -\frac{\varepsilon E_\mathrm{elek.}\zeta}{\mu}. \tag{2.120}$$

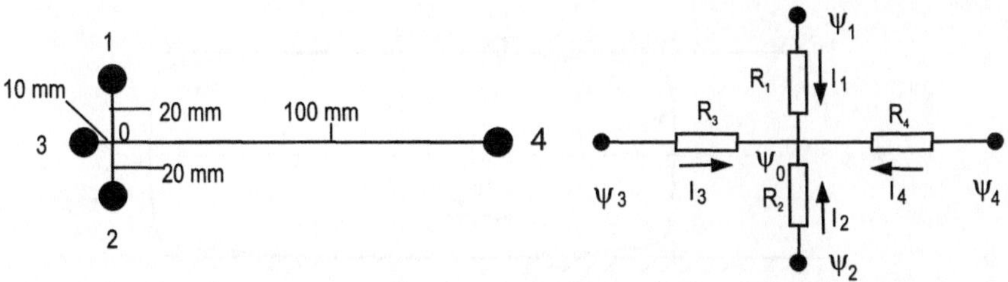

Bild 2.10: Das elektrokinetische Fluidnetzwerk zu Beispiel 2.10

Die Elektroosmose-Geschwindigkeit ist bei einer konstanten Viskosität μ und einem konstanten Zeta-Potenzial ζ proportional zu der elektrischen Feldstärke $E_{\text{elek.}}$. Das negative Zeichen deutet auf die entgegengesetzten Richtungen der zwei Felder hin. Der proportionale Faktor wird als die Elektroosmose-Beweglichkeit μ_{eo} bezeichnet:

$$\mu_{\text{eo}} = \frac{u_{\text{eo}}}{E_{\text{elek.}}} = \frac{\varepsilon\zeta}{\mu}. \tag{2.121}$$

Aus (2.120) ist ersichtlich, dass die Analyse eines elektrokinetischen Netzwerks durch die Analyse eines elektrischen Netzwerks ersetzt werden kann. Dabei wird das fluidische Netzwerk durch ein Widerstandsnetzwerk ersetzt. Die elektrische Ströme und Potenziale können mittels Kirchhoff'scher Gesetze gefunden werden:

- Die Summe aller Ströme an einem Knoten ist gleich Null,
- Die Summe aller Spannungen in einer geschlossenen Masche ist gleich Null.

Mit den berechneten Potenzialen aus der Analyse des Widerstandsnetzwerkes kann die elektrische Feldstärke in jedem Kanal berechnet werden. Die Geschwindigkeiten werden dann aus (2.120) bestimmt. Die Massenerhaltung an den Knoten ist wegen der Erhaltung der elektrischen Ströme durchaus gültig. Beispiel 2.10 illustriert diese Methode.

Beispiel 2.10:   Entwurf eines elektrokinetischen Fluidnetzwerks

Bild 2.10 beschreibt ein elektrokinetisches Fluidnetzwerk für Kapillar-Elektrophorese. Die zylindrischen Kapillaren sind im Glas geätzt und haben einen Durchmesser von 100 µm. Die Kapillarlängen sind im Bild 2.10 angegeben. Der elektrische Widerstand zwischen den Anschlüssen 1 und 2 ist 400 MΩ. Die Potenziale an den Anschlüssen 1, 2, 3 und 4 sind 1 000 V, 1 000 V, 1 500 V und 0 V. Das Zeta-Potential der Glaswand ist 100 mV. Bestimme die Richtung und den Durchfluss der Elektroosmose-Strömung in der längsten Kapillare. Die Viskosität und die relative Dielektrizitätskonstante der Flüssigkeit sind 10^{-3} kg/ms und 50. Die Dielektrizitätskonstante des Vakuums ist $\varepsilon_0 = 8{,}854\,18 \cdot 10^{-14}$ F/cm.

Das System kann durch ein Widerstandsnetzwerk ($R_1 = 200$MΩ, $R_2 = 200$MΩ, $R_3 = 100$MΩ, $R_4 = 1000$MΩ,) ersetzt werden. Benutzt man das Kirchhoffsche Gesetz, werden die Beziehungen zwischen Strömen und Potenzialen

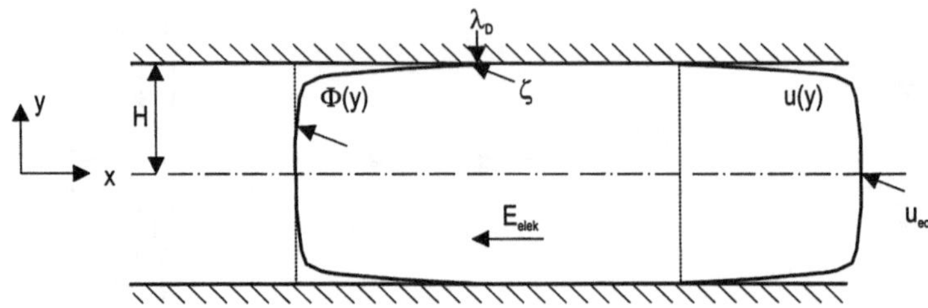

Bild 2.11: Berechnungsmodell der Elektroosmose-Strömung zwischen zwei parallelen Platten

durch das folgende lineare Gleichungssystem beschrieben:

$$\begin{cases} I_1 + I_2 + I_3 + I_4 = 0 \\ \Psi_1 + \Psi_2 = I_1 R_1 - I_2 R_2 \\ \Psi_3 - \Psi_4 = I_3 R_3 - I_4 R_4 \\ \Psi_1 - \Psi_3 = I_1 R_1 - I_3 R_3 \end{cases}$$

Die Lösung dieses Gleichungssystems führt zum elektrischen Strom I_4 in der längsten Kapillare:

$$I_4 = \frac{(\Psi_4 - \Psi_1)R_2 R_3 + (\Psi_4 - \Psi_2)R_1 R_3 + (\Psi_4 - \Psi_3)R_1 R_2}{R_1 R_2 R_3 + R_2 R_3 R_4 + R_3 R_4 R_1 + R_4 R_1 R_2} = -1{,}2 \times 10^{-6}\text{A}.$$

Der negative Wert deutet darauf hin, dass sich der Strom zum Anschluss 4 richtet. Die elektrische Feldstärke in dieser Kapillare ist:

$$E_{\text{elek.},4} = (\Psi_0 - \Psi_4)/L = (I_4 R_4)/L$$
$$= 1{,}2 \times 10^{-6} \times 1000 \times 10^6 / 100 \times 10^{-3} = 11{,}9 \times 10^3 \text{V/m}.$$

Die Elektroosmose-Beweglichkeit wird nach (2.121) berechnet:

$$\mu_{\text{eo}} = \varepsilon\zeta/\mu = \varepsilon_\text{r}\varepsilon_0\zeta/\mu$$
$$= 50 \times 8{,}85418 \times 10^{-12} \times 100 \times 10^{-3}/10^{-3} = 4{,}43 \times 10^{-8}\text{m}^2/(Vs).$$

Die Strömungsgeschwindigkeit ist nach (2.120):

$$u_4 = \mu_{\text{eo}} E_{\text{elek.},4} = 4{,}43 \times 10^{-8} \times 11{,}9 \times 10^3 = 5.27 \times 10^{-4}\text{m/s} = 527\mu\text{m/s}.$$

Der Durchfluss in der längsten Kapillare ist:

$$\dot{Q}_4 = u_4 A = u_4 \pi R^2 = 5{,}25 \times 10^{-4} \times 3{,}14 \times (50 \times 10^{-6})^2 = 4{,}4 \times 10^{-12}\text{m}^3/\text{s}.$$

Elektroosmose-Strömung in typischen Geometrien

Elektroosmose-Strömung zwischen zwei parallelen Platten

Die Geschwindigkeitsverteilung $u(y)$ der Elektroosmose-Strömung zwischen zwei parallelen Platten (Bild 2.11) kann man aus der eindimensionalen vereinfachten Form der Navier-Stokes-Gleichung (2.119) ableiten. Für eine weitere Vereinfachung wird die Funktion $U(y)$ eingeführt:

$$U(y) = u(y) - \frac{u_{\mathrm{eo}}\Psi(y)}{\zeta}.$$

(2.122)

Gleichung (2.119) hat dann die homogene Form:

$$\frac{\mathrm{d}^2 U(y)}{\mathrm{d}y^2} = 0.$$

(2.123)

Mit den Randbedingungen:

$$\frac{\mathrm{d}U}{\mathrm{d}y}\bigg|_{y=0} = 0$$

$$U\bigg|_{y=h} = -u_{\mathrm{eo}},$$

führt die Lösung der Gleichung (2.123) zu:

$$u(y) = u_{\mathrm{eo}}\left[\frac{\Psi(y)}{\zeta} - 1\right].$$

(2.124)

Mit der Einführung der normierten Variablen: dimensionslose Geschwindigkeit u^*, dimensionsloses Potenzial Ψ^*, dimensionsloses Zeta-Potenzial ζ^* und dimensionslose Achse y^*:

$$u^* = \frac{u}{u_{\mathrm{eo}}}; \quad \Psi^* = \frac{ze\Psi}{k_{\mathrm{B}}T}; \quad \zeta^* = \frac{ze\zeta}{k_{\mathrm{B}}T}; \quad y^* = \frac{y}{h}.$$

können die Lösung (2.124) und die Poisson-Boltzmann-Gleichung (2.115) in dimensionslosen Formen wie folgt dargestellt werden:

$$u^*(y^*) = \frac{\Psi^*(y^*)}{\zeta^*} - 1,$$

(2.125)

$$\frac{\mathrm{d}\Psi^{*2}}{\mathrm{d}^2 y^*} = \left(\frac{h}{\lambda_{\mathrm{D}}}\right)^2 \Psi^*.$$

(2.126)

Für (2.126) gelten die folgenden Randbedingungen:

$$\Psi^*\bigg|_{y^*=1} = \zeta^*$$

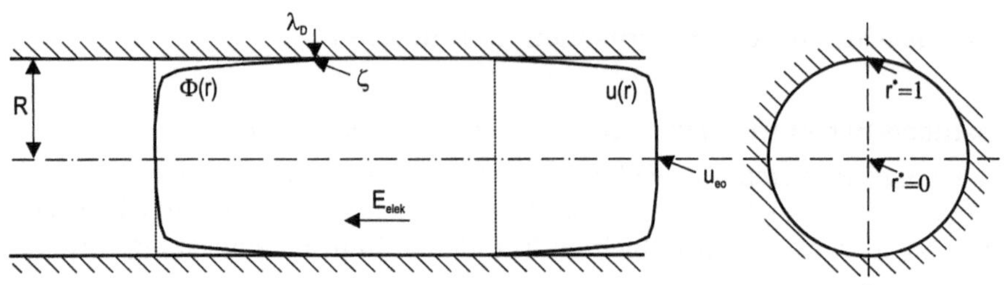

Bild 2.12: Berechnungsmodell der Elektroosmose-Strömung in einer zylindrischen Kapillare

$$\left.\frac{\mathrm{d}\Psi^*}{\mathrm{d}y^*}\right|_{y^*=0} = 0,$$

Aus (2.126) ergibt sich dann die Lösung:

$$\Psi^* = \zeta^* \frac{\cosh\left(\frac{h}{\lambda_{\mathrm{D}}}y^*\right)}{\cosh\left(h/\lambda_{\mathrm{D}}\right)}. \tag{2.127}$$

Wird (2.127) in (2.125) eingesetzt, ergibt sich die dimensionslose Geschwindigkeitsverteilung zwischen zwei parallelen Platten:

$$u^*(y^*) = \frac{\cosh\left(\frac{H}{\lambda_{\mathrm{D}}}y^*\right)}{\cosh\left(H/\lambda_{\mathrm{D}}\right)} - 1. \tag{2.128}$$

Elektroosmose-Strömung in einer zylindrischen Kapillare

Die Navier-Stokes-Gleichung und die Poisson-Boltzmann-Gleichung werden im Polarkoordinatensystem wie folgt formuliert (Bild 2.12):

$$-\mu\frac{1}{r}\frac{\mathrm{d}}{\mathrm{d}r}\left(r\frac{\mathrm{d}u}{\mathrm{d}r}\right) = \varepsilon E_{\mathrm{elek.}}\frac{1}{r}\frac{\mathrm{d}}{\mathrm{d}r}\left(r\frac{\mathrm{d}\Psi}{\mathrm{d}r}\right), \tag{2.129}$$

$$\frac{1}{r}\frac{\mathrm{d}}{\mathrm{d}r}\left(r\frac{\mathrm{d}\Psi}{\mathrm{d}r}\right) = \frac{2zen_\infty}{\varepsilon}\sinh\left(\frac{ze}{k_{\mathrm{B}}T}\Psi\right). \tag{2.130}$$

Zur Lösung der Gleichungen (2.129) und (2.130) werden folgende dimensionslose Variablen eingeführt:

$$u^* = \frac{u}{u_{\mathrm{eo}}}; \quad \Psi^* = \frac{ze\Psi}{k_{\mathrm{B}}T}; \quad \zeta^* = \frac{ze\zeta}{k_{\mathrm{B}}T}; \quad r^* = \frac{r}{R}.$$

Dabei ist R der Radius der Kapillare. Mit dem linearen Modell des Potenzialfeldes haben Gleichungen (2.129) und (2.130) dann die dimensionslose Formen:

$$-\frac{1}{r^*}\frac{\mathrm{d}}{\mathrm{d}r^*}\left(r^*\frac{\mathrm{d}u*}{\mathrm{d}r^*}\right) = \frac{1}{\zeta^*}\Psi^*, \tag{2.131}$$

$$\frac{1}{r^*}\frac{\mathrm{d}}{\mathrm{d}r^*}\left(r^*\frac{\mathrm{d}\Psi^*}{\mathrm{d}r^*}\right)=\left(\frac{R}{\lambda_\mathrm{D}}\right)^2\Psi^*,$$

(2.132)

$$\frac{\mathrm{d}^2\Psi^*}{\mathrm{d}r^{*2}}+\frac{1}{r^*}\frac{\mathrm{d}\Psi^*}{r^*}=\left(\frac{R}{\lambda_\mathrm{D}}\right)^2\Psi^*.$$

Die Randbedingungen des Strömungsfelds sind:

$$\left.\frac{\mathrm{d}u^*}{\mathrm{d}r^*}\right|_{r^*=0}=0;\ \left.u^*\right|_{r^*=1}=0.$$

Die Lösung der Gleichung (2.131) führt mit Hilfe der Green-Funktion zum dimensionslosen Geschwindigkeitsprofil:

$$u^*(r^*)=\frac{2(R/\lambda_\mathrm{D})^2}{\zeta^*}\sum_{n=1}^{\infty}\frac{C_n}{\lambda_n^2}\frac{J_0(\lambda_n r^*)}{J_1^2(\lambda_n)}.$$

(2.133)

Dabei sind J_0 und J_1 die Bessel-Funktionen der nullten und der ersten Ordnung erster Gattung. λ_n ist die n-ste positive Nullstelle der Bessel-Funktion der nullten Ordnung erster Gattung $J_0(\lambda_n)=0$. C_n ist eine Funktion des dimensionslosen Potenzials Ψ^*:

$$C_n=\int_{x=0}^{1}xJ_0(\lambda_n x)\Psi^*(x)dx.$$

(2.134)

Die Randbedingungen für (2.132) sind:

$$\left.\Psi^*\right|_{r^*=1}=\zeta^*;\ \left.\frac{\mathrm{d}\Psi(r^*)}{\mathrm{d}r^*}\right|_{r^*=0}=0.$$

Es ergibt sich die Lösung des dimensionslosen Potenzials:

$$\Psi^*(r^*)=\zeta^*\frac{I_0\left(\frac{R}{\lambda_\mathrm{D}}r^*\right)}{I_0\left(\frac{R}{\lambda_\mathrm{D}}\right)}.$$

(2.135)

Dabei ist $I_0(x)=i^{-n}J_0(ix)$ die modifizierte Bessel-Funktion der nullten Ordnung erster Gattung. Wird (2.135) in (2.134) eingesetzt, ergibt sich:

$$C_n=\frac{\zeta^*}{I_0\left(\frac{R}{\lambda_\mathrm{D}}\right)}\frac{J_1(\lambda_n)I_1(R/\lambda_\mathrm{D})}{\lambda_n\left[1+\left(\frac{R/\lambda_\mathrm{D}}{\lambda_n}\right)^2\right]}.$$

(2.136)

Die dimensionslose Geschwindigkeitsverteilung ist damit:

$$u^*(r^*) = 2\left(\frac{R}{\lambda_{\mathrm{D}}}\right)^2 \frac{I_1\left(\frac{R}{\lambda_{\mathrm{D}}}\right)}{I_0\left(\frac{R}{\lambda_{\mathrm{D}}}\right)} \sum_{n=1}^{\infty} \frac{1}{\lambda_n} \frac{J_0(\lambda_n r^*)}{J_1(\lambda_n)} \left[\frac{1}{\lambda_n^2 + \left(\frac{R}{\lambda_{\mathrm{D}}}\right)^2}\right]. \tag{2.137}$$

Beispiel 2.11:   Elektroosmose-Strömungen zwischen zwei parallen Platten und in einer zylindrischen Kapillare

Als Elektrolyt wird eine KCl-Lösung mit einer Konzentration von 10^{-6} M(mol/liter) gewählt. Die relative Dielektrizitätskonstante der Lösung ist $\varepsilon_{\mathrm{r}} = 80$. Das Zeta-Potenzial an der Platten- sowie Kapillarenoberfläche ist $75\,\mathrm{mV}$. Die Temperatur der Flüssigkeit ist $25\,°\mathrm{C}$. Der Abstand zwischen den zwei Platten und der Durchmesser der Kapillare sind $10\,\mu\mathrm{m}$. Vergleiche die dimensionslose Verteilung des Zeta-Potenzials und der Strömungsgeschwindigkeit in beiden Fällen!

Das dimensionslose Zeta-Potenzial wird wie folgt bestimmt:

$$\zeta^* = \frac{ze\zeta}{k_{\mathrm{B}}T} = \frac{1 \times 1{,}602 \times 10^{-19} \times 75 \times 10^{-3}}{1{,}38 \times 10^{-23} \times 298} = 2{,}92.$$

Bei einem geringen Zeta-Potenzial und einer geringen Ionenkonzentration kann für die Poisson-Bolzmann-Gleichung das lineare Modell angenommen werden. Die charakteristische Debye-Länge ist:

$$\lambda_{\mathrm{D}} = \sqrt{\frac{\varepsilon k_{\mathrm{B}}T}{2z^2 e^2 n_\infty}} = \sqrt{\frac{80 \times 8{,}854 \times 10^{-12} \times 1{,}38 \times 10^{-23} \times 298}{2 \times 1^2 \times (1{,}602 \times 10^{-19})^2(N_{\mathrm{A}} \times 10^{-6} \times 10^{-3})}} =$$

$$= 3{,}07 \times 10^{-7}\mathrm{m} = 0{,}307\mu\mathrm{m}.$$

Die Lösungen (2.127) und (2.128) werden in MATLAB wie folgt implementiert:

```
zeta=75e-3;
c=10e-6;                                %in mole/Liter
n=6.022e23*1e-3;                        %Konzentration in 1/m^3
electron=1.602e-19;                     %Elementarladung
Height=5e-6                             %H oder R
ZetaStar=1*electron*zeta/((1.38e-23)*298)%Dimensionsloses Zeta-Potenzial
LambdaD=sqrt(80*8.854e-12*298*1.38e-23/2/electron^2/n) %Debye-Lange
HLamb=Height/LambdaD
%Geschwindigkeitsverteilung zwischen zwei parallelen Platten
for i=1:101
    ystar(i)=(i-1)/100;                         %Dimensionsloser Abstand
    %Dimensionsloses Potenzial
    Phistar1(i)=ZetaStar*cosh(HLamb*ystar(i))/cosh(HLamb);
    %Dimensionslose Geschwindigkeit
    ustar1(i)=1-cosh(HLamb*ystar(i))/cosh(HLamb);
end
```

Die Lösungen (2.135) und (2.138) werden wie folgt implementiert:

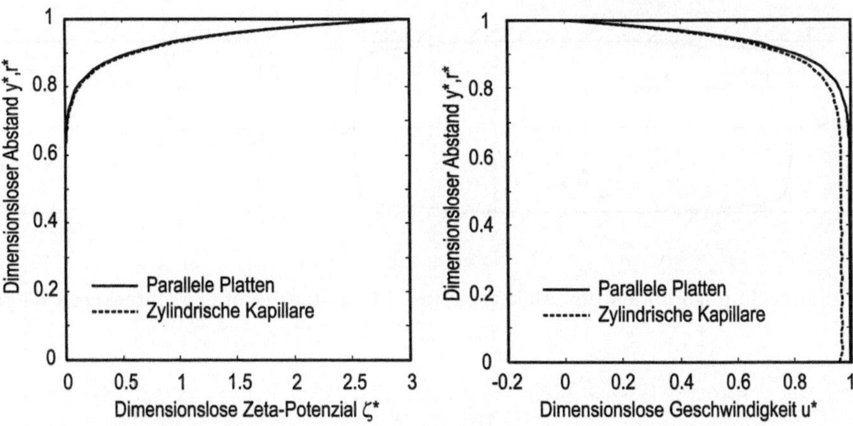

Bild 2.13: Dimensionslose Potenzial- und Geschwindigkeitsverteilung zwischen zwei parallelen Platten und in einer zylindrischen Kapillare

```
%Geschwindigkeitvsverteilung in einer zylindrischen Kapillare
for i=1:101
    rstar(i)=(i-1)/100;                      %Dimensionsloser radialer Abstand
    %Dimensionsloses Potenzial
    Phistar2(i)=ZetaStar*besseli(0,HLamb*rstar(i))/besseli(0,HLamb);
    %Dimensionslose Geschwindigkeit
    sum=0;
    for n=1:100
        x=fzero(inline('besselj(0,x)'),n*3.1); %Bestimmung der Nullstellen
        lambdaN(n)=x;
        sum=sum+1/lambdaN(n)*besselj(0,lambdaN(n)*rstar(i))
        /besselj(1,lambdaN(n))/(lambdaN(n)^2+HLamb^2);
    end
    ustar2(i)=2*HLamb^2*besseli(1,HLamb)/besseli(0,HLamb)*sum;
end
```

Die Ergebnisse sind im Bild 2.13 dargestellt. Die Gleichungen (2.135) und (2.127) ergeben fast die gleiche Potenzialverteilung. Während im Plattenmodel die maximale Geschwindigkeit gleich der Smoluchowski-Geschwindigkeit (2.120) ist, bleibt die maximale Geschwindigkeit der zylindrischen Kapillare etwas geringer.

Elektroosmose-Strömung in einer rechteckigen Kapillare

Die Navier-Stokes-Gleichung und die Poisson-Boltzmann-Gleichung werden für die rechteckige Kapillare im kartesischen Koordinatensystem wie folgt formuliert (Bild 2.14):

$$-\mu\left(\frac{\partial^2 u}{\partial z^2} + \frac{\partial^2 u}{\partial y^2}\right) = \varepsilon E_{\text{elek.}} \quad \left(\frac{\partial^2 \Psi}{\partial z^2} + \frac{\partial^2 \Psi}{\partial y^2}\right) = \frac{2zen_\infty}{\varepsilon}\sinh\left(\frac{ze\Psi}{k_{\text{B}}T}\right). \tag{2.138}$$

Folgende dimensionslose Variablen werden eingeführt:

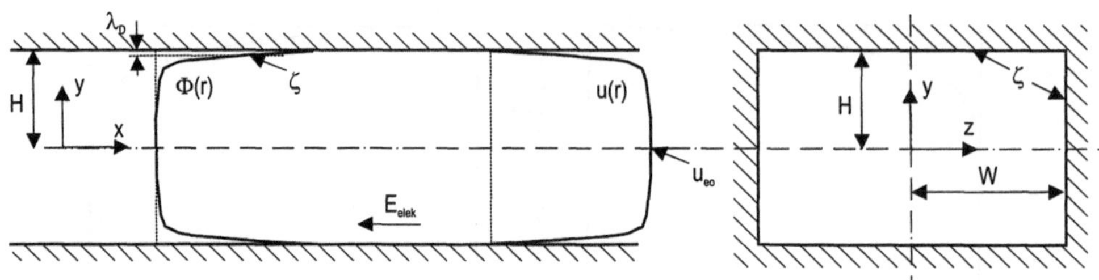

Bild 2.14: Berechnungsmodell der Elektroosmose-Strömung in einer rechteckigen Kapillare

$$u^* = \frac{u}{u_{\mathrm{eo}}}; \quad \Psi^* = \frac{ze\Psi}{k_{\mathrm{B}}T}; \quad \zeta^* = \frac{ze\zeta}{k_{\mathrm{B}}T}; \quad z^* = \frac{z}{D_{\mathrm{h}}}; y^* = \frac{y}{D_{\mathrm{h}}}.$$

Dabei ist $D_{\mathrm{h}} = 4WH/(W+H)$ der hydraulische Durchmesser der Kapillare. Für die Vereinfachung der Lösung wird hier nur die lineare Näherung der hyperbolischen Funktion $\sinh(x) = x$ angenommen. Die Lösung ist korrekt für hydraulische Durchmesser D_{h} viel gößer als die Debye-Länge λ_{D} oder für Flüssigkeiten mit geringen Ionenkonzentrationen. Physikalisch bedeutet diese Näherung eine geringe elektrostatische Energie der Ionen $Fq_{\mathrm{ion}}\Psi$ gegenüber ihrer thermischen Energie $k_{\mathrm{B}}T$. Die dimensionslose Formen der Navier-Stokes-Gleichung und der Poisson-Boltzmann-Gleichung werden dann wie folgt formuliert:

$$\frac{\partial^2 u^*}{\partial z^{*2}} + \frac{\partial^2 u^*}{\partial y^{*2}} = \frac{1}{\zeta^*}\left(\frac{D_{\mathrm{h}}}{\lambda_{\mathrm{D}}}\right)^2 \Psi^* = -\Upsilon\Psi^*, \tag{2.139}$$

$$\frac{\partial^2 \Psi^*}{\partial z^{*2}} + \frac{\partial^2 \Psi^*}{\partial y^{*2}} = \left(\frac{D_{\mathrm{h}}}{\lambda_{\mathrm{D}}}\right)^2 \Psi^*. \tag{2.140}$$

Die dimensionslose Zahl

$$\Upsilon = \frac{1}{\zeta^*}\left(\frac{D_{\mathrm{h}}}{\lambda_{\mathrm{D}}}\right)^2 \tag{2.141}$$

beschreibt das Verhältnis zwischen der elektrokinetischen Kraft und der Reibungskraft in der Strömung. Es wird hier als die elektroviskose Zahl bezeichnet. Mit den Randbedingungen

$$\left.\frac{\partial u^*}{z^*}\right|_{z^*=0} = 0\,, \left.\frac{\partial u^*}{y^*}\right|_{y^*=0} = 0$$

$$\left.u\right|_{z^*=W/D_{\mathrm{h}}} = 0\,, \left.u\right|_{y^*=H/D_{\mathrm{h}}} = 0$$

ergibt sich aus (2.139) die Lösung der Geschwindigkeitsverteilung:

$$u^* = \frac{4 \Upsilon D_\mathrm{h}^2}{WH} \sum_{n=1}^{\infty} \sum_{m=1}^{\infty} \frac{\cos(\alpha_n z^*)\cos(\beta_m y^*)}{\alpha_n^2 + \beta_m^2} \int\limits_0^{z^*=W/D_\mathrm{h}} \int\limits_0^{y^*=H/D_\mathrm{h}}$$

$$\cos(\alpha_n z^*)\cos(\beta_m y^*)\Psi^* dz^* dy^*. \tag{2.142}$$

Dabei sind:

$$\alpha_n = \frac{(2n-1)\pi D_\mathrm{h}}{2W} \quad \text{für } n = 1,2,3\ldots$$

$$\beta_m = \frac{(2m-1)\pi D_\mathrm{h}}{2H} \quad \text{für } m = 1,2,3\ldots$$

Mit den Randbedingungen

$$\left.\frac{\partial \Psi^*}{\partial z^*}\right|_{x^*=0} = \left.\frac{\partial \Psi^*}{\partial y^*}\right|_{y^*=0}$$

$$\Psi^*(z^*, H/D_\mathrm{h}) = \Psi^*(W/D_\mathrm{h}, y^*) = \zeta^*$$

ergibt sich aus (2.140) die Lösung der Potenzialverteilung:

$$\Psi^* = 4\zeta^* \Bigg\{ \sum_{n=1}^{\infty} \frac{(-1)^{n+1} \cosh\left(\sqrt{1 + \frac{(2n-1)^2\pi^2 D_\mathrm{h}^2}{4(W/\lambda_\mathrm{D})^2}} \frac{D_\mathrm{h}}{\lambda_\mathrm{D}} y^*\right)}{(2n-1)\pi \cosh\left(\sqrt{1 + \frac{(2n-1)^2\pi^2 D_\mathrm{h}^2}{4(W/\lambda_\mathrm{D})^2}} \frac{H}{\lambda_\mathrm{D}}\right)} \cos\left[\frac{(2n-1)\pi D_\mathrm{h}}{2W} z^*\right]$$

$$+ \frac{(-1)^{n+1} \cosh\left(\sqrt{1 + \frac{(2n-1)^2\pi^2 D_\mathrm{h}^2}{4(H/\lambda_\mathrm{D})^2}} \frac{D_\mathrm{h}}{\lambda_\mathrm{D}} z^*\right)}{(2n-1)\pi \cosh\left(\sqrt{1 + \frac{(2n-1)^2\pi^2 D_\mathrm{h}^2}{4(H/\lambda_\mathrm{D})^2}} \frac{W}{\lambda_\mathrm{D}}\right)} \cos\left[\frac{(2n-1)\pi D_\mathrm{h}}{2H} y^*\right] \Bigg\}. \tag{2.143}$$

Beispiel 2.12: Elektroosmose-Strömungen in einer rechteckigen Kapillare

Bestimme die Verteilung des Potenzials und der Geschwindigkeit in einer rechteckigen Kapillare mit einem Querschnitt von 10μm × 10μm. Alle andere Angaben sind wie im Beispiel 2.11.

Der zweidimensionale Berechnungsbereich wird in einem 30 × 30-Gitter geteilt. Wegen des hohen Gradienten wird an der Wand feiner vernetzt. Die Ergebnisse der Potenzialverteilung (2.142) und der Geschwindigkeitsverteilung werden in MATLAB wie folgt implementiert:

```
%Berechnung der Potenzialverteilung
ZetaStar=1*electron*zeta/((1.38e-23)*298);
LambdaD=sqrt(80*8.854e-12*298*1.38e-23/2/electron^2/n);
HLamb=2*Height/LambdaD; Dh=2*Height; PI=4*atan(1); for i=1:31
```

```matlab
for j=1:31
%Vernetzung des Berechnungsbereichs,
ystar(i,j)=(-(i-1)^2/20+2*(i-1))/60;
zstar(i,j)=(-(j-1)^2/20+2*(j-1))/60;      %feiner an der Wand
sum=0;
for n=1:200
 A=sqrt(1+((2*n-1)^2*PI^2)/(4*(Height/LambdaD)^2))*...
 Dh/LambdaD;
 B=sqrt(1+((2*n-1)^2*PI^2)/(4*(Height/LambdaD)^2))*...
 Height/LambdaD;
 sum=sum+((-1)^(n+1)*cosh(A*ystar(i,j)))/((2*n-1)*...
 PI*cosh(B))*cos((2*n-1)*PI*Dh/2/Height*zstar(i,j))...
 +((-1)^(n+1)*cosh(A*zstar(i,j)))/zstar(i,j)))/((2*n-1)...
 *PI*cosh(B))*cos((2*n-1)*PI*Dh/2/Height*ystar(i,j));
end
Phistar(i,j)=4*ZetaStar*sum;     %Potenzialverteilung
axis tight
end
end mesh(zstar,ystar,Phistar);
%Berechnung der Geschwindigkeitsverteilung
Upsilon=HLamb^2/ZetaStar; for i=1:31
    for j=1:31
    sum=0
    for n=1:40
        for m=1:40
            alphaN=(2*n-1)*PI*Dh/2/Height;
            betaM=(2*m-1)*PI*Dh/2/Height;
            sum1=0;
            %Berechnung des Integrals
            for x=1:21
                for y=1:21
                if (x==1)deltay=ystar(x+1,y)-ystar(x,y);
                else deltay=ystar(x,y)-ystar(x-1,y);
                end
                if (y==1) deltaz=zstar(x,y+1)-zstar(x,y);
                else deltaz=zstar(x,y)-zstar(x,y-1);
                end
                sum1=sum1+cos(alphaN*zstar(x,y))*cos(betaM*...
                ystar(x,y))*Phistar(x,y)*deltay*deltaz;
                end
            end
            %Berechnung der Summe
            sum=sum+cos(alphaN*zstar(i,j))*cos(betaM*...
            ystar(i,j))/(alphaN^2+betaM^2)*sum1;
        end
    end
    %Geschwindigkeitsverteilung
    Ustar(i,j)=4*Upsilon*Dh^2/Height^2*sum;
    end
```

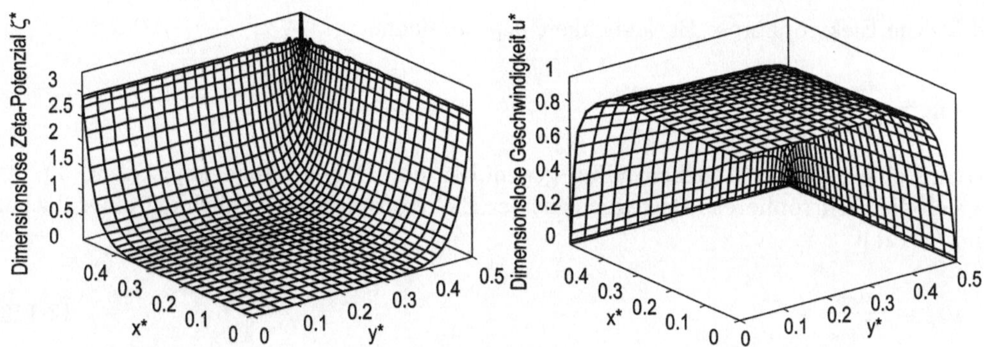

Bild 2.15: Die Verteilungen des Zetapotenzials und der Geschwindigkeit in einem rechteckigen Mikrokanal

```
end figure mesh(zstar,ystar,Ustar); axis tight
```

Bild 2.15 zeigt die Auswertungsergebnisse für ein Viertel des Kanalquerschnitts.

Elektrophorese

Elektrophorese ist die Bewegung eines Ladungsträgers in einem elektrischen Feld. Wegen der kleinen Abmessung des Teilchens und der kleinen Reynolds-Zahl kann für das Kraftgleichgewicht des Stokesschen Widerstandsmodells angenommen werden:

$$q_{\text{Oberfläche}} E_{\text{elek.}} = 6\pi u_{\text{ep}} r_{\text{T}}. \tag{2.144}$$

Dabei sind $q_{\text{Oberfläche}}$, u_{ep}, und r_{T} die Oberflächenladung, die Geschwindigkeit sowie der Radius des Teilchens. Die Ladungsdichte auf der Teilchenoberfläche ist:

$$\frac{q_{\text{Oberfläche}}}{A_{\text{Oberfläche}}} = -\varepsilon \frac{\mathrm{d}\Psi}{\mathrm{d}r}\bigg|_{r=r_{\text{T}}} = \frac{\varepsilon\zeta}{r_{\text{T}}}\left(1 + \frac{r_{\text{T}}}{\lambda_{\text{D}}}\right). \tag{2.145}$$

Wenn der Radius des Teilchens viel größer als die Debye-Länge ($r_{\text{T}}/\lambda_{\text{D}} \gg 1$) ist, kann die Oberflächenladung wie folgt berechnet werden:

$$q_{\text{Oberfläche}} = 4\pi r_{\text{Teilchen}}^2 \frac{\varepsilon\zeta}{r_{\text{T}}}\left(1 + \frac{r_{\text{T}}}{\lambda_{\text{D}}}\right) = 4\pi\varepsilon r_{\text{T}}\zeta. \tag{2.146}$$

Kombiniert man (2.145) und (2.146), ergibt sich die Geschwindigkeit des Teilchens:

$$u_{\text{ep}} = \frac{q_{\text{Oberfläche}} E_{\text{elek.}}}{6\pi\mu r_{\text{T}}} = \frac{2}{3}\frac{\varepsilon\zeta E_{\text{elek.}}}{\mu}. \tag{2.147}$$

Die Geschwindigkeit ist bei einer konstanten Viskosität μ und einem konstanten Zeta-Potenzial ζ proportional zur elektrischen Feldstärke $E_{\text{elek.}}$. Der Proportionalitätsfaktor wird als die Elektrophorese-Beweglichkeit μ_{ep} bezeichnet:

$$\mu_{ep} = \frac{u_{ep}}{E_{elek.}} = \frac{2\varepsilon\zeta}{3\mu}. \tag{2.148}$$

Im Falle eines kleinen Teilchenradius gegenüber der Debye-Länge ($r_T/\lambda_D \ll 1$), nähert sich die Elektrophorese-Beweglichkeit der Elektroosmose-Beweglichkeit einer flachen Wand (2.121):

$$\mu_{ep} = \frac{u_{ep}}{E_{elek.}} = \frac{\varepsilon\zeta}{\mu}. \tag{2.149}$$

Die allgemeine Näherungsgleichung für die Elektrophorese-Beweglichkeit kann wie folgt formuliert werden [52]:

$$\mu_{ep} = \frac{2\varepsilon\zeta}{3\mu} \cdot C(r_T/\lambda_D). \tag{2.150}$$

Dabei ist der Korrektionsfaktor C eine Funktion des Verhältnisses r_T/λ_D:

$$C = 1 + \frac{(r_T/\lambda_D)^2}{16} - \frac{5(r_T/\lambda_D)^3}{48} - \frac{(r_T/\lambda_D)^4}{96} + \frac{(r_T/\lambda_D)^5}{96}$$

$$- \left[\frac{(r_T/\lambda_D)^4}{8} - \frac{(r_T/\lambda_D)^6}{96}\right] \exp(r_T) \int_{\infty}^{r_T} \frac{\exp(-x)}{x}dx \qquad \text{für } \frac{r_T}{\lambda_D} < 1 \tag{2.151}$$

$$C = \frac{3}{2} - \frac{9}{2r_T/\lambda_D} + \frac{75}{2(r_T/\lambda_D)^2} - \frac{330}{(r_T/\lambda_D)^3} \qquad \text{für } \frac{r_T}{\lambda_D} > 1.$$

2.3.2 Oberflächenspannungseffekte

Die Wirkung der Oberflächenspannung wurde in der Mikrosystemtechnik ersichtlich, als Probleme mit der Ablösung von Strukturen in der Oberflächenmikromechanik auftraten. Wegen der Oberflächenspannung der Ätzlösung »klebt« die Struktur nahezu an der Substratoberfläche. Die Oberflächenspannung kann aber auch ein Vorteil im Mikrobereich sein. In diesem Abschnitt werden unterschiedliche Oberflächenspannungseffekte als Aktuatorenkonzepte für die Mikrofluidik diskutiert.

Kapillarität

Kapillarität ist die makroskopische Bewegung einer Flüssigkeit unter der Wirkung der eigenen Oberflächen- bzw. Grenzflächenkräfte. Kapillarität tritt auf, wenn ein Druckunterschied über dem fluidischen System, das wenigstens aus einer flüssigen Phase und einen anderen flüssigen, gasförmigen oder festen Phase besteht, existiert.

Die Kapillarität benötigt normalerweise eine flüssige, eine feste, und eine gasförmige Phase. Die treibende Kraft der Kapillarität wird von drei Parametern beeinflusst:

- Die Grenzflächenspannungen,

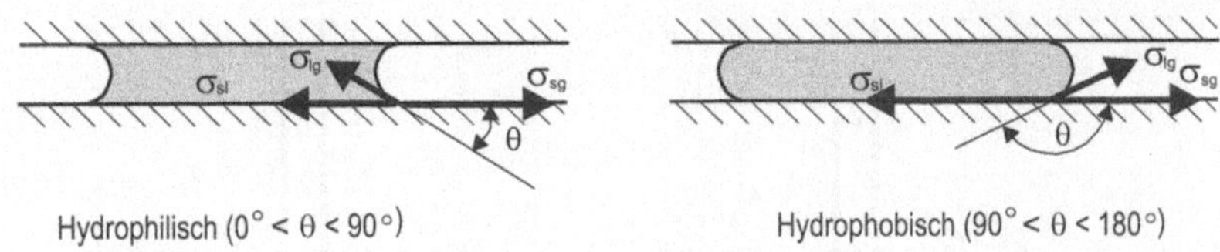

Bild 2.16: Ein Flüssigkeitströpfchen benetzt die Mikrokanalwand und bildet einen Kontaktwinkel θ: (a) Kleiner Kontaktwinkel deutet auf eine starke Wechselwirkung hin, die Wandfläche ist hydrophil (wasserliebend); (b) Großer Kontaktwinkel bedeutet eine schwache Wechselwirkung, die Wandfläche ist hydrophob (wasserscheu).

Tabelle 2.9: Oberflächenspannung einiger Flüssigkeiten bei 20 °C [99]

Flüssigkeit	$\sigma(10^{-3})$ N/m	Flüssigkeit	$\sigma(10^{-3})$ N/m
Acetone	23,32	Acetonnitrile	19,10
Chloroform	27,16	Cyclohexane	24,98
Cyclopentane	22,42	Dichloromethane	28,12
Ethyl Ether	17,06	Ethyl Alkohol	22,32
Ethylene Dichloride	32,23	Ethyl Acetate	23,75
Glycerin	63	Isobutyl Alkohol	22,98
Quecksilber	484	Wasser	72,8

- Die Geometrie der Grenzfläche zwischen der flüssigen, der festen und der gasförmigen Phase,
- Die Geometrie der festen Phase an der Grenzlinie zwischen den drei Phasen.

Der Kontaktwinkel θ repräsentiert das Gleichgewicht der Grenzflächenkräfte, Bild 2.16. Das Gleichgewicht der Grenzflächenspannungen wird durch die Young-Gleichung formuliert:

$$\sigma_{sg} - \sigma_{sl} = \sigma_{lg} \cos\theta. \tag{2.152}$$

Dabei sind σ_{sg}, σ_{sl} und σ_{lg} die Spannungen zwischen den fest/flüssigen, flüssig/gasförmigen und fest/gasförmigen Grenzflächen. Tabelle 2.9 listet die Oberflächenspannung zwischen einigen Flüssigkeiten und der Luft oder ihren eigenen gasförmigen Phasen auf. Die Grenzflächenspannung kann durch den im Bild 2.17 dargestellten Versuch gemessen werden. Das Gleichgewicht der Flüssigkeitssäule ist:

$$2\pi R L(\sigma_{sg} - \sigma_{sl}) = \Delta p \pi R^2 L = \rho g h \pi R^2 L. \tag{2.153}$$

Ersetzt man (2.152) in (2.153), ergibt sich die Grenzflächenspannung zwischen der flüssigen und der gasförmigen Phase als eine Funktion der Dichte ρ, der Erdbeschleunigung g, der Höhe L, und des Kapillarenradius R (Bild 2.17):

$$\sigma_{lg} = \frac{\rho g L R}{2\cos\theta}. \tag{2.154}$$

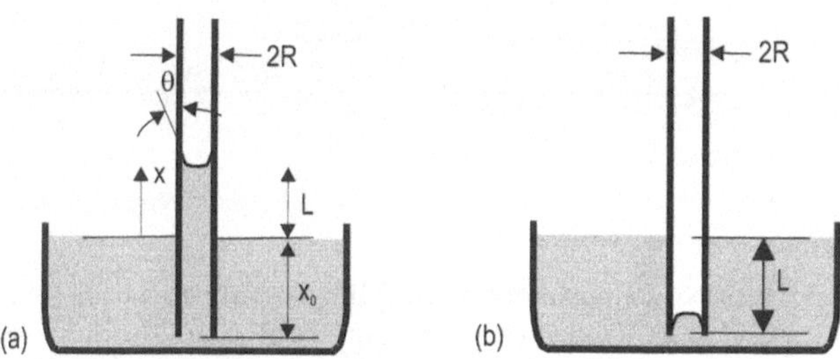

Bild 2.17: Im Versuch mit einer hydrophylen Kapillare steigt die Flüssigkeit bis zu einer Höhe, in der die Grenzflächenkraft das Gewicht der Flüssigkeitssäule ausgleicht (a). In einer hydrophoben Kapillare sinkt die Flüssigkeitssäule für den Ausgleich (b).

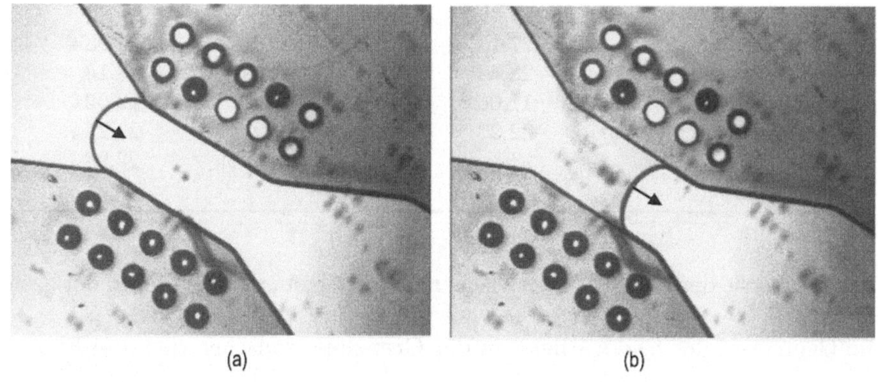

Bild 2.18: Ein Flüssigkeitströpfchen fliesst von einem breiten in einen engen Kanal

Am Übergang zwischen dem engen und dem breiten Bereich einer Kapillare ist der Druckunterschied zwischen den zwei Seiten eines Gasbläschens oder eines Flüssigkeitströpfchens:

$$\Delta p = 2\sigma_{\mathrm{lg}} \cos\theta \left(\frac{1}{R_1} - \frac{1}{R_2} \right). \tag{2.155}$$

Dabei sind R_1 und R_2 der kleine und der große Kapillarenradius. Wegen des positiven Krümmungsradius bewegt sich ein Gasbläschen von der engen zu der breiten Kapillare. Im Gegensatz fliesst ein Flüssigkeitströpfchen von der breiten Kapillare in die enge Kapillare, Bild 2.18. Im folgenden werden zwei spezielle Fälle der Kapillaritätsströmung näher betrachtet: Strömung in einer vertikalen und in einer horizontalen zylindrischen Kapillare.

Strömung in einer vertikalen zylindrischen Kapillare.
Aus Gleichung (2.154) ist ersichtlich, dass die Höhe der Flüssigkeitssäule reziprok zu dem Kapillarenradius ist:

$$L = \frac{2\sigma_{\mathrm{lg}}\cos\theta}{\rho g R}. \tag{2.156}$$

In praktischen Fällen wird L bei einer bekannten Oberflächenspannung zur Bestimmung des statischen Kontaktwinkels benutzt. Die transiente Strömung einer Flüssigkeit kann durch die eindimensionale Navier-Stokes-Gleichung beschrieben werden. Die Gleichung stellt das Gleichgewicht zwischen der Schwerkraft, der Reibungskraft, der Oberflächenspannung und der Trägheitskraft dar:

$$\frac{\mathrm{d}}{\mathrm{d}t}\left(m\frac{\mathrm{d}x}{\mathrm{d}t}\right) = -m'g - 2\tau\pi R(x + x_0) + 2\pi R\sigma_{\mathrm{lg}}\cos\theta$$

$$\frac{\mathrm{d}}{\mathrm{d}t}\left\{[\rho\pi R^2(x + x_0)]\frac{\mathrm{d}x}{\mathrm{d}t}\right\} = -(\rho\pi R^2 x)\,g - \pi R^2\frac{\mathrm{d}p}{\mathrm{d}x}(x + x_0) + 2\pi R\sigma_{\mathrm{lg}}\cos\theta. \tag{2.157}$$

Dabei sind x die Strömungsrichtung, x_0 ist die eingetauchte Höhe der Kapillare, m ist die Masse der Flüssigkeitssäule in der Kapillare, m' ist die Masse der Flüssigkeitssäule über der Oberfläche des Reservoirs, τ ist die Scherspannung und dp/dx ist der Druckgradient in Strömungsrichtung (Bild 2.17a).

Für die Reibungskraft kann das Hagen-Poiseuille-Modell angenommen werden:

$$\frac{\mathrm{d}p}{\mathrm{d}x} = \frac{8\mu}{R^2}\frac{\mathrm{d}x}{\mathrm{d}t}. \tag{2.158}$$

Wird (2.158) in (2.157) eingesetzt, ergibt sich durch weitere Vereinfachung die Grundgleichung der eindimensionalen Strömung in einer vertikalen zylindrischen Kapillare:

$$\frac{\mathrm{d}^2 x}{\mathrm{d}t^2} + \frac{1}{x + x_0}\left(\frac{\mathrm{d}x}{\mathrm{d}t}\right)^2 + \frac{8\mu}{R^2\rho}\frac{\mathrm{d}x}{\mathrm{d}t} + g\frac{x}{x + x_0} - \frac{2\sigma_{\mathrm{lg}}\cos\theta}{\rho R}\frac{1}{x + x_0} = 0. \tag{2.159}$$

Die Anfangsbedingungen der Gleichung (2.159) sind

$$x\Big|_{t=0} = 0, \quad \frac{\mathrm{d}x}{\mathrm{d}t}\Big|_{t=0} = 0.$$

Gleichung (2.159) stellt eine inhomogene Differentialgleichung zweiter Ordnung dar und kann numerisch mit der Runge-Kutta-Methode gelöst werden.

Beispiel 2.13: Strömung durch Oberflächenspannung in einer vertikalen zylindrischen Kapillare

Bestimme den transienten Verlauf der Wassersäule in einer vertikalen zylindrischen Kapillare! In dem Versuch wird die Kapillare $x_0 = 20$ mm in Wasser eingetaucht. Die Kapillare hat einen Durchmesser von $800\,\mu$m. Der statische Kontaktwinkel ist $\theta = 68°$. Die Werte des Wassers bei $25\,°$C sind $\nu = 0{,}893 \times 10^{-6}$

m^2/s, $\sigma_{\mathrm{lg}} = 0{,}072$ N/m, $\rho = 997$ kg/m^3. Die Erdbeschleunigung wird mit $g = 9{,}8$ m/s^2 angenommen.

Gleichung (2.159) wird mit $\nu = \mu/\rho$ wie folgt formuliert:

$$\ddot{x} = -g\frac{x}{x+x_0} - \frac{1}{x+x_0}\dot{x}^2 - \frac{8\nu}{R^2}\dot{x} + \frac{2\sigma_{\mathrm{lg}}\cos\theta}{\rho R}\frac{1}{x+x_0} = f(x,\dot{x},t).$$

Wird $\dot{x}$ mit der Geschwindigkeit u ersetzt, ergibt sich:

$$\dot{u} = -g\frac{x}{x+x_0} - \frac{1}{x+x_0}u^2 - \frac{8\nu}{R^2}u + \frac{2\sigma_{\mathrm{lg}}\cos\theta}{\rho R}\frac{1}{x+x_0} = f(x,u,t).$$

Die obige Gleichung kann numerisch mit der Runge-Kutta-Methode vierter Ordnung gelöst werden. Für jeden Zeitschritt gilt:

t	x	$u = \dot{x}$	$f = \dot{u} = \ddot{x}$
$T_1 = t_i$	$X_1 = x_i$	$U_1 = u_i$	$F_1 = f(T_1, X_1, U_1)$
$T_2 = t_i + \Delta t/2$	$X_2 = x_i + U_1\Delta t/2$	$U_2 = u_i + F_1\Delta t/2$	$F_2 = f(T_2, X_2, U_2)$
$T_3 = t_i + \Delta t/2$	$X_3 = x_i + U_2\Delta t/2$	$U_3 = u_i + F_2\Delta t/2$	$F_3 = f(T_3, X_3, U_3)$
$T_4 = t_i + \Delta t$	$X_4 = x_i + U_3\Delta t$	$U_4 = u_i + F_3\Delta t$	$F_4 = f(T_4, X_4, U_4)$

Die Werte der nachfolgenden Zeitschritte werden wie folgt bestimmt:

$$x_{i+1} = x_i + \frac{\Delta t}{6}(U_1 + 2U_2 + 2U_3 + U_4)$$

$$u_{i+1} = u_1 + \frac{\Delta t}{6}(F_1 + 2F_2 + 2F_3 + F_4).$$

Diese Methode wird wie folgt in MATLAB implementiert. Zuerst wird die Funktion f(x,u,t) definiert:

```
function [F] = f(x,u,t)
g=9.8;                    %Erdbeschleunigung
x0=20e-3;                 %Eintauchlaenge
nu=0.893e-6;              %kinematische Viskositaet
rK=0.4e-3;                %Radius der Kapillare
sigma=0.072;              %Oberflaechenspannung
theta=68*3.1416/180;      %Kontaktwinkel
rho=997;                  %Dichte
F=-x*g/(x+x0)-u^2/(x+x0)-8*nu/rK^2*u+2*sigma*cos(theta)/rho/rK/(x+x0);
return;
```

Dann werden die Position und die Geschwindigkeit in einer Zeitschleife berechnet:

```
Deltat=5e-3                              %Zeitschritt
t(1)=0;                                  %Anfangsbedingungen
u(1)=0; x(1)=0; for i=2:200 T1=t(i-1);X1=x(i-1);
U1=u(i-1);[F1]=f(X1,U1,T1); T2=t(i-1)+Deltat/2;
```

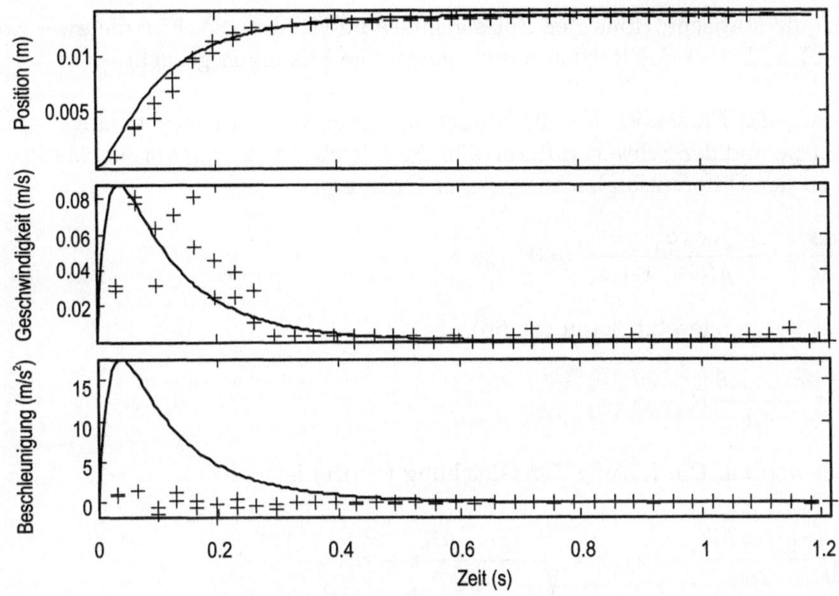

Bild 2.19: Verhalten der Meniskusposition mit dem passiven Kapillaritätseffekt

```
X2=x(i-1)+U1*Deltat/2; U2=u(i-1)+F1*Deltat/2; [F2]=f(X2,U2,T2);
T3=t(i-1)+Deltat/2;X3=x(i-1)+U2*Deltat/2; U3=u(i-1)+F2*Deltat/2;
[F3]=f(X3,U3,T3); T4=t(i-1)+Deltat; X4=x(i-1)+U3*Deltat;
U4=u(i-1)+F3*Deltat;[F4]=f(X4,U4,T4);
t(i)=t(i-1)+Deltat;                         %Zeit
x(i)=x(i-1)+Deltat/6*(U1+2*U2+2*U3+U4);     %Position
u(i)=u(i-1)+Deltat/6*(F1+2*F2+2*F3+F4);     %Geschwindigkeit
end
```

Zur Überprüfung der Theorie wurden Experimente mit den gleichen Parametern durchgeführt. Die Position des Meniskus wurde mit einer digitalen Videokamera aufgezeichnet und ausgewertet. Bild 2.19 vergleicht die berechnete und die gemessenen Positionen und Geschwindigkeiten. Die Beschleunigung wird aus der Geschwindigkeit und dem Zeitschritt berechnet.

Die Ergebnisse der Position stimmen bei geringen Geschwindigkeiten gut überein. Es ist deutlich, dass die Annahme eines konstanten statischen Kontakwinkels nicht für höhere Geschwindigkeit am Anfang des Prozesses geeignet ist. Es scheint, dass die Flüssigkeitssäule bei hohen Geschwindigkeitswerten langsamer als erwartet fortschreitet, Bild 2.19.

Asymptotische Analyse

Gleichung (2.159) ist analytisch nicht lösbar. Durch weitere Vereinfachung kann jedoch eine analytische Lösung erreicht werden. Um den Einfluss des Anfangswerts x_0 zu vernachlässigen, wird zuerst ein sehr kleiner Anfangswert angenommen ($x_0 \ll x_\infty$). Dabei ist $x_\infty = L$ die statische Höhe der Flüssigkeitssäule (Bild 2.18). Für die zwei extremen Fälle $(t \to 0)$ und $(t \to \infty)$ werden dann analytische Lösungen gesucht.

Am Anfang des Prozesses $(t \to 0)$ können bei einer kleinen Eintauchlänge x_0 die zwei Trägheitsterme und der Schwerkraftsterm in der Gleichung (2.159) vernachlässigt werden. Das führt zu der Differentialgleichung erster Ordnung:

$$\frac{8\mu}{R^2\rho}\frac{dx}{dt} - \frac{2\sigma_{lg}\cos\theta}{\rho R}\frac{1}{x + x_0} = 0. \tag{2.160}$$

Wird $y = x + x_0$ eingesetzt, kann (2.160) als:

$$y\frac{dy}{dt} = \frac{\sigma_{lg}\cos\theta}{4\mu}R \tag{2.161}$$

geschrieben werden. Die Lösung der Gleichung (2.161) ist:

$$y = \sqrt{\frac{\sigma_{lg}\cos\theta R}{2\mu}t} \to x(t) = \sqrt{\frac{\sigma_{lg}\cos\theta R}{2\mu}t} + x_0. \tag{2.162}$$

Am Ende des Prozesses $(t \to \infty)$ ist die statische Lösung $y_\infty = x_0 + x_\infty = x_0 + L$ bekannt. Mit $y = x + x_0$ und $\nu = \mu/\rho$ hat Gleichung (2.159) die Form:

$$\frac{4\nu}{gR^2}\frac{d(y^2)}{dt} + y - y_\infty = 0. \tag{2.163}$$

Wird der Abstand zu der statischen Position mit $z = y_\infty - y$ definiert, kann der Differentialterm in (2.163) wie folgt abgeleitet werden:

$$\frac{d(y^2)}{dt}\bigg|_{z\to 0} = 2yd\dot{y}\bigg|_{z\to 0} = -2y_\infty\dot{z}. \tag{2.164}$$

Wird (2.164) in (2.163) eingesetzt, ergibt sich die homogene Differentialgleichung erster Ordnung:

$$\frac{8\nu}{gR^2}\dot{z} + z = 0 \tag{2.165}$$

Die Lösung der Gleichung (2.165) ist:

$$z(t) = y_\infty \exp\left(-\frac{R^2 g}{8\nu y_\infty}t\right). \tag{2.166}$$

Das führt dann zu der Lösung der Position x für $(t \to \infty)$:

$$y(t) = y_\infty\left[1 - \exp\left(-\frac{R^2 g}{8\nu y_\infty}t\right)\right]$$

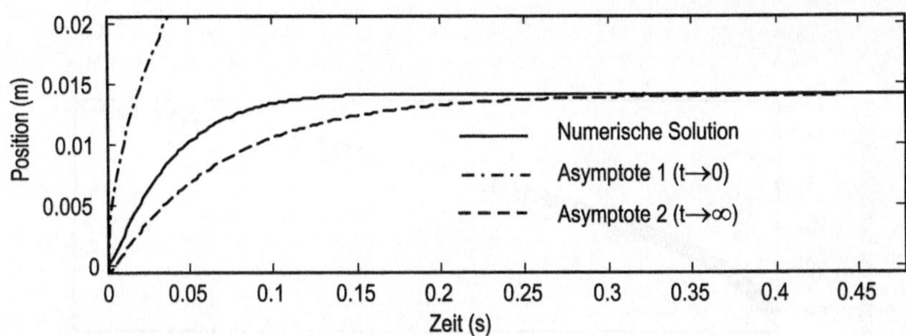

Bild 2.20: Asymptotische Ergebnisse im Vergleich zu der numerischen Lösung der gleichen Kapillare im Beispiel 2.12 ($x_0 = 1$mm)

$$x(t) = L - (L + x_0)\exp\left(-\frac{R^2 g}{8\nu(L + x_0)}t\right). \qquad (2.167)$$

Bild 2.20 vergleicht die numerische Lösung mit den zwei Asymptoten (2.162) und (2.167). Es ist deutlich, dass die Zeitkonstante:

$$\tau_{\text{Anstieg}} = \frac{8(L + x_0)\nu}{R^2 g} \qquad (2.168)$$

charakteristisch für die Anstiegzeit der Kapillarenströmung ist.

Dynamischer Kontaktwinkel

Aus Beispiel 2.13 ist ersichtlich, dass der Ansatz eines konstanten Kontaktwinkels nicht für höhere Geschwindigkeiten geeignet ist. Zur Beschreibung des Einflusses der Reibungskraft auf den scheinbaren Kontaktwinkel wird im Gegensatz zum statischen Kontakwinkel θ der dynamische Kontaktwinkel θ_d eingeführt. Der dynamische Kontaktwinkel ist eine Funktion der Geschwindigkeit oder der dimensionslosen Kapillaritätszahl Ca (2.17). Die Funktion $\theta_d(\text{Ca})$ wird empirisch bestimmt. Ein Beispiel dafür ist die folgende Formel aus [15]:

$$\cos\theta_d = \cos\theta - 2(1 + \cos\theta)\sqrt{\text{Ca}}. \qquad (2.169)$$

Bild 2.21 vergleicht die Ergebnisse des Beispiels 2.12 mit den Ergebnissen des dynamischen Ansatzes (2.169). Der Ansatz eines dynamischen Kontaktwinkels ist besser für die höhere Geschwindigkeit am Anfang des Anstiegprozesses geeignet.

Strömung in einer horizontalen zylindrischen Kapillare

Die Grundgleichung für die horizontale Strömung (Bild 2.22) kann aus (2.157) mit dem Wegfall des Schwerkraftterms abgeleitet und numerisch gelöst werden. Wegen der einfacheren Form kann jedoch eine analytische Lösung für die horizontale Strömung erreicht werden.

Werden die kinematische Viskosität $\nu = \mu/\rho$, $g = 0$ und $x_0 = 0$ in (2.159) eingesetzt,

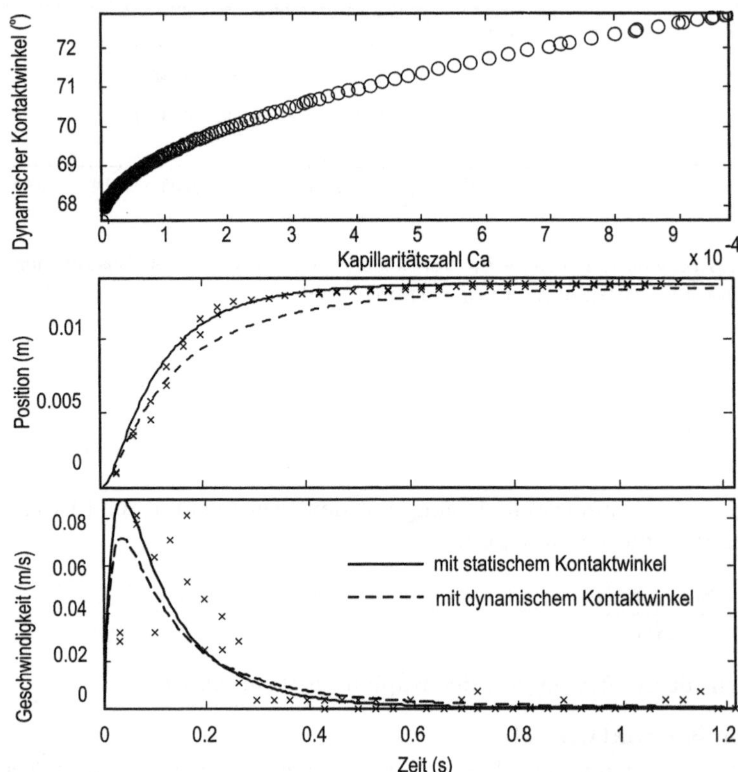

Bild 2.21: Anwendung des dynamischen Kontaktwinkels nach (2.169) für die Berechnung im Beispiel 2.12

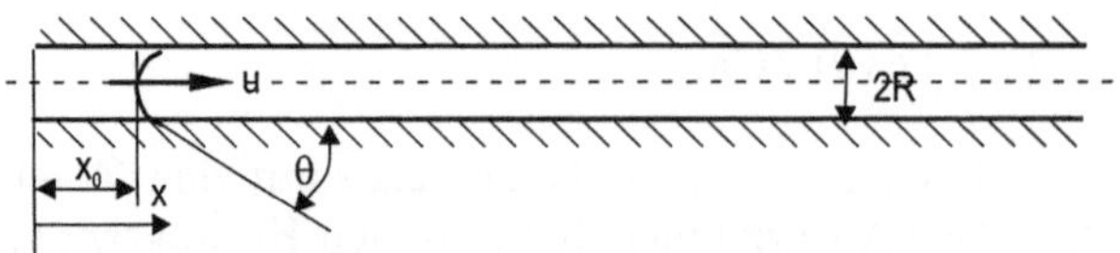

Bild 2.22: Berechnungsmodell für die von der Oberflächenspannung verursachte Strömung in einer horizontalen zylindrischen Kapillare

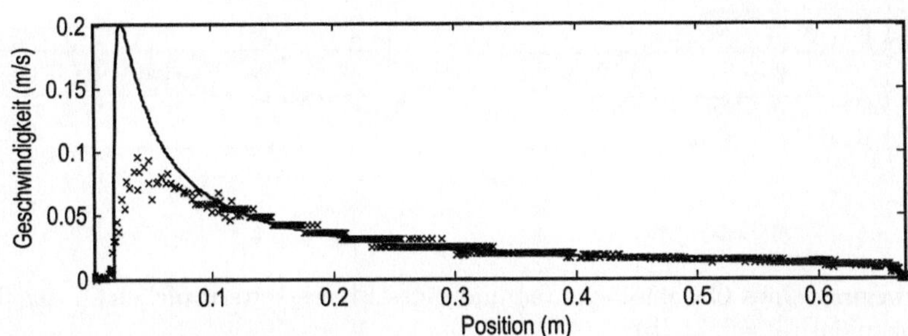

Bild 2.23: Meniskusgeschwindigkeit gegenüber der Position (Wasser, 25 °C). Die Linie repräsentiert die analytische Lösung mit dem dynamischen Kontaktwinkel nach (2.169). Vor dem Versuch wurde ein statischer Kontaktwinkel von 25° der bereits feuchten Kapillare mit einem Radius von $R = 0.4$ mm gemessen. Als Anfangsposition wurde $x_0 = 1.8$ cm beobachtet.

ergibt sich die Gleichung:

$$\frac{\mathrm{d}^2 x}{\mathrm{d}t^2} = -\frac{1}{x}\left(\frac{\mathrm{d}x}{\mathrm{d}t}\right)^2 - \frac{8\nu}{R^2}\frac{\mathrm{d}x}{\mathrm{d}t} + \frac{1}{x}\frac{2\sigma_{\mathrm{lg}}\cos\theta}{\rho R}. \tag{2.170}$$

Der Term $\frac{1}{x}\left(\frac{\mathrm{d}x}{\mathrm{d}t}\right)^2$ ist klein und kann vernachlässigt werden. Ohne diesen Term hat (2.170) die gleiche Form wie (2.159) ohne den Schwerkraftterm. Die Anfangsbedingungen für (2.170) sind:

$$x\Big|_{t=0} = x_0, \quad \frac{\mathrm{d}x}{\mathrm{d}t}\Big|_{t=0} = 0.$$

Wird $y = x^2$ in Gleichung (2.170) eingesetzt, ergibt sich die gewöhnliche Differentialgleichung:

$$\ddot{y} + \alpha\dot{y} = \beta \tag{2.171}$$

mit

$$\alpha = \frac{8\nu}{R^2}, \quad \beta = \frac{4\sigma_{\mathrm{lg}}\cos\theta}{\rho R}.$$

Die Lösungen der horizontalen Strömung sind:

$$x = \sqrt{y} = \sqrt{\frac{\beta}{\alpha^2}\exp\left(-\alpha t\right) + \frac{\beta t}{\alpha} + x_0^2 - \frac{\beta}{\alpha^2}}, \tag{2.172}$$

$$u = \frac{\beta(1 - \exp(-\alpha t))}{2\alpha x}. \tag{2.173}$$

Bild 2.23 vergleicht die analytische Lösung mit den experimentellen Ergebnissen. Wegen der großen Einlauflänge gegenüber dem Kamerafenster konnte nur die Geschwindigkeit

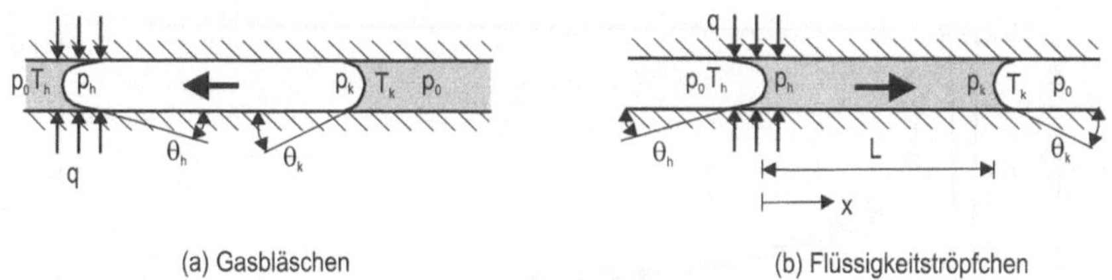

Bild 2.24: Bewegung eines Gasbläschens (a) und eines Flüssigkeitströpfchens unter dem Thermokapillaritätseffekt (b)

Tabelle 2.10: Oberflächenspannung des Wassers als Funktion der Temperatur [99]

$T(°C)$	0	10	20	30	40	50	60	70	80	100
$\sigma_{\mathrm{lg}}(10^{-3})$	75,6	74,22	72,75	71,18	69,56	67,91	66,18	64,4	62,6	58,9

in verschiedenen Positionen gemessen werden. Die Geschwindigkeit wird daher gegenüber der Position dargestellt.

Thermokapillarität

Thermokapillarität wird durch die Temperaturabhängigkeit der Grenzflächenspannung verursacht. Die innere Energie einer Flüssigkeit nimmt mit höherer Temperatur zu. Wegen ihrer schnelleren Bewegungen verlieren die Moleküle bei hohen Temperaturen ihre attraktiven Kräfte. Das führt zur Verringerung der Viskosität und der Grenzflächenspannung. Ein Gasbläschen in einer Kapillare bewegt sich gegen den Temperaturgradienten zu der höheren Temperatur (Bild 2.24a). Ein Flüssigkeitströpfchen in einer Kapillare läuft längs des Temperaturgradienten weg von der hohen Temperatur (Bild 2.24b). Diese Phänomena werden auch als Marangoni-Effekte bezeichnet. In praktischen Anwendungen kann der Temperaturgradient durch lokale Erhitzung mit einem Laserstrahl oder durch einen integrierten Heizer realisiert werden. Tabelle 2.10 listet die Oberflächenspannung des Wassers als Funktion der Temperatur auf.

Beispiel 2.14:   Der Marangoni-Effekt

Ein Luftbläschen befindet sich in einer Kapillare mit einem Radius von 50 µm. Die Temperaturen der beiden Ende des Luftbläschens sind 100 °C und 50 °C. Bestimme die treibende Kraft für das Luftbläschen. Die temperaturabhängige Werte der Grenzflächenspannung sind in der Tabelle 2.10 gegeben. Der Kontaktwinkel wird als Null angenommen.

Der Druckunterschied zwischen den Enden des Luftbläschens sind:

$$\Delta p = \frac{2[\sigma_{\mathrm{lg}}(50°C) - \sigma_{\mathrm{lg}}(100°C)]}{R} .$$

Mit einem Kontaktwinkel von 0° und der Kontaktfläche:

$$\Delta A = \pi r^2 ,$$

ergibt sich die Marangoni-Kraft:

$$F = \Delta p A = 2\pi r[\sigma_{\mathrm{lg}}(50^\circ\mathrm{C}) - \sigma_{\mathrm{lg}}(100^\circ\mathrm{C})] =$$
$$= 2 \times \pi \times 50 \times 10^{-6}(67{,}91 - 58{,}9) \times 10^{-3} = 0{,}9 \times 10^{-}6\mathrm{N} = 0{,}9\mu\mathrm{N}.$$

Bewegung eines Flüssigkeitströpfchens in einer horizontalen zylindrischen Kapillare

Bild 2.24b zeigt das Berechnungsmodell für diesen Fall. Die Oberflächenspannung ist eine Funktion der Temperatur, die wiederum im Falle der schwachen thermischen Wechselwirkung zwischen dem Tröpfchen und der Kapillare eine Funktion der Position x ist:

$$\sigma_{\mathrm{lg}}(T) = f[T(x)] = g(x) = \sigma_{\mathrm{lg}}(x). \tag{2.174}$$

Ähnlich wie im Falle der passiven Kapillarität wird für die Reibung eines relativ langen Flüssigkeitströpfchens ($L \gg 2R$) das Hagen-Poiseuille-Modell (2.158) angenommen. Das Kraftgleichgewicht kann dann wie folgt dargestellt werden:

$$\rho\pi R^2 L\frac{\mathrm{d}^2 x}{\mathrm{d}t^2} = -8\pi\mu L\frac{\mathrm{d}x}{\mathrm{d}t} + 2\pi R[\sigma_{\mathrm{lg}}(x + L)\cos\theta_{\mathrm{k}} - \sigma_{\mathrm{lg}}(x)\cos\theta_{\mathrm{h}}]. \tag{2.175}$$

Dabei sind θ_{h} und θ_{k} die Kontaktwinkel am heißen und am kalten Ende des Tröpfchens. Wird Gleichung (2.175) umgestellt und $\nu = \mu/\rho$ eingesetzt, ergibt sich die Bewegungsgleichung des Flüssigkeitströpfchens:

$$\frac{\mathrm{d}^2 x}{\mathrm{d}t^2} + \left(\frac{8\nu}{R^2}\right)\frac{\mathrm{d}x}{\mathrm{d}t} + \frac{2}{\rho R L}[\sigma_{\mathrm{lg}}(x + L)\cos\theta_{\mathrm{k}} - \sigma_{\mathrm{lg}}(x)\cos\theta_{\mathrm{h}}] = 0. \tag{2.176}$$

Gleichung (2.176) kann analytisch gelöst werden. Im folgenden werden einige spezielle Fälle berücksichtigt.

Quasistationäre Bedingung ($t \to \infty$)

In diesem Fall wird der Beschleunigungsterm vernachlässigt. Für einen kleinen Temperaturbereich kann die Oberflächenspannung als eine lineare Funktion der Temperatur angenommen werden:

$$\sigma_{\mathrm{lg}}(T) = \sigma_{\mathrm{lg}0} - \gamma(T - T_0). \tag{2.177}$$

Dabei ist $\sigma_{\mathrm{lg}0}$ die Oberflächenspannung bei der Referenztemperatur T_0. Der Temperaturkoeffizient γ wird empirisch aus den Werten von Oberflächenspannung und Temperatur (z. B. Tabelle 2.10) abgeleitet. Gleichung (2.176) hat dann die Form:

$$\frac{8\mu L}{R^2}u = \frac{2}{R}[\sigma_{\mathrm{lg}}(T_{\mathrm{h}})\cos\theta_{\mathrm{h}} - \sigma_{\mathrm{lg}}(T_{\mathrm{k}})\cos\theta_{\mathrm{k}}]. \tag{2.178}$$

Dynamische Kontaktwinkel werden nur als eine Funktion der Geschwindigkeit (oder der Kapillaritätszahl) und nicht der Temperatur angenommen. Wird (2.177) in (2.178) eingesetzt und nach der Geschwindigkeit u umgestellt, ergibt sich die Geschwindigkeit des Tröpfchens:

$$u = \frac{R\gamma \cos\theta_\mathrm{h}}{4\mu L} \left[\Delta T - \left(\frac{\sigma_{\mathrm{lg}0} + \gamma(T_\mathrm{h} - T_0)}{\gamma} - T_\mathrm{k} \right) \left(1 - \frac{\cos\theta_\mathrm{k}}{\cos\theta_\mathrm{h}} \right) \right]. \tag{2.179}$$

Dabei ist $\Delta T = T_\mathrm{k} - T_\mathrm{h}$ der Temperaturunterschied zwischen dem heißen und dem kalten Ende des Tröpfchens. Es ist aus dieser Beziehung ersichtlich, dass die Geschwindigkeit des Tröpfchen proportional zum Temperaturunterschied ist.

Lineare Temperaturverteilung entlang der Kapillare und gleiche Kontaktwinkel

In diesem Fall wird die Temperaturverteilung entlang der Kapillare mit der Länge L_K als linear angenommen:

$$T(x) = T_\mathrm{H} - \frac{T_\mathrm{H} - T_0}{L_\mathrm{K}} x. \tag{2.180}$$

Wird (2.180) in (2.177) eingesetzt und die Referenztemperatur als die Temperatur am Ende der Kapillare gewählt, ergibt sich die direkte Beziehung zwischen der Oberflächenspannung und der Position:

$$\sigma_{\mathrm{lg}}(x) = \sigma_{\mathrm{lg}0} - \gamma[T(x) - T_0] = \sigma_{\mathrm{lg}0} - \gamma(T_\mathrm{H} - T_0) + \gamma \frac{T_\mathrm{H} - T_0}{L_\mathrm{K}} x. \tag{2.181}$$

Werden zur Vereinfachung gleiche Kontaktwinkel an den Enden des Tröpfchens $\theta = \theta_\mathrm{h} = \theta_\mathrm{k}$ angenommen, vereinfacht sich Gleichung (2.176) auf:

$$\frac{\mathrm{d}^2 x}{\mathrm{d}t^2} + \left(\frac{8\nu}{R^2} \right) \frac{\mathrm{d}x}{\mathrm{d}t} - \frac{2\cos\theta\gamma(T_\mathrm{H} - T_0)}{\rho R L_\mathrm{K}} = 0. \tag{2.182}$$

Aus (2.182) ist ersichtlich, dass das transiente Verhalten der Tröpfchenbewegung nicht von der Tröpfchenlänge L abhängt. Diese Gleichung hat die gleiche Form wie (2.171) mit:

$$\alpha = \frac{8\nu}{R^2}, \quad \beta = \frac{2\cos\theta\gamma(T_\mathrm{H} - T_0)}{\rho R L_\mathrm{K}}$$

und dadurch sind die Lösungen für die Position und der Geschwindigkeit:

$$x = \frac{\beta}{\alpha^2}[\exp(-\alpha t) + \alpha t - 1], \tag{2.183}$$

$$u = \frac{\beta}{\alpha}[1 - \exp(-\alpha t)]. \tag{2.184}$$

Für $t \to \infty$ ist die stationäre Geschwindigkeit:

$$u = \frac{\beta}{\alpha} = \frac{R\cos\theta\gamma}{4\mu} \frac{T_\mathrm{H} - T_0}{L_\mathrm{K}}. \tag{2.185}$$

Gleichung (2.185) entspricht Gleichung (2.179), wenn der Temperaturunterschied $\Delta T = (T_H - T_0)L/L_k$ und der Kontaktwinkel $\theta = \theta_h = \theta_k$ in (2.179) eingesetzt werden.

Bewegung eines Flüssigkeitströpfchens zwischen zwei parallelen Platten

Das eindimensionale Problem für die Bewegung zwischen zwei parallelen Platten wird ähnlich wie für die zylindrische Kapillare gelöst. Der Querschnitt der Kapillare is $2h \times w$ mit einer unendlichen Breite $W \gg H$. Der Druckabfall durch Reibung wird von dem Hagen-Poiseuille-Modell für parallele Platten abgeleitet:

$$\Delta p = \frac{3\mu L}{H^2}\frac{dx}{dt}. \tag{2.186}$$

Das Kraftgleichgewicht sieht in diesem Fall wie folgt aus:

$$\rho 2WHL\frac{d^2x}{dt^2} = -\frac{3\mu L}{H^2}2WH\frac{dx}{dt} + 2(W+2H)[\sigma_{lg}(x+L)\cos\theta_k - \sigma_{lg}(x)\cos\theta_h]. \tag{2.187}$$

Mit der Annahme $W \gg H$ oder $(W + 2H)/W \approx 1$, vereinfacht sich Gleichung (2.187) zu:

$$\frac{d^2x}{dt^2} + \frac{3\nu}{H^2}\frac{dx}{dt} - \frac{1}{\rho hL}[\sigma_{lg}(x+L)\cos\theta_k - \sigma_{lg}(x)\cos\theta_h]. \tag{2.188}$$

Wenn eine lineare Temperaturverteilung und gleiche Kontaktwinkel wie im zylindrischen Fall angenommen werden, reduziert sich (2.188) auf:

$$\frac{d^2x}{dt^2} + \frac{3\nu}{H^2}\frac{dx}{dt} - \frac{\cos\theta\gamma(T_H - T_0)}{\rho hL_K} = 0. \tag{2.189}$$

Diese Gleichung hat mit:

$$\alpha = \frac{3\nu}{h^2}, \quad \beta = \frac{\cos\theta\gamma(T_H - T_0)}{\rho hL_K}$$

die gleichen Lösungen wie (2.183) und (2.184).

Beispiel 2.15: Thermokapillaritätseffekt zwischen zwei parallelen Platten

Zur Überprüfung der Theorie wird die analytische Lösung mit Ergebnissen der zweidimensionalen Simulation in [45] verglichen. Der Spalt zwischen zwei Platten ist $2H = 25\mu m$ hoch. Die Kapillare ist $L_K = 200$ µm. Die Heizertemperatur und die Referenztemperatur sind $T_H = 70\,°C$ und $T_0 = 20\,°C$. Die Oberflächenspannung der Flüssigkeit hat einen Temperaturkoeffizienten von $\gamma = 5 \times 10^{-4}$ N/m-K. Die Dichte und Viskosität der Flüssigkeit sind $\rho = 1000$ kg/m^3 und $\mu = 1{,}1365 \times 10^{-3}$ N/m^2-s.

Die numerische Lösung wurde in [45] beschrieben. Die Simulation wird durch die sequentielle Kopplung zwischen dem Temperaturfeld und dem Geschwindigkeitsfeld in einer äußeren Iterationsschleife durchgeführt. Das Ergebnis des

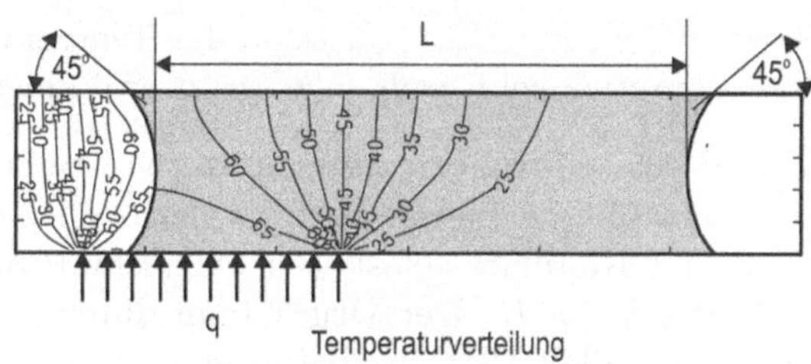

Bild 2.25: Simulationsergebnis des Thermokapilaritätseffekts

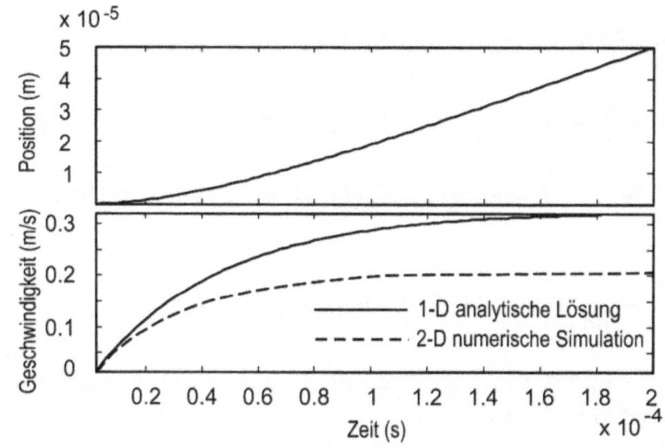

Bild 2.26: Analytische Ergebnisse der Thermokapilaritätseffekts

Temperaturfelds und einige Parameter werden im Bild 2.25 dargestellt.

Die Ergebnisse der Gleichung (2.189) werden im Bild 2.26 dargestellt. Die Zeitverläufe der Geschwindigkeit stimmen für beide Methoden überein. Die Geschwindigkeitswerte der Simulation sind kleiner als die Werte der analytischen Lösung. Die Abweichung kann erstens durch die Thermokapillaritätskonvektion im Tröpfchen erklärt werden. Durch die Konvektion ist der Temperaturunterschied an den Enden des Tröpfchens nicht so groß wie im linearen Ansatz. Zweitens ist das Verhältnis zwischen der Länge und der Höhe des Tröpfchens $L_K/2h$ in der numerischen Simulation nicht groß genug für die Annahme der analytischen Lösung. Drittens verursachen die zweidimensionalen Effekte der einseitig erhitzten numerischen Modelle eine nichtlineare Temperaturverteilung entlang der Kapillare.

Elektrokapillarität

Der Effekt der Elektrokapillarität ist ein Zusammenspiel des elektrostatischen Effekts und der Grenzschichtinteraktionen. Der Kontaktwinkel und die Oberflächenspannung kann direkt von einem elektrischen Potenzial beeinflusst werden. Obwohl unter Elektrokapillarität unterschiedliche Effekte eingeordnet sind, hängt der physikalische Hintergrund

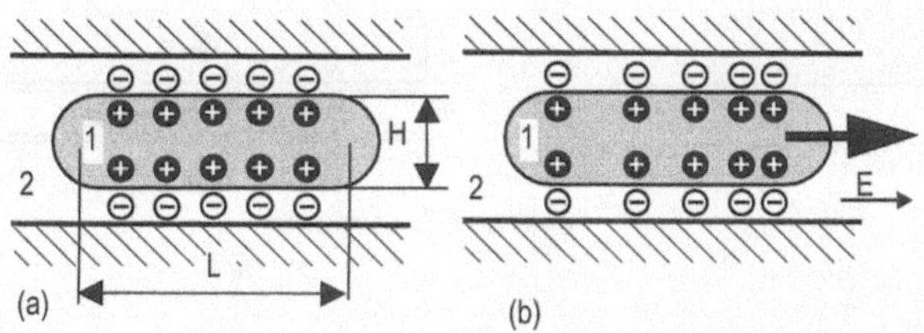

Bild 2.27: Kontinuerliche Elektrokapillarität mit zwei elektrisch leitenden Flüssigkeiten. (a) An der Grenzfläche existiert eine elektrische Doppelschicht. (b) Mit dem Anlegen einer Spannung bewegt sich eine Flüssigkeit wegen des Unterschiedes der Grenzflächenspannung an den zwei Enden.

von den wechselwirkenden Phasen ab. Die drei für Anwendungen in der Mikrofluidik wichtigen Elektrokapillaritätseffekte sind:

- *Kontinuierliche Elektrokapillarität* CEW (*continous electrowetting*) ist der Effekt zwischen zwei elektrisch leitenden Flüssigkeiten [68]. Dieser Effekt tritt an der Grenzfläche zwischen zwei elektrisch leitenden Flüssigkeiten auf. Zwischen den zwei Flüssigkeiten existiert eine elektrische Doppelschicht und wirkt als isolierende Schicht zwischen den zwei flüssigen Phasen.

- *Direkte Elektrokapillarität* EW (*electrowetting*) ist der Effekt zwischen einer elektrisch leitenden und einer festen Oberfläche (einer Elektrode), eines Elektrolyts und einer gasförmigen Phase. Die elektrische Doppelschicht an der Kontaktfläche wirkt als ein Kondensator. Die elektrostatische Kraft durch das Anlegen eines elektrischen Potenzials an der Elektrode verringert die Oberflächenspannung zwischen den beiden Phasen. Dieser Effekt führt zu einer Verringerung des Kontaktwinkels, wenn eine Gasphase an der Kontaktlinie existiert.

- *Elektrokapillarität auf Isolator* EWOD (*electrowetting on dielectric*) ist ähnlich wie die direkte Elektrokapillarität. Die feste Phase ist jedoch ein Isolator über der Elektrode. Der entstehende Kondensator hat eine höhere Kapazität als die Doppelschicht und verlangt ein größeres Potenzial für die Änderung der Oberflächenspannung. Der Vorteil ist die Vermeidung der unerwünschten Elektrolyse auf der Elektrode.

Kontinuierliche Elektrokapillarität

Wenn ein flüssiges Metall wie z. B. Quecksilber in Kontakt mit einem Elektrolyt kommt, entsteht an der Grenzschicht eine elektrische Doppelschicht (Abschnitt 2.3.1). Die Debye-Länge λ_D repräsentiert die Dicke dieser Schicht (2.116). Mit dieser Schicht kann das Flüssigkeitströpfchen als elektrisch geladen betrachtet werden (Bild 2.27a). Unter einem elektrischen Feld befindet sich das Flüssigkeitströpfchen in einer ähnlichen Situation wie in der Elektrophorese (Bild 2.27b). Wird für die Reibungskraft das Hagen-Poiseuille-Modell angenommen, wird das Kraftgleichgewicht für das Flüssigkeitströpfchen wie folgt formuliert:

$$q_\mathrm{Oberfläche} E_\mathrm{elek.} = \frac{6\mu}{H} u. \tag{2.190}$$

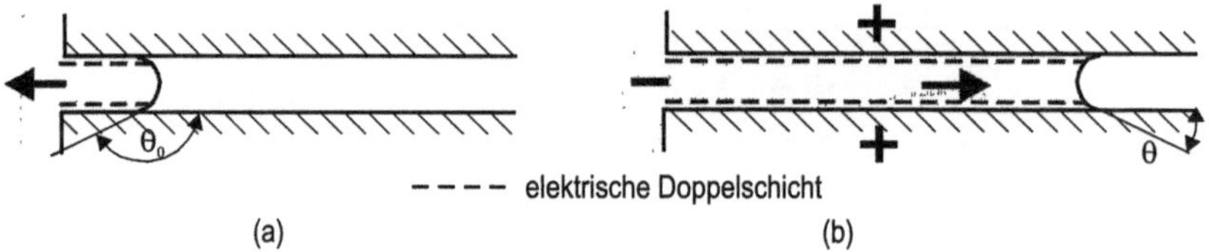

Bild 2.28: Elektrokapillarität einer leitenden Flüssigkeit auf einer Elektrode. (a) An der Grenzfläche existiert eine elektrische Doppelschicht, sie wirkt als ein Kondensator. Die Oberfläche der Elektrode ist hydrophob und drückt die Flüssigkeit aus der Kapillare. (b) Mit dem Anlegen einer Spannung verringert sich die Oberflächenspannung. Die Elektrode wird hydrophil und die Flüssigkeit bewegt sich in die Kapillare.

Dabei ist $q_{\text{Oberfläche}}$ die Oberflächenladung des Tröpfchens, H ist die Kanalhöhe und μ ist die Viskosität der Flüssigkeit. Mit einer Tröpfchenlänge L und die Spannung $\Delta\Psi$ über diese Länge kann (2.190) nach der Geschwindigkeit u umgestellt werden:

$$u = \frac{q_{\text{Oberfläche}} H}{6\mu L}\Delta\Psi. \tag{2.191}$$

Die Größenordnung der Geschwindigkeit wird am folgenden Beispiel abgeschätzt.

Beispiel 2.16:   Bewegungsgeschwindigkeit eines flüssigen Metalltröpfchens infolge des kontinuierlichen Elektrokapillaritätseffekts

Ein 500-μm langes Quecksilbertröpfchen befindet sich in einem 100-μm hohen Mikrokanal. Für Quecksilber werden eine Oberflächenladung von $0{,}05\,\text{C/m}^2$ und eine Viskosität von $1{,}56 \times 10^{-3}\,\text{Ns/m}^2$ angenommen. Bestimme die Geschwindigkeit des Tröpfchens, wenn der Spannungabfall über der Tröpfchenlänge $0.1\,\text{V}$ ist.

Die Geschwindigkeit des Tröpfchens ist nach (2.191):

$$u = \frac{q_{\text{Oberfläche}} H}{6\mu L}\Delta\Psi =$$

$$= \frac{0{,}05 \times 100 \times 10^{-6}}{6 \times 1{,}56 \times 10^{-3} \times 500 \times 10^{-6}} \times 0{,}1 = 0{,}107\,\text{m/s}.$$

Die Geschwindigkeit der kontinuierlichen Elektrokapillarität hat die gleiche Größenordnung wie die der passiven Kapillarität und der Thermokapillarität.

Direkte Elektrokapillarität

Bild 2.28 beschreibt den Effekt der direkten Elektrokapillarität. Ähnlich wie in der Elektroosmose befindet sich zwischen dem Elektrolyten und der Elektrode eine elektrische Doppelschicht der Dicke λ_{D}. Diese Schicht wirkt wie ein Kondensator, dessen Kapazität pro Flächeneinheit ist:

$$c = \frac{\varepsilon}{\lambda_D} = \frac{\varepsilon_0 \varepsilon_r}{\lambda_D}. \tag{2.192}$$

Dabei sind ε_0 und ε_r die Dielektrizitätskonstante des Vakuums und die relative Dielektrizitätskonstante der Flüssigkeit. Die im Kondensator gespeicherte Energie verringert die Grenzschichtspannung σ_{sl} zwischen der flüssigen und der festen Phase [74]:

$$\sigma_{sl} = \sigma_{sl0} - \frac{c\Delta\Psi^2}{2}. \tag{2.193}$$

Dabei ist $\Delta\Psi$ die elektrische Spannung über die Grenzfläche, σ_{sl0} ist die maximale Grenzflächenspannung bei der Spannung $\Delta\Psi = 0$. Gleichung (2.193) wird als Lippmann-Gleichung bezeichnet. Kombiniert man diese Gleichung mit der Young-Gleichung (2.152) für die Kontaktlinie zwischen den drei Phasen

$$\sigma_{sg} - \sigma_{sl} = \sigma_{lg} \cos\theta,$$

ergibt sich für den Kontaktwinkel θ die folgende Beziehung:

$$\cos\theta = \cos\theta_0 + \frac{1}{\sigma_{lg}} \frac{c\Delta\Psi^2}{2}. \tag{2.194}$$

Es ist ersichtlich, dass die anliegende elektrische Spannung einen kleineren Kontaktwinkel ermöglicht. Auch wenn die Elektrodenoberfläche ursprünglich hydrophob ist ($\cos\theta_0 < 0$ oder $\theta_0 > 90°$), kann eine genügend große Spannung die Oberfläche hydrophil machen ($\cos\theta > 0$ oder $\theta < 90°$), Bild 2.28. Im Falle einer ursprünglich hydrophoben Oberfläche ($\theta_0 > 90°$) muss die folgende Bedingung erfüllt sein, um die Oberfläche hydrophil zu machen:

$$\Delta\Psi \geq \sqrt{-\frac{2\sigma_{lg}}{c} \cos\theta_0}. \tag{2.195}$$

Strömung durch direkte Elektrokapillarität in einer horizontalen zylindrischen Kapillare. Zur Bewegungsbeschreibung des Meniskus wird Gleichung (2.194) in den Oberflächenspannungsterm der Gleichung (2.170) eingesetzt:

$$\frac{d^2x}{dt^2} + \frac{1}{x}\left(\frac{dx}{dt}\right)^2 + \frac{8\nu}{R^2}\frac{dx}{dt} - \frac{1}{x}\frac{2}{\rho R}\left(\cos\theta_0 \sigma_{lg} + \frac{c\Delta\Psi^2}{2}\right) = 0. \tag{2.196}$$

Mit den Anfangsbedingungen $x\big|_{t=0} = x_0$ und $dx/dt\big|_{t=0} = 0$ hat diese Gleichung die folgenden analytischen Lösungen (2.172, 2.173):

$$x = \sqrt{y} = \sqrt{\frac{\beta}{\alpha^2} \exp\left(-\alpha t\right) + \frac{\beta t}{\alpha} + x_0^2 - \frac{\beta}{\alpha^2}},$$

$$u = \frac{\beta(1 - \exp(-\alpha t))}{2\alpha x}$$

mit:

$$\alpha = \frac{8\nu}{R^2}, \quad \beta = \frac{4\left(\sigma_{\mathrm{lg}}\cos\theta_0 + c\Delta\Psi^2/2\right)}{\rho R}.$$

Beispiel 2.17: Direkte Elektrokapillarität in einer horizontalen zylindrischen Kapillare

Die innere Wand einer Kapillare wird mit einem elektrisch leitenden Material als Elektrode beschichtet. Die Kapillare hat einen Durchmesser von 800 µm. Die Arbeitsflüssigkeit ist eine KCl-Lösung mit einer Konzentration von 10^{-6} M. Die relative Dielektrizität der Lösung ist $\varepsilon_{\mathrm{r}} = 80$. Die Oberfläche der Elektrodenschicht ist hydrophob mit einem Kontaktwinkel von $\theta_0 = 120°$. Die Oberflächenspannung der Flüssigkeit ist 0,072 N/m. Bestimme die kritische Spannung für den Elektrokapillaritätseffekt und das dynamische Verhalten des Meniskus bei unterschiedlichen angelegten Spannungen.

Die charakteristische Debye-Länge der elektrischen Doppelschicht ist:

$$\lambda_{\mathrm{D}} = \sqrt{\frac{\varepsilon k_{\mathrm{B}} T}{2z^2 e^2 n_\infty}} = \sqrt{\frac{80 \times 8.854 \times 10^{-12} \times 1.38 \times 10^{-23} \times 298}{2 \times 1^2 \times (1.602 \times 10^{-19})^2 (N_{\mathrm{A}} \times 10^{-6} \times 10^{-3})}} =$$

$$= 3{,}07 \times 10^{-7}\mathrm{m} = 0{,}307\mu\mathrm{m}.$$

Die Kapazität pro Flächeneinheit dieser Doppelschicht beträgt:

$$c = \frac{\varepsilon}{\lambda_{\mathrm{D}}} = \frac{\varepsilon_0 \varepsilon_{\mathrm{r}}}{\lambda_{\mathrm{D}}} = \frac{8{,}854 \times 10^{-12} \times 80}{0{,}307 \times 10^{-6}} = 2{,}3 \times 10^{-3}\mathrm{F/m}^2.$$

Die kritische Spannung für den direkten Elektrokapillaritätseffekt ist nach (2.195):

$$\Delta\Psi_{\mathrm{krit.}} = \sqrt{-\frac{2\sigma_{\mathrm{lg}}}{c}\cos\theta_0} = sqrt-\frac{2 \times 0{,}072}{2.3 \times 10^{-3}\cos 120°} = 5{,}6\mathrm{V}.$$

Bild 2.29 zeigt die analytischen Ergebnisse des dynamischen Verhaltens der Meniskusposition und der Geschwindigkeit.

Strömung durch direkte Elektrokapillarität zwischen zwei horizontalen parallelen Platten. Bedingt durch die planaren Mikrotechniken tritt diese Situation in der Mikrofluidik oft auf. Bild 2.30 illustriert die typische Konfiguration dieses Falls. Beide Plattenoberflächen sind ursprünglich hydrophob und haben die Kontaktwinkel θ_{o0} θ_{u0}. Bei einer angelegten Spannung an der Elektrode verringert sich der Kontaktwinkel θ_{u} der unteren Platte, der durch diesen Effekt erzeugte Antriebsdruck ist [69]:

$$p = \frac{\sigma_{\mathrm{lg}}}{2H}(\cos\theta_{\mathrm{o0}} + \cos\theta). \tag{2.197}$$

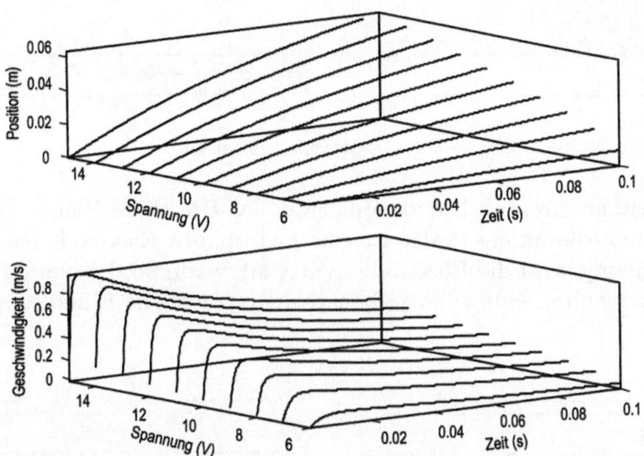

Bild 2.29: Analytische Ergebnisse für das Verhalten der Meniskusposition in der direkten Elektrokapillarität

Wird (2.194) in (2.197) eingesetzt, ergibt sich:

$$p = \frac{1}{2H}\left[\sigma_{\mathrm{lg}}(\cos\theta_{\mathrm{o}0} + \cos\theta_{\mathrm{u}0}) + \frac{c\Delta\Psi^2}{2}\right]. \tag{2.198}$$

Das Kraftgleichgewicht zwischen der Trägheit, der Reibung und der Oberflächenspannung führt zu der Grundgleichung der Meniskusposition x. Wird für die Reibungskraft das Hagen-Poiseuille-Modell angenommen, ergibt sich:

$$\frac{\mathrm{d}^2x}{\mathrm{d}t^2} + \frac{1}{x}\left(\frac{\mathrm{d}x}{\mathrm{d}t}\right)^2 + \frac{3\nu}{h^2}\frac{\mathrm{d}x}{\mathrm{d}t} - \frac{1}{x}\frac{1}{2H\rho}\left[\sigma_{\mathrm{lg}}(\cos\theta_{\mathrm{o}0} + \cos\theta_{\mathrm{u}0}) + \frac{c\Delta\Psi^2}{2}\right] = 0. \tag{2.199}$$

Mit den Anfangsbedingungen $x\big|_{t=0} = x_0$ und $dx/dt\big|_{t=0} = 0$ hat diese Gleichung die folgenden analytischen Lösungen (2.172, 2.173):

$$x = \sqrt{y} = \sqrt{\frac{\beta}{\alpha^2}\exp(-\alpha t) + \frac{\beta t}{\alpha} + x_0^2 - \frac{\beta}{\alpha^2}},$$

$$u = \frac{\beta(1 - \exp(-\alpha t))}{2\alpha x}$$

mit:

$$\alpha = \frac{3\nu}{H^2}, \quad \beta = \frac{1}{H\rho}\left[\sigma_{\mathrm{lg}}(\cos\theta_{\mathrm{o}0} + \cos\theta_{\mathrm{u}0}) + \frac{c\Delta\Psi^2}{2}\right].$$

Der Zeitverlauf als Funktion der elektrischen Spannung $\Delta\Psi$ ist ähnlich wie für die zylindrische Kapillare im Beispiel 2.16.

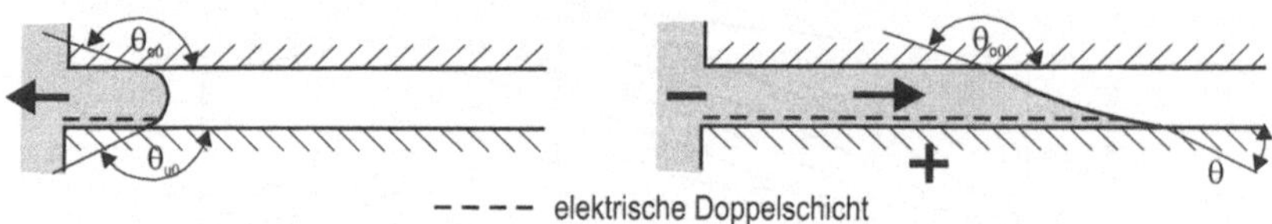

Bild 2.30: Asymmetrische direkte Elektrokapillarität. (a) Die obere Platte ist ein hydrophobes
Dielektrikum, die untere Platte ist eine hydrophobe Elektrode (b) Mit dem Anlegen
einer Spannung wird die Elektrode hydrophil, während die obere Platte hydrophob
bleibt. Die resultierende Oberflächenspannung zieht die Flüssigkeit in den Spalt.

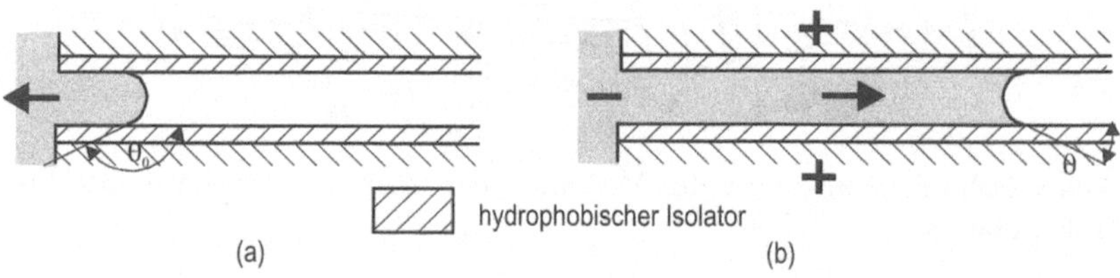

Bild 2.31: Elektrokapillarität auf Isolator. (a) Die hydrophobe Isolatorschicht drückt die Flüssigkeit aus der Kapillare. (b) Mit dem Anlegen einer Spannung verringert sich die
Oberflächenspannung. Die Isolatorschicht wird hydrophil und zieht die Flüssigkeit
in die Kapillare.

Elektrokapillarität auf einem Isolator

Der wesentliche Unterschied zur direkten Elektrokapillarität ist, dass die Flüssigkeit keinen direkten elektrischen Kontakt zu der Elektrode hat. Dadurch kann unerwünschte
Elektrolyse vermieden werden. Bild 2.31 beschreibt die Elektrokapillarität auf einem Isolator. Die Oberfläche der Elektrode (Kanalwand) wird mit einem hydrophoben Isolator
(z. B. Teflon mit $\varepsilon_\mathrm{r} = 2$) beschichtet. Anstelle der elektrischen Doppelschicht bilden die
Flüssigkeit, der Isolator und die Elektrode die Kapazität pro Flächeneinheit:

$$c = \frac{\varepsilon_\mathrm{r}\varepsilon_0}{d}. \tag{2.200}$$

Dabei ist d die Dicke des Isolatorschicht. Die Analyse des Meniskusbewegung wird dann
wie im Falle der direkten Elektrokapillarität behandelt.

Elektrokapillarität auf einem Isolator ist wegen des Wegfalls der Elektrolyse und der
Adressierbarkeit in einem Elektrodenarray gut für die kontrollierte Manipulation von
einzelnen Flüssigkeitströpfchen geeignet [104].

Bewegung eines Flüssigkeitströpfchens unter Elektrokapillarität auf einem Isolator.
Bild 2.32 illustriert die typische Implementierung der Elektrokapillarität auf einem Isola-
tor in der Mikrofluidik. Nach (2.198) sind die Druckunterschiede am linken und rechten
Ende des Tröpfchens:

$$p_\mathrm{l} - p_0 = -\frac{\sigma_\mathrm{lg}}{2H}(\cos\theta_\mathrm{o0} + \cos\theta_\mathrm{u0}) \tag{2.201}$$

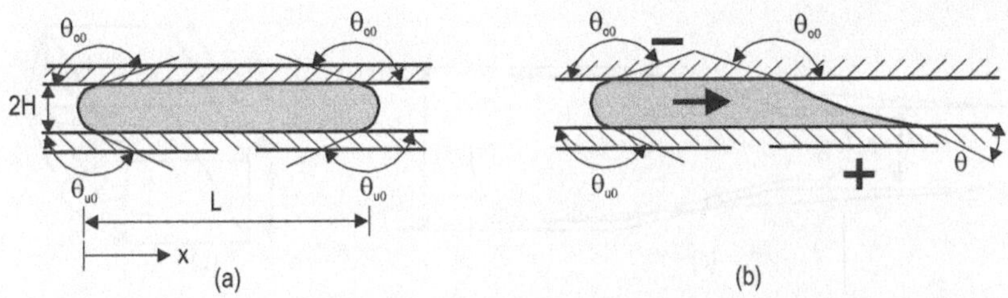

Bild 2.32: Elektrokapillarität auf Isolator eines Flüssigkeitströpfchens.

$$p_\mathrm{r} - p_0 = -\frac{\sigma_\mathrm{lg}}{2H}\left(\cos\theta_\mathrm{o0} + \cos\theta_\mathrm{u}\right). \tag{2.202}$$

Der Antriebsdruck des Tröpfchens ist damit:

$$p = p_\mathrm{l} - p_\mathrm{r} = \frac{\sigma_\mathrm{lg}}{2H}\left(cos_\mathrm{u} - cos_\mathrm{u0}\right). \tag{2.203}$$

Wird die Beziehung zwischen dem Kontaktwinkel und der angelegten Spannung (2.194) in (2.203) eingesetzt, ergibt sich der Antriebsdruck durch Elektrokapillarität:

$$p = \frac{1}{4H}c\Delta\Psi^2 = \frac{\varepsilon_0\varepsilon_\mathrm{r}\Delta\Psi^2}{4Hd}. \tag{2.204}$$

Es ist bemerkenswert, dass der Antriebsdruck der Elektrokapillarität nicht von dem Kontaktwinkel des Beschichtungsmaterials, sondern nur von den elektrostatischen Eigenschaften wie Isolatordicke, relative Dielektrizität und Antriebsspannung abhängt. Wird der Antriebsdruck in die Gleichgewichtsgleichung des Tröpfchens eingesetzt, ergibt sich die Bewegungsgleichung:

$$\frac{\mathrm{d}^2 x}{\mathrm{d}t^2} + \frac{3\nu}{H^2}\frac{\mathrm{d}x}{\mathrm{d}t} - \frac{1}{4HL\rho}c\Delta\Psi^2 = 0. \tag{2.205}$$

Diese Gleichung hat die gleichen Lösungen wie (2.183) und (2.184) mit

$$\alpha = \frac{3\nu}{H^2},$$

$$\beta = \frac{1}{4HL\rho}c\Delta\Psi^2.$$

Die stationäre Geschwindigkeit des Tröpfchens ist damit:

$$u = \frac{\beta}{\alpha} = \frac{Hc}{12L\mu}\Delta\Psi^2. \tag{2.206}$$

Die Geschwindigkeit des Tröpfchens ist eine quadratische Funktion der angelegten Spannung.

In praktischen Anwendungen wird die Bewegung des Flüssigkeitströpfchens durch andere viskose Flüssigkeiten (z. B. Öl) anstatt Luft weiter gedämpft. Die Dämpfungskraft

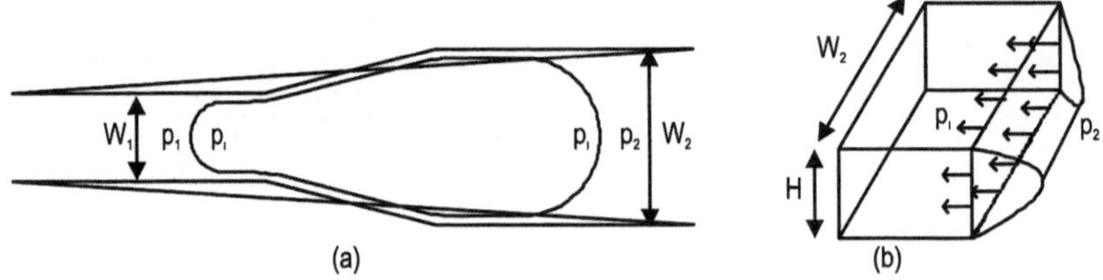

Bild 2.33: Die Geometrie eines Mikroblasen-Aktuators: (a) Draufsicht und (b) Seitenansicht der Grenzfläche.

besteht dann aus mehreren Komponenten [118] wie Schmierreibung des Tröpfchens, Reibung des umgebenden Mediums und Reibung der Kontaktlinie. Die Bewegungsgleichung sieht dann wie folgt aus:

$$\frac{\mathrm{d}^2 x}{\mathrm{d}t^2} + \left(C_1 \frac{L}{2H} + C_2\right) \frac{\mu_\mathrm{m}}{\rho L} \frac{\mathrm{d}x}{\mathrm{d}t} + \frac{C_3}{\rho L} \frac{\mathrm{d}x}{\mathrm{d}t} + C_4 \frac{\mu \sigma_\mathrm{lm}^{0,7}}{\rho L} \left(\frac{\mathrm{d}x}{\mathrm{d}t}\right)^{0,3} - \frac{1}{4HL\rho} c\Delta\Psi^2 = 0. \quad (2.207)$$

Dabei sind μ_m und σ_lm die Viskosität des umgebenden Mediums und die Oberflächenspannung zwischen der Flüssigkeit und diesem Medium. Die Konstanten C_1 bis C_4 sind empirisch zu bestimmen. Der zweite und dritte Term in (2.207) beschreiben die Reibung des umgebenden Mediums und der Kontaktlinie. Während in den bisherigen Analysen das Hagen-Poiseuille-Modell für die Reibung des Tröpfchen angenommen wird, wird in (2.207) die Reibung durch das Schmierreibungsmodell (der vierte Term) beschrieben. Die nichtlineare Differentialgleichung (2.207) kann nur numerisch gelöst werden. Weil der nichtlineare Term der Schmierreibung relativ klein gegenüber anderen Termen ist, ergibt sich als stationäre Lösung der Geschwindigkeit auch eine quadratische Funktion der Spannung $\Delta\Psi$.

Mikroblasen-Aktuatoren

Aus dem Skalierungsgesetz und unterschiedlichen Kapillaritätseffekten ist ersichtlich, dass die Grenzflächen zwischen einer flüssigen und einer gasförmigen Phase im Mikrobereich besonders nützlich sind. Die Erzeugung dieser Grenzflächen, oder der Mikroblasen, kann daher als ein Aktuatorkonzept ohne bewegliche Teile benutzt werden. Bild 2.33 definiert die geometrischen Parameter eines Mikroblasen-Aktuators. Die Druckwerte an den zwei Enden und innerhalb des Mikroblasens sind p_1, p_2 und p_i. Die durch den Druckunterschied verursachte Kraft an der rechten Seite des Bläschens (Bild 2.27) ist:

$$F_\mathrm{Aus} = (p_i - p_2)A = (p_i - p_2)HW_2. \quad (2.208)$$

Dabei sind H die Höhe des Mikrokanals W_2 die Breite des größeren Kanalabschnitts. Die Grenzflächenkraft an der gleichen Stelle wird mit dem Querschnittsumfang berechnet:

$$F_{Ein} = \sigma_\mathrm{lg} 2(H + W_2). \quad (2.209)$$

Dabei ist σ_{lg} die Grenzflächenspannung. Die zwei Kräfte in (2.208) und (2.209) befinden sich im Gleichgewicht, wenn:

$$(p_i - p_2)d \cdot W_2 = \sigma_{lg}2(H + W_2) \qquad (2.210)$$

$$p_i - p_2 = \frac{2\sigma_{lg}}{H}(1 + \frac{H}{W_2}). \qquad (2.211)$$

Der Druckunterschied an der linken Seite $p_i - p_1$ kann in der gleichen Weise abgeleitet werden:

$$p_i - p_1 = \frac{2\sigma_{lg}}{H}(1 + \frac{H}{W_1}). \qquad (2.212)$$

Der Druckunterschied zwischen den zwei Enden des Bläschens kann aus (2.211) und (2.212) wie folgt berechnet werden:

$$p_1 - p_2 = -2\sigma_{lg}(\frac{1}{W_1} - \frac{1}{W_2}) < 0. \qquad (2.213)$$

Aus (2.213) wird ersichtlich, dass der Druck an der rechten Seite höher sein muss, um das Gleichgewicht zu halten. Bei gleichem Druck bewegt sich das Bläschen in Richtung des breiteren Kapillarenabschnitts. Im folgenden werden unterschiedliche Methoden zur Blasenerzeugung diskutiert.

Beispiel 2.18:   Mikroblasen-Aktuator

Bestimme den Druckunterschied, der für das Halten eines Luftbläschens zwischen 50 µm und 200 µm breiten Kapillaren benötigt wird. An den zwei Enden des Bläschens befindet sich Wasser mit einer Grenzflächenspannung von $\sigma_{lg} = 72 \times 10^{-3}$ N/m. Aus Gleichung (2.213) ergibt sich:

$$\Delta p = 2 \times 72 \times 10^{-3}(\frac{1}{50 \times 10^{-6}} - \frac{1}{200 \times 10^{-6}}) = 2160\text{Pa} = 21,16\text{mbar}.$$

Der Druckunterschied ist ausreichend für Anwendungen in Pumpen und Ventilen.

Selbsterzeugte thermische Blasen

Eine einfache Methode zur Erzeugung einer gasförmigen Phase ist die Verdampfung der gleichen Flüssigkeit. Die Verdampfung erfolgt durch lokale Erhitzung der Flüssigkeit. Die durch Erhitzung erzeugten Blasen werden als *thermische Mikroblasen* bezeichnet. In diesem Abschnitt werden zwei Erhitzungsmethoden diskutiert: Joulesche Erhitzung der Flüssigkeit und Erhitzung mit einem resistiven Heizer. Die entsprechende Blasen werden selbsterzeugte thermische Blasen und resistiv erzeugte thermische Blasen genannt.

Joulesche Erhitzung ist nur mit einer elektrisch leitenden Flüssigkeit möglich. Die elektrische Spannung wird an Elektroden angelegt. Bild 2.34 zeigt eine solche Anordnung. Der Strömungskanal wird durch die Strukturierung eines Kunststoffes (SU-8) geformt. Die polymeren Herstellungstechnologien werden im Kapitel 3 näher diskutiert. Die kreisförmige

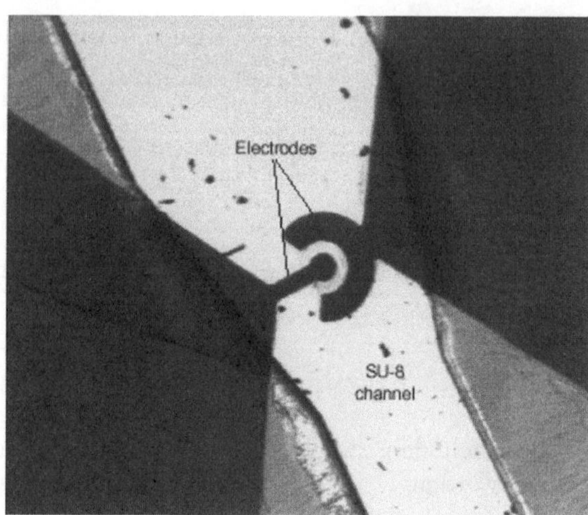

Bild 2.34: Elektroden für selbsterzeugte thermische Blasen

Form der Elektroden ermöglicht eine hohe Stromdichte und daher eine geringere Spannung. Das generelle Problem der thermischen Blasen ist die hohe Temperatur (100 °C für Wasser bei atmosphärischem Druck). Diese Temperatur ist für biologische Anwendungen mit z. B. lebenden Zellen oder Proteinmolekülen nicht zulässig. Darüber hinaus können die Elektroden unerwünschte Elektrolyse verursachen. Trotz der Wechselspannung und der hohen Frequenz tritt bei einer kleinen Offsetspannung Elektrolyse auf. Dieses Konzept der Blasenerzeugung benötigt Elektrolyten, die in Anwendungen nicht immer vorhanden sind.

Resistiv erzeugte thermische Blasen

Ein weiteres Konzept zur Erzeugung der thermischen Blase ist die resistive Heizung. Bild 2.35 stellt die Heizerstruktur in einem Mikrokanal da. Der Heizer wurde aus einer 100-nm-dicken Kupferschicht mittels Lift-Off-Verfahren hergestellt, und hat einen elektrischen Widerstand von 15 Ω. Der Verdampfungsvorgang fängt bei einer Spannung von 5 V und einem Strom von etwa 0,3 A an. Die Nukleation auf der Heizerstruktur wird im Bild 2.36 dargestellt. Bei einer geringen Heizleistung entstehen kleine Dampfbläschen, sie wachsen jedoch nicht zusammen. Eine höhere Heizleistung verursacht eine explosionsartige Verdampfung, die schwer zu kontrollieren ist.

Ähnlich wie bei selbst erzeugten thermischen Blasen ist die hohe Temperatur der größte Nachteil der resistiv erzeugten thermischen Blasen. Die relative große Heizleistung ist für tragbare Geräte, die von Batterien versorgt werden, nicht geeignet. Darüber hinaus ist der explosionartige Phasenübergang schwer zu beherrschen und zu schnell für manche Anwendungen.

Blasen mittels Elektrolyse

Eine Lösung für die Probleme der hohen Temperatur und des hohen Energieverbrauchs ist die Elektrolyse. Elektrolyse ist ein elektrochemischer Vorgang, bei dem ein elektrischer Strom die Oxidations- und die Reduktionsreaktion eines Elektrolyts verursacht.

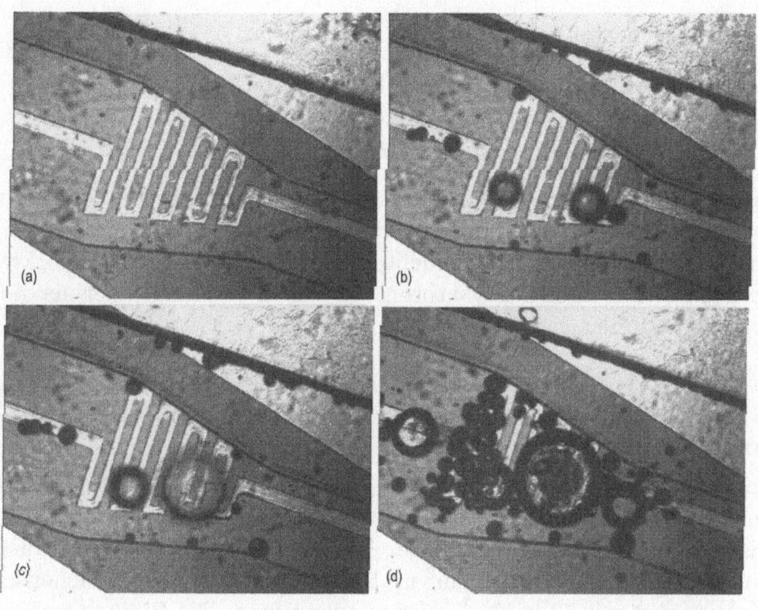

Bild 2.35: Erzeugung der thermischen Blase mit resistiver Heizung

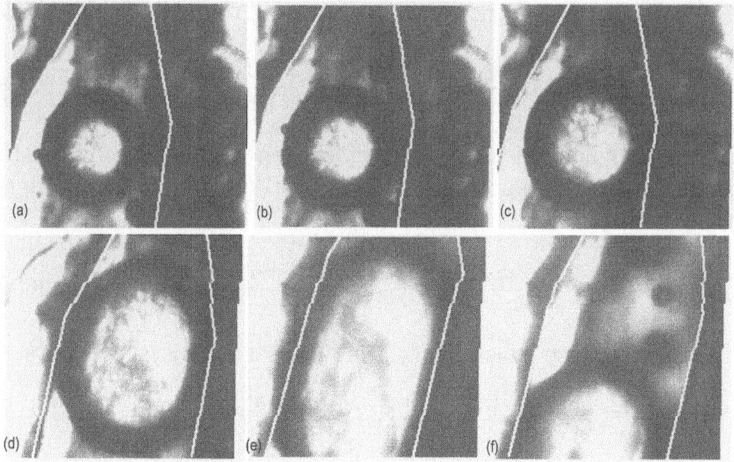

Bild 2.36: Die Bewegung eines Bläschens mittels Elektrolyse

Die Reaktionen an den zwei Elektroden erfolgen durch:

$$\text{Anode}(+) : 2H_2O \to O_2 + 4H^+ + 4e^- \qquad E^0_{\text{Oxi.}} = -1.23V,$$

$$\text{Kathode}(-) : 2H_2O + 2e^- \to H_2 + 2OH^- \qquad E^0_{\text{Red.}} = -0.83V.$$

Die Bildung der O_2- und H_2-Blasen kann für Aktuatorenzwecke benutzt werden. Der Nachteil dieser Methode ist, dass die Rückwärtsreaktion nicht automatisch erfolgt. Die Blasen bleiben, auch wenn der Strom nicht mehr vorhanden ist. Die Rückwärtsreaktion zum Wasser erfolgt auch mit Katalysatoren wie Platin viel langsamer als die Oxidations- und Reduktionsreaktionen.

Beispiel 2.19:   Vergleich zwischen thermischen Blasen und Elektrolyse-Blasen

Bestimme die benötigte Energie für die Erzeugung einer Elektrolyse-Blase. Die Blase hat eine Größe von $200\mu m \times 100\mu m \times 28\mu m$. Vergleiche diesen Wert mit der Energie einer thermischen Blase. Die spezifische Masse des Wasserstoffs und Sauerstoffs sind $0{,}089\,88\,\text{kg/m}^3$ und $1{,}429\,\text{kg/m}^3$. Die Oberflächenspannung des Wassers wird mit 72×10^{-3} N/m angenommen. Die Bildungsenthalpie des Wassers ist $h^0_f = 285{,}83$ kJ/kmol. Das spezifische Volumen und die interne Energie des Wassers sind: $1{,}0029 \times 10^{-3}\,\text{m}^3/\text{kg}$ und $104{,}88\,\text{kJ/kg}$ bei 25 °C; $1{,}673\,\text{m}^3/\text{kg}$ und $2506{,}5\,\text{kJ/kg}$ bei 100 °C.

Als Kontaktwinkel wird 0° angenommen, damit wird der Druck innerhalb der Blase aus dem atmosphärischen Druck p_0 und dem Kohäsionsdruck p_K als:

$$\Delta p = p_0 - p_K = p_0 - \frac{2\sigma_{\text{lg}}}{r} = 10^5 - \frac{4 \times 72 \times 10^{-3}}{28 \times 10^{-6}} \approx 0.9 \times 10^5 \text{Pa} = 0.9 \text{bar}$$

abgeschätzt. Daher können in den Berechnungen Fluideigenschaften für 1 bar angenommen werden. Die spezifische Masse des Wasserstoffs und Sauerstoffs in der Elektrolyse-Blase ist:

$$\rho_{\text{Blase}} = \frac{\rho_{\text{Sauerstoff}} + 2\rho_{\text{Wasserstoff}}}{3} = \frac{1{,}429 + 2 \times 0{,}08988}{3} = 0{,}5363 \text{kg/m}^3.$$

Die für diese Elektrolyse-Blase benötigte Wassermenge ist:

$$m = V\rho_{\text{Blase}} = 2 \times 10^{-4} \times 10^{-4} \times 28 \times 10^{-6} \times 0{,}5363 = 30{,}03 \times 10^{-14} \text{kg}.$$

Die Molanzahl dieser Menge ist:

$$n = \frac{m}{M_{\text{Wasser}}} = \frac{30{,}03 \times 10^{-14}}{18} = 1{,}67 \times 10^{-14} \text{kmol}.$$

Die Energie für die Erzeugung der Elektrolysen-Blase ist:

$$\Delta U_{\text{Elektrolyse}} = nh^0_f = 1{,}67 \times 10^{-14} \times 285{,}83 \approx 477 \times 10^{-14} \text{kJ} = 477 \times 10^{-11} \text{J}.$$

Die notwendige Wassermenge für die thermische Blase ist:

$$m = \frac{V}{v} = \frac{2 \times 10^{-4} \times 10^{-4} \times 28 \times -6}{1{,}673} = 33{,}47 \times 10^{-14}\text{kg}.$$

Wird der Wärmeverlust vernachlässigt, ist die für die thermische Blase benötigte Energie:

$$\Delta U_{\text{Thermisch}} = m(u_2 - u_1) = 33{,}47 \times 10^{-14}(2506{,}5 - 104{,}88) \times 10^3 = 0{,}804 \times 10^{-6}\text{J}.$$

In beiden Fällen ist die Expansionsarbeit der Blase:

$$W = p\Delta V = 10^5 \times (2 \times 10^{-4} \times 10^{-4} \times 28 \times 10^{-6}) = 56 \times 10^{-9}\text{J}.$$

Der Wirkungsgrad der Elektrolyse-Blase und der maximale Wirkungsgrad der thermischen Blase sind:

$$\eta_{\text{Elektrolyse}} = \frac{W}{W + \Delta U_{\text{Elektrolyse}}} = \frac{56 \times 10^{-9}}{56 \times 10^{-9} + 477 \times 10^{-11}} \approx 100\%$$

$$\eta_{\text{Thermisch,max}} = \frac{W}{W + \Delta U_{\text{Thermisch}}} = \frac{56 \times 10^{-9}}{56 \times 10^{-9} + 0{,}804 \times 10^{-6}} = 6{,}51\%.$$

Das Beispiel zeigt, dass der Energiebedarf einer thermischen Blase fast zwei Größenordnungen höher als der einer Elektrolyse-Blase ist.

3 Technologien zur Herstellung mikrofluidischer Systeme

Der Entwurf mikrofluidischer Systeme ist oft durch ihre Herstellungstechnologien bedingt. Dieses Kapitel gibt einen Überblick über mögliche Mikrotechnologien zur Herstellung mikrofluidischer Systeme. Viele dieser Technologien werden zur Herstellung der im Kapitel 6, 7 und 8 beschriebenen Entwurfsbeispiele verwendet.

3.1 Die Basistechnologien

3.1.1 Fotolithografie

Lithografie ist die wichtigste Technik in der Mikroelektronik. Diese Technik wird auch in der Mikrosystemtechnik benutzt. Fotolithografie kann nach der Strahlungsart kategorisiert werden [140]: Fotolithografie, Elektronenlithografie, Röntgenstrahl-Lithografie und Ionenstrahllithografie. Fotolithografie und Röntgenstrahl-Lithografie werden in der Mikrosystemtechnik oft benutzt.

Die Fotolithografie ist die zweidimensionale Strukturierung einer Resistschicht mit Hilfe einer Maske. Die Eigenschaften des Resists werden durch die Bestrahlung geändert. Durch den Entwicklungsprozess können selektiv die bestrahlten (für positive Resiste) oder die unbestrahlten (für negative Resiste) Resistbereiche abgetragen werden. Die Maske ist normalerweise eine Glasplatte mit Metallstrukturen. Für relativ große mikrofluidische Strukturen sind in vielen Fällen Folien mit Maskenstrukturen ausreichend, die von einem hochauflösenden Laserdrucker bedruckt sind. Mit speziellen Techniken wie Graustufenmasken können dreidimensionale Strukturen gebildet werden. Fotolithografie wird weiter in Proximity- und Projektionsverfahren gegliedert. Beim Proximityverfahren hängt die Auflösung b von der Fresnel-Beugung und damit von der optischen Wellenlänge λ und dem Abstand s zwischen der Maske und dem Resist ab:

$$b = 1{,}5\sqrt{\lambda s}. \tag{3.1}$$

Die Auflösung der Projektionsbelichtung hängt nur von der Wellenlänge und der numerischen Apertur NA der projizierenden Optik ab:

$$b = \frac{\lambda}{2\mathrm{NA}}. \tag{3.2}$$

Zur Herstellung von mikrofluidischen Komponenten wird häufig die Fotolithografie von dicken Resisten angewendet. Wegen der hohen Schichtdicke und der benötigten hohen Aspektverhältnisse werden spezielle Resiste wie SU-8 und Hochenergie-Strahlungen wie Röntgenstrahlung benötigt. Auf diese Technologien wird im Abschnitt 3.3 näher eingegangen.

3.1.2 Schichterzeugungsverfahren

Chemische Gasphasenabscheidung

Chemische Gasphasenabscheidung (*Chemical Vapour Deposition*, CVD) ist eine wichtige Technik zur Erzeugung von Funktionalschichten auf einem Substrat. In einem CVD-Prozess werden gasförmige Reaktanten zum Reaktionsraum und zur Substratoberfläche transportiert. Das feste Reaktionsprodukt bleibt auf der Substratoberfläche als Funktionalschicht, während der Rest in gasförmiger Form aus dem Reaktionsraum abtransportiert wird.

Thermische Oxidation

Thermische Oxidation wird zur Herstellung dünner Siliziumoxid-Schichten von hoher Qualität gebraucht. Obwohl Siliziumoxid mit dem CVD-Prozess hergestellt werden kann, ist die Schichtdicke und die Qualität des CVD-Oxids schwer zu kontrollieren. Der Nachteil der thermischen Oxidation ist die Existenz einer Siliziumoberfläche. Thermische Oxidation wird nach dem Oxidationsmittel in Trockenoxidation und Feuchtoxidation gegliedert. Trockenoxidation erfolgt im reinen Sauerstoff bei etwa 800 °C bis 1 200 °C. Wasserdampf wird für die Reaktion der Feuchtoxidation gebraucht.

Physikalische Gasphasenabscheidung

Physikalische Gasphasenabscheidung (*Physical Vapour Deposition*, PVD) erzeugt eine Funktionalschicht direkt aus einer Materialquelle ohne jegliche chemische Reaktion. PVD-Prozesse werden vor allem für die Herstellung leitfähiger Schichten verwendet. PVD-Prozesse werden in Verdampfung und Sputtern unterschieden.

Verdampfung sublimiert die Materialschicht aus einer Materialquelle im Vakuum bei einer hohen Temperatur. Verdampfungsverfahren werden nach ihren Heiztechniken gegliedert: thermische Verdampfung im Vakuum (*vacuum thermal evaporation*, VTA), Elektronenstrahlverdampfung (*electron beam evaporation*, EBE), *molecular beam epitaxy* (MBE) und reaktive Verdampfung (*reactive evaporation*, RE)[32]. VTA und EBE sind die universell einsetzbaren Verfahren. Legierungen können mit zwei oder mehreren Quellen abgeschieden werden. Die Qualität der abgeschiedenen Schicht ist aber viel schlechter als beim Sputtern.

Sputtern ist das wichtigste physikalische Abscheideverfahren. Atome werden aus der Materialquelle, dem Sputtertarget, mit beschleunigten Edelgasatomen wie z. B. Argon bombardiert. Das Argongas wird in einem starken elektromagnetischen Feld ionisiert. Die positive Argonionen werden zu dem Sputtertarget, das als Kathode wirkt, beschleunigt. Die herausgeschleuderten Targetatome kondensieren auf der Substratoberfläche.

Sol-Gel-Abscheidung

Sol-Gel-Abscheidung erfolgt durch das Aufschleudern der Lösung aus einem löslichen Polymerkompositum und einem Lösungsmittel. Nach dem Aufschleudern bildet sich eine gelatinöse Schicht auf der Substratoberfläche. Das Lösungsmittel wird danach evaporiert. Der feste Film des Polymerkompositums verbleibt auf dem Substrat. Diese Technik kann auch zur Herstellung vieler Keramikschichten wie Bleizirkonat-Bleititanat (lead zirconate titanate, PZT) verwendet werden.

Aufschleuderbeschichtung

Wie oben bereits erwähnt wurde, ist das Aufschleudern die einfachste Methode zur Herstellung einer Materialschicht auf einem Substrat. Aufschleudern wird oft zur Beschichtung von Polymeren oder chemischen Präkursoren auf einem Polymer benutzt. Die wichtigsten Polymere der Mikrotechnologien sind Resiste für die Fotolithografie.

Die polymere Lösung wird zuerst auf den Substratwafer getropft. Der Wafer wird dann mit einer hoher Drehgeschwindigkeit in Rotation versetzt. Die aufgeschleuderte Schichtdicke ist eine Funktion der Drehgeschwindigkeit, der Oberflächenspannung und der Viskosität des Resists. Das Lösungsmittel wird während des Aufschleuderns und der nachfolgenden thermischen Behandlung entfernt. Schleuderbeschichtung ergibt eine relativ flache Fläche und kann auch zur Planierung unebener Flächen verwendet werden.

Dotierverfahren

Dotierverfahren gehören zu den Basistechniken der Mikroelektronik. Halbleitermaterialien werden mit Fremdatomen dotiert, um elektrisch leitend zu sein. Zwei grundlegende Dotierverfahren sind die Diffusion und die Ionenimplantation.

Fremdatome wie Bor, Phosphor und Arsen können durch Diffusion aus einer gasförmigen, flüssigen oder festen Quelle in das Substrat gelangen. Der Diffusionprozess besteht aus zwei Phasen: die Einbringung des Dotanden in den oberflächennahen Bereich des Substrats und die Tiefendiffusion (*drive-in diffusion*) bei einer hohen Temperatur. Die zweite Phase stellt das gewünschte Konzentrationsprofil der Dotandenatome ein.

Durch Ionenimplantation werden Dotandenatome ionisiert und auf die Substratoberfläche beschleunigt. Das Konzentrationsprofil nach der Ionenimplantation kann mit einer Tiefendiffusion auf die gewünschte Form eingestellt werden.

SOI (Silicon on Insulator)

Ionenimplantation kann auch mit Sauerstoffatomen erfolgen. Das Ergebnis ist eine dünne Oxidschicht, die etwa 0,1 bis 1 µm unter der Substratoberfläche liegt. Die aus der Ionenbombardierung entstehenden Kristallfehler werden durch eine nachfolgende Temperaturbehandlung repariert. Die einkristalline Siliziumschicht auf der Oberfläche wird als SOI (*silicon on insulator*) bezeichnet. Dieses Herstellungsverfahren wird als SIMOX (*separation by implantation*) bezeichnet.

Für Anwendungen in der Mikromechanik und der Mikrofluidik sind mit SIMOX hergestellte SOI-Schichten zu dünn. Die meisten SOI-Wafer der Mikromechanik werden mit der BESOI-Technik (*bonded etched-back silicon on insulator*) hergestellt. Diese Technik verwendet zwei Siliziumwafer mit einer Oxidschicht auf ihren Oberflächen. Die Wafer werden zuerst zusammengebondet. Ein Wafer wird dann mit chemisch-mechanischem Polieren (CMP, *chemical-mechanical polishing*) auf die gewünschte Dicke abgedünnt. Der Vorteil dieser Technik ist die beliebig einstellbare Dicke der Silizium- und Oxidschicht. Darüber hinaus hat eine BESOI-Schicht keine Kristalldefekte wie SIMOX-SOI.

3.1.3   Abtragungsverfahren

Nasschemisches Ätzen

Nasschemisches Ätzen ist ein Abtragungsverfahren durch chemische Reaktionen. Der Ätzprozess kann durch Eintauchen des Substrats in die Ätzlösung oder Sprühen der Lösung auf die Substratoberfläche realisiert werden. Die meisten nasschemische Ätzprozesse der Mikroelektronik sind isotrop, in anderen Worten, unabhängig von der Kristallorientierung. Anisotrope Ätzprozesse werden im Abschnitt 3.2.1 näher diskutiert.

Wegen der Unterätzung haben isotrope Ätzprozesse Nachteile in der Herstellung gut definierter Mikrokanäle. Das Ätzergebnis hängt auch vom guten Rühren der Ätzlösung ab. Nasschemische isotrope Ätzprozesse werden oft zur Herstellung von Mikrokanälen im Glas benutzt. Die Vorteile dieser Technik sind die hohe Selektivität, die relativ ebenen Ätzflächen, die hohe Reproduzierbarkeit und die kontrollierbare Ätzrate.

Trockenätzen

Trockenätzverfahren werden in drei Gruppen gegliedert: physikalisches Trockenätzen, chemisches Trockenätzen und plasmachemisches Trockenätzen.

Physikalisches Trockenätzen benutzt beschleunigte Ionen, Elektronen oder Photonen, um die Substratoberfläche abzutragen. Substratatome werden durch Teilcheneinschläge aus der Oberfläche aufgeschleudert und anschließend durch die hohe Strahlungsenergie verdampft. Mit dieser Technik können alle Substratmaterialien abgetragen werden, es kann außerdem ein relativ senkrechtes Ätzprofil erreicht werden.

Chemisches Trockenätzen benutzt für die Abtragung chemische Reaktionen zwischen gasförmiger Reaktanten und dem Substratmaterial. Bedingung für das chemischen Trockenätzen sind gasförmige Reaktionsprodukte. Im Sinne des Ätzprofils und der Unterätzung ist diese Ätztechnik ähnlich wie das nasschemische Ätzen und weist eine gute Selektivität auf. Chemisches Trockenätzen wird oft zur Waferreinigung benutzt.

Physikalisch-chemisches Trockenätzen kombiniert die Vorteile des physikalischen und chemischen Trockenätzens. Ionenbombardierung und chemische Reaktionen tragen zur Abtragung des Substrates bei. Physikalisch-chemisches Trockenätzen kann weiter in das reaktive Ionenätzen RIE (*reactive ion etching*), das anodische Plasmaätzen APE (*anodic plasma etching*), das magnetfeldgestützte reaktive Ionenätzen MERIE (*magnetically enhanced reactive ion etching*), das reaktive Ionenstrahlätzen RIBE (*reactive ion beam etching*) und das chemisch unterstützte Ionenstrahlätzen CAIBE (*chemically assisted ion beam etching*) gegliedert werden.

RIE ist die wichtigste Ätztechnik für die Mikrofluidik. Hohe Aspektverhältnisse des Ätzprofils können mit abwechselndem CVD-Verfahren und RIE-Verfahren erreicht werden. Dieses sogenannte DRIE-Verfahren (*deep reactive ion etching*) wird im Abschnitt 3.2.1 näher behandelt.

3.1.4   Strukturübertragungstechniken

Mittels Fotolithografie werden Strukturen auf die Resistschicht übertragen. Die strukturierte Resistschicht wird als Maske für die weitere Strukturübertragung benutzt. Über-

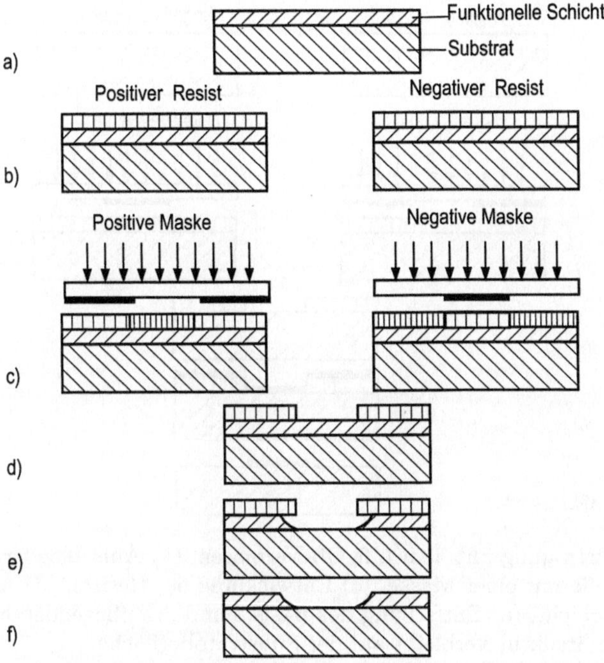

Bild 3.1: Subtraktive Strukturübertragung: (a) Abscheidung der Funktionalschicht, (b) Aufschleudern des Resists, (c) Fotolithografie mit einer Maske, (d) Entwicklung des Resists, (e) Selektives Ätzen der Funktionalschicht mit der Resistschicht als Maske, (f) Die Struktur ist auf die Funktionalschicht übertragen

tragungsverfahren werden nach der Strukturbildung in substraktive und additive Übertragung gegliedert.

Substraktive Übertragung

Wird die Resistmaske als Ätzmaske für die Abtragung der darunterliegenden Schicht benutzt, wird die Struktur durch selektives Ätzen übertragen. Bild 3.1 zeigt die typischen substraktiven Übertragungsverfahren. Zuerst wird das funktionelle Material auf das Substrat abgeschieden. Nach dem Aufschleudern einer Resistschicht wird die Struktur der Maske mittels Fotolithografie in die Resistschicht übertragen. Das gewünschte Muster auf dem Resist kann durch die entsprechende Wahl der Masken und Resiste erreicht werden. Nach der Entwicklung der Resistschicht wird die Funktionalschicht selektiv der Ätzlösung ausgesetzt. Nach dem Ätzprozess verbleibt die strukturierte Schicht auf der Substratoberfläche.

Additive Übertragung

Additive Übertragung wird auch als Lift-Off-Verfahren bezeichnet. Die Schritte dieses Verfahrens sind im Bild 3.2 dargestellt. Das Funktionalmaterial wird direkt auf der struk-

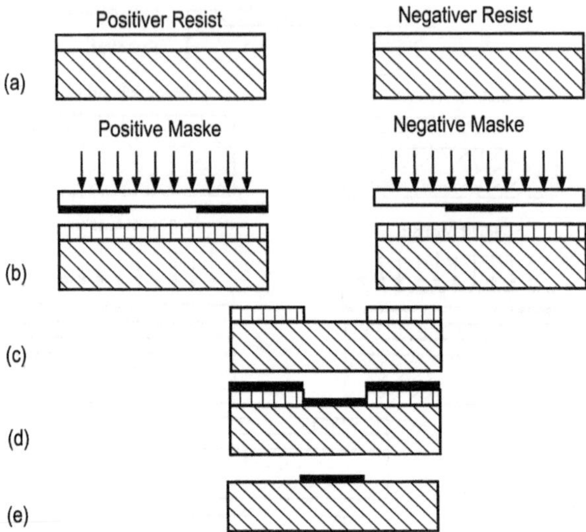

Bild 3.2: Strukturübertragung mit dem Lift-Off-Verfahren: (a) Aufschleudern des Resists, (b) Fotolithografie mit einer Maske, (c) Entwicklung des Resists, (d) Abscheidung der Funktionalschicht, (e) Entfernung des Resists und draufliegenden Materialien, die übertragene Struktur verbleibt auf der Substratoberfläche

turierten Resistschicht abgeschieden. Bei Entfernung der Resistschicht mit Azeton wird auch das darauffliegende Funktionalmaterial abgelöst. Das strukturierte Funktionalmaterial bleibt auf der Substratoberfläche. Lift-Off-Verfahren werden oft zur Herstellung von Metallstrukturen verwendet.

Eine weitere additive Übertragungstechnik ist die selektive Galvanobeschichtung. Dieses Verfahren beginnt mit der Abscheidung einer dünnen Metallschicht. Nach dem Aufschleudern und Entwickeln einer dicken Resistschicht wird die Metallschicht als Funktionalmaterial galvanisch abgeschieden. Die LIGA-Technik (Lithografie, Galvanoformung, Abformung) benutzt eine PMMA-Schicht als Resistmaterial. Der Vorteil der Galvanobeschichtung gegenüber dem Lift-Off-Verfahren mit Sputtern sind die geringen Kosten und die schnelle Abscheidungsrate. Nachteil ist, dass die Abscheidungsrate von der Intensität des elektrischen Felds abhängt. Nach der Entfernung der Resistschicht kann die galvanisch abgeschiedene Struktur als Gussform für Kunststoffteile wie Mikrokanäle, Mikroventile und Mikropumpen benutzt werden. Dieses Verfahren wird im Abschnitt 3.3.1 näher behandelt.

3.2   Siliziumtechnologien für die Mikrofluidik

3.2.1   Volumenmikromechanik

Volumenmikromechanik erfolgt durch die Bearbeitung des gesamten Wafervolumens. Im Gegensatz zur traditionellen Mikroelektronik werden in der Volumenmikromechanik alle drei Dimensionen gebraucht. Die zwei bedeutendsten Verfahren der Volumenmikromechanik sind anisotropes nasschemisches Ätzen und anisotropes Trockenätzen.

Anisotropes nasschemisches Ätzen

Die Ätzrate des einkristallinen Siliziums in einer basischen Lösung hängt von der Kristallorientierung ab. Ätzlösungen für Silizium müssen Hydrooxidionen zur Verfügung stellen. Diese Ätzlösungen können in den folgenden Gruppen gegliedert werden:

- Die binäre wässerige Lösung der Alkalihydroxide wie KOH, NaOH, CsOH, RbOH, LiOH,
- Die binäre wässerige Lösung der Ammoniumhydroxide wie NH_4OH und TMAH (tetramethyl ammonium hydroxide) $(CH_3)_4NOH$,
- EDP (*ethylenediamine pyrochatechol*), eine Mischung von $NH_2(CH_2)_2NH_2$, $C_6H_4(OH)_2$ und Wasser. EDP ist sehr giftig und kann Krebs verursachen.

Die Ätzreaktion mit Silizium erfolgt durch die folgenden Schritte [66]:

$$Si + 2OH^- \rightarrow Si(OH)_2^{2+} + 4e^-$$

$$4H_2O + 4e^- \rightarrow 4OH^- + 2H_2 \tag{3.3}$$

$$Si(OH)_2^{2+} + 4OH^- \rightarrow SiO_2(OH)_2^{2-} + 2H_2O$$

Der Ätzprozess kann durch die folgende Gesamtgleichung beschrieben werden:

$$Si + 2OH^- + 2H_2O \rightarrow SiO_2(OH)_2^{2-} + 2H_2. \tag{3.4}$$

Atome in der $\{111\}$-Ebene haben die stärksten Bindungskräfte. Daher ist die Ätzrate in der $\{111\}$-Ebene im Vergleich zu anderen Kristallebenen um eine bis zwei Größenordnungen niedriger. Die Anisotropie des Ätzprozesses wird durch die unterschiedlichen Ätzraten verursacht. Bild 3.3 illustriert typische Ätzprofile unterschiedlicher Waferorientierungen.

Die Ätzrate hängt stark von der Temperatur und der Konzentration des Ätzmittels ab. Kontrollierbare Ätzraten für die Konstruktion dreidimensionaler Strukturen werden mit drei wesentlichen Ätzstoptechniken realisiert:

- Ausnutzung der Selektivität des Ätzmittels, Beschichtung mit Schutzschichten wie Siliziumnitrid oder Siliziumoxid,
- Anisotropie der Ätzraten,
- Kontrollierbare Löchererzeugung im Silizium.

Kontrollierbare Löchererzeugung wird durch den Dotierungspegel im Silizium realisiert. Gleichung (3.2.1) zeigt, dass die Verfügbarkeit der Elektronen sehr wichtig für die Ätzreaktion ist. Für das Abtragen eines Siliziumatoms werden vier Elektronen gebraucht. Es gibt zwei Methoden zur Kontrolle der Elektronenverfügbarkeit:

- Hohe Borkonzentrationen im Silizium,
- Elektrochemisches Ätzen mit einem pn-Übergang.

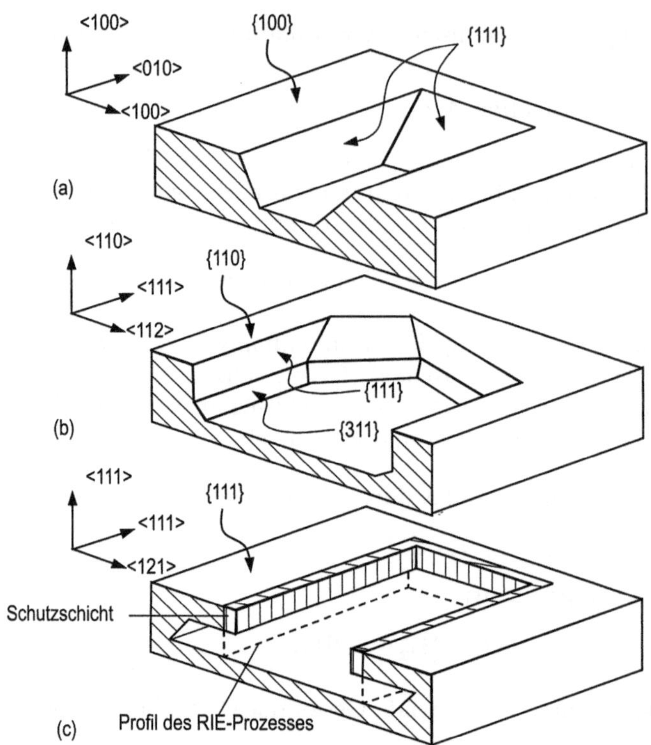

Bild 3.3: Ätzprofile unterschiedlicher Waferorientierungen: (a) {100}; (b) {110}, (c) {111}

Boratome werden im Silizium durch die Diffusion aus einer festen oder gasförmigen
Quelle dotiert. Siliziumoxid oder Siliziumnitrid können in diesem Prozess als Diffusions-
barriere benutzt werden. Die hohe Borkonzentration stellt den Löcherüberfluss dar. Die
freigelassene Elektronen in (3.2.1) rekombinieren mit den Löchern. Demzufolge gibt es
nicht genug Elektronen für das Abtragen der Siliziumatome.

Mit dem Anlegen einer Spannung an einem pn-Übergang wird die Elektronenverfügbarkeit durch den Spannungsabfall kontrolliert. Mit n-Silizium als Anode und p-Silizium
als Kathode wird n-Silizium so lange geätzt, bis der pn-Übergang verschwindet.

Anisotropes Trockenätzen

Anisotropes Trockenätzen hängt nicht von der Kristallorientierung des Siliziumwafers ab.
Die Ätzfront ist parallel zur Waferoberfläche, während die Seitenwand senkrecht zu der
Oberfläche steht. Diese Verfahren ermöglichen Ätzprofile mit einem relativ hohen Aspektverhältnis. Konventionelles chemisch-physikalisches Trockenätzen in der Mikroelektronik
(Abschnitt 3.1.3) ergibt keine senkrechte Seitenwand. Diese Verfahren verursachen oft
einen trapezförmigen Ätzgraben, weil der obere Teil des Ätzgrabens länger dem Ätzangriff
ausgesetzt wird. Um ein senkrechtes Ätzprofil zu erreichen, muss deshalb die Seitenwand
geschützt werden. Es gibt zwei wesentliche Techniken zum anisotropen Trockenätzen:

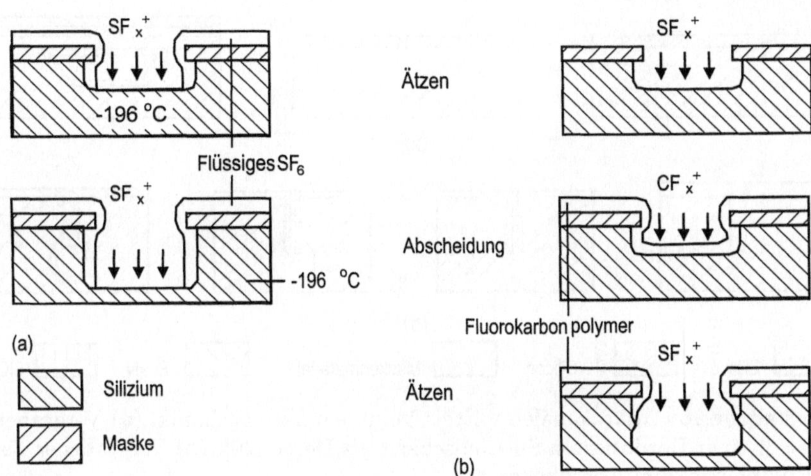

Bild 3.4: Anisotropes Trockenätzen: (a) Tieftemperaturkühlung, (b) Abwechselnde chemische Gasphasenabscheidung

- Seitenwandschutz mit Tieftemperaturkühlung und
- Seitenwandschutz mit abwechselndem chemischen Gasphasenabscheidungen.

In der ersten Technik wird das Substrat durch flüssigen Stickstoff auf eine sehr niedrige Temperatur gekühlt. Bei dieser Tieftemperatur kondensieren Ätzgase wie SF_4 ode O_2 auf der Ätzgrabenoberfläche. Während diese Flüssigkeiten die Seitenwand schützen, werden sie an der Ätzfront von Ionen abgetragen. Der ungeschützte Boden wird daher weiter ins Substrat geätzt, Bild 3.4a.

Die zweite Technik benutzt chemische Gasphasenabscheidung, um die Seitenwand zu schützen. Der Ätzzyklus besteht aus den zwei Phasen: Ätzen und Abscheidung. Während der Ätzphase wird Silizium mit SF_6 geätzt. In der Abscheidungsphase wird eine dünne Schicht des Fluorokarbonpolymers auf der Grabenoberfläche mit C_4F_4 abgeschieden. Im nächsten Zyklus wird der Grabenboden durch die Ionenbombardierung dem Ätzgas ausgesetzt. So dringt die Ätzfront weiter ins Substrat ein, Bild 3.4b [67].

3.2.2 Herstellung von Mikrokanälen mit Volumenmikromechanik

Die einfachsten und zugleich wichtigen Komponenten eines mikrofluidischen Systems sind Mikrokanäle. Mikrokanäle können mittels Volumenmikromechanik auf zwei Wegen hergestellt werden:

- Ätzen und anschließendes Bonden,
- Ätzen und Vergraben.

Zur Herstellung von Mikrokanälen im Silizium oder im Glas können isotropes und anisotropes Ätzen benutzt werden. Die Kanäle werden zuerst geätzt und anschließend mit einem zweiten Wafer gebondet. Bondtechniken (Abschnitt 3.5) erlauben die Realisierung unterschiedlicher Silizium-Silizium-, Silizium-Glas- und Glas-Glas-Waferverbünde.

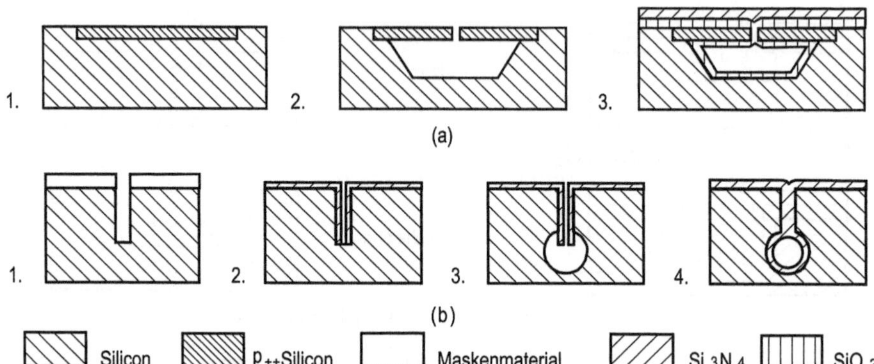

Bild 3.5: Herstellung von Mikrokanälen mittels Volumenmikromechanik: (a) Vergrabener Kanal mit einer Bordotierten Siliziumschicht als Decke [20], (b) Vergrabener Kanal mit Siliziumnitrid zum Abschließen [24]

Die Herstellung von Mikrokanäle aus zwei Wafern hat den Nachteil der erforderlichen genauen Justierung und sowie technischer Probleme während des Bondprozesses. Daher wird die Herstellung der Mikrokanäle in einem einzigen Wafer bevorzugt. Diese Methode besteht in der Herstellung eines vergrabenen Kanals im Substrat und die anschließende Abdeckung des Kanals. Bild 3.5 zeigt zwei Herstellungsbeispiele von vergrabenen Mikrokanälen.

3.2.3 Oberflächenmikromechanik

Oberflächenmikromechanik mit Polysilizium

Die Technik der Polysilizium-Oberflächenmikromechanik kann durch vier wesentliche Schritte charakterisiert werden [18]:

- Substratpassivierung und Verbindungen,
- Abscheidung und Strukturierung der Opferschicht,
- Abscheidung, Dotierung und Wärmebehandlung des strukturellen Polysiliziums und
- Freilegen der Mikrostruktur.

Oberflächenmikromechanik wird in der Mikrofluidik selten benutzt, weil der Schichtaufbau nur flache Strukturen ermöglicht. Strukturen mit hohen Aspektverhältnissen brauchen eine dicke Opferschicht sowie eine dicke Funktionalschicht, die wiederum unzumutbar lange Abscheidungszeit braucht. Oberflächenmikromechanik kann jedoch für unebene Strukturen wie Gräben mit hohen Aspektverhältnissen benutzt werden, um dreidimensionale Strukturen herzustellen. Dieses Verfahren wird als HEXSIL bezeichnet [62].

Der HEXSIL-Prozess beginnt mit DRIE-Ätzen des Substratwafers. Die tiefen Gräben werden dann mit Siliziumoxid als Opferschicht beschichtet. Danach wird Polysilizium über die Opferschicht abgeschieden. Nach dem Ätzen der Opferschicht wird eine Polysiliziumstruktur mit einem hohen Aspektverhältnis freigelegt. HEXSIL ist eigentlich ein Abgussverfahren mit einkristallinem Silizium als Gussform. Mit diesem Verfahren können hohle Nadeln hergestellt werden, wie später in diesem Abschnitt beschrieben wird.

Oberflächenmikromechanik mit einkristallinem Silizium

Oberflächenmikromechanik mit einkristallinem Silizium verwendet die obere einkristalline Siliziumschicht als Funktionalmaterial. Diese Schicht wird durch das Ätzen einer darunterliegenden Opferschicht freigelegt. Alle Techniken benutzen DRIE zur Strukturierung der Gräben mit hohen Aspektverhältnissen. Sie unterscheiden sich jedoch durch den Typ der Opferschicht. Die wichtigsten Techniken der Oberflächenmikromechanik im einkristallinem Silizium sind nachfolgend aufgelistet.

- SCREAM (*single crystal reactive etching and metalization*) ist ein Einmaskenprozess im einkristallinem Silizium. Zuerst wird die Funktionalstruktur mit DRIE geätzt. Dann wird die Oberfläche der Gräben mit einer CVD-Oxidschicht geschützt. Ein weiterer DRIE-Schritt öffnet den Boden der Gräben. Ein nachfolgender Trockenätzprocess mit SF_6 unterätzt und legt die Funktionalstrukturen frei, während die Seitenwand von der Oxidschicht geschützt wird [128].

- SIMPLE (*silicon micromachining by single step plasma etching*) verwendet eine Epitaxieschicht als das Funktionalmaterial. Die Opferschicht ist ein Bereich, der mit hoher Phosphorkonzentration dotiert wird. Ein SIMPLE-Prozess beginnt mit der Dotierung der Opferschicht. Die nachfolgende Epitaxiezüchtung vergräbt die Opferschicht. Die Funktionalstruktur und das ganze Substrat werden mit BCl_3 anisotrop geätzt. Ein zusätlicher isotropischer Ätzschritt der Opferschicht mit einer Mischung von BCl_3 und Cl_2 legt die Funktionalstruktur frei [71].

- SOI-Wafer (*silicon on insulator*)

  hat eine Einkristallsiliziumschicht auf der Oberfläche und eine vergrabene Oxidschicht. Eine Oxidschicht wird als die Opferschicht zur Freilegung der Funktionalstruktur benutzt [26].

- BSM (*black silicon method*) benutzt $SF_6/O_2/CHF_3$-Plasma. Die typische schwarze Ätzfläche verleiht diesem Verfahren seinen Namen. Der Ätzprozess zur Freilegung der Opferschicht ist ähnlich zu SIMPLE und SOI [58].

- PSM (*porous silicon method*) benutzt eine phosphordotierte Epitaxieschicht als das Funktionalmaterial und poröses Silizium als das Opfermaterial. Der PSM-Prozess beginnt mit der Erzeugung des porösen Siliziums mit elektrochemischem Ätzen in einer HF-Lösung. Nach der Züchtung wird die Epitaxieschicht mit RIE strukturiert. Im letzten Schritt wird das poröse Silizum mit einer KOH-Lösung entfernt. Die Funktionalstruktur wird damit freigelegt [9].

- SBM (*surface/bulk micromachining*) ist eine Kombination zwischen dem DRIE-Verfahren und dem anisotropen Unterätzen eines (111)-Siliziumwafers. Die Seitenwand der Gräben wird mit einer Oxidschicht geschützt. Nach der Öffnung des Grabenbodens wird Silizium anisotrop in KOH geätzt. Die Ätzfront erlaubt die Unterätzung und die Freilegung der Funktionalstruktur [70].

3.2.4 Herstellung von Mikrokanälen mit Oberflächenmikromechanik

Bild 3.6 zeigt einige Herstellungsbeispiele von Mikrokanälen mit der Oberflächenmikromechanik. Die konventionelle Oberflächenmikromechanik mit Polysilizium kann relativ flache Kanäle erzeugen. Der Herstellungsprozess startet mit der Abscheidung einer Opferschicht, Bild 3.6a1. Die Kanalhöhe wird von der Dicke der Opferschicht bestimmt. Nachdem Ätzfenster geöffnet werden, wird die Opferschicht im Kanal entfernt, Bild 3.6a2. Die nachfolgende Abscheidung dichtet den Kanal ab, Bild 3.6a3 [72].

Der oben erwähnte HEXSIL-Prozess kann zur Herstellung hohler Nadeln benutzt werden. Die Gussform wird mittels konventioneller Volumenmikromechanik wie DRIE oder dem nasschemischen anisotropen Ätzen hergestellt, Bild 3.6b1. Eine Oxidschicht wird als die Opferschicht über die ganze innere Wand der Gussform abgeschieden, Bild 3.6b2. Die nachfolgende Abscheidung des Polysiliziums formt die Nadelwand. Nach der Entfernung des Siliziumoxids wird die Nadel freigelassen, Bild 3.6b3 [136]. Die Siliziumgussform kann zur Herstellung neuer Nadeln wieder verwendet werden. Silizium kann in diesem Abformungsverfahren auch als Opferschicht benutzt werden. Bild 3.6c1 zeigt die Herstellung der Kanalwand mit einer Oxid-Nitrid-Schicht. Nach dem anodischen Bonden mit einem Glaswafer (Bild 3.6)c2, wird das Siliziumsubstrat entfernt. Dieser Prozess erzeugt einen Oxide-Nitride-Mikrokanal auf einem Glassubstrat, Bild 3.6c3 [133].

Die Kombination der galvanischen Abscheidung und der Fotolithografie eines dicken Resists kann Metallkanäle erzeugen. Der Prozess beginnt mit der galvanischen Abscheidung der unteren Seite des Mikrokanals, Bild 3.6d1. Fotolithografie einer dicken Resistschicht definiert die Form des Kanals. Ein weiterer Abscheidungsschritt formt die Seitenwand. Nach dem Sputtern einer dünnen Metallschicht wird die obere Seite des Kanals mittels galvanischer Abscheidung gebildet, 3.6d2. Der hohle Kanal entsteht nach der Entfernung des Resists, 3.6d3 [106].

Die Herstellung von Mikrokanälen wird in diesem Abschnitt getrennt nach Volumenmikromechanik und Oberflächenmikromechanik behandelt. Diese zwei Mikrotechniken können aber auch kombiniert benutzt werden, um komplexere Kanalnetzwerke zu bauen. Die Integration von aktiven mikrofluidischen Komponenten wie Mikropumpen und Mikroventile benötigt oft beide Mikrotechniken und ihre modifizierten Formen.

3.3 Polymere Mikromechanik

Polymere Mikrotechnologien benutzen Kunststoffe als Funktionalwerkstoffe. Die bekannteste polymere Technik ist LIGA, die Basistechniken wie Fotolithografie eines dicken Resists, galvanische Abscheidung und Mikroguss umfasst. Dieser Abschnitt diskutiert die folgenden polymeren Mikrotechniken:

- Lithografie eines dicken Resists,
- Polymere Oberflächenmikromechanik,
- Weiche Lithografie,
- Mikrostereobestrahlung und
- Mikroguss.

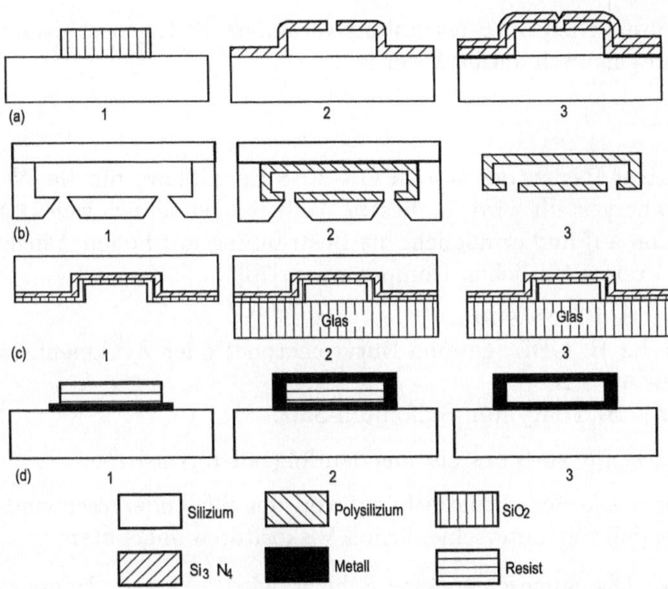

Bild 3.6: Herstellung von Mikrokanälen mit Oberflächenmikromechanik: (a) Kanal aus Polysilizium, (b) Gegossener Kanal aus Silizium, (c) Oxid/Nitrid-Kanal, (d) Kanal aus Metall

3.3.1 Fotolithografie der dicken Resiste

Die zwei wichtigsten dicken Resiste der Mikrofluidik sind PMMA (*Polymethylmethacrylate*) und SU-8. Im folgenden wird die Bearbeitung dieser Materialien mittels Fotolithografie behandelt.

PMMA

PMMA wurde ursprünglich als Resistschicht für die LIGA-Technik benutzt [7]. In der Mikrofluidik tritt PMMA als ein Werkstoff mit guten chemischen und optischen Eigenschaften hervor. PMMA hat unterschiedliche Handelsnamen wie Acrylic, Lucite, Oroglas, Perplex und Plexiglas. PMMA kann mit unterschiedlichen Methoden auf einem Substrat aufgebracht werden:

- *Mehrfaches Aufschleudern* des PMMA-Resists: Diese Methode verursacht Stress an den Grenzflächen der Schichten.
- *Lamellierung* einer dünnen PMMA-Platte: Die Lamellierung erfolgt mit einer dünnen MMA (methyl methacrylate)-Monomer-Schicht, die als der Klebstoff wirkt [41].
- *Polymerisation*: PMMA wird direkt auf dem Substrat polymerisiert [93][42].

Die Fotolithografie von PMMA braucht energiereiche Röntgenstrahlung mit Wellenlängen von 0,2 nm bis zu 2 nm. Die Maske wird aus Beryllium oder Titan hergestellt. Absorberwerkstoffe sind schwere Metalle wie Gold, Wolfram oder Tantal. Dickere Absorberschicht erlaubt höhere Strahlungsenergie und logischerweise hohe Aspektverhältnisse der PMMA-Strukturen. Die Röntgenstrahlung verändert die Eigenschaften der bestrahlten Bereiche, die dann chemisch entfernt werden.

SU-8

SU-8 ist ein negativer Resist, der von EPON SU-8 Epoxidharz für die Wellenlängen von 365 nm zu 436 nm hergestellt wird. In diesem Wellenlängenbereich weist SU-8 eine geringe optische Absorption auf und ermöglicht die Bestrahlung mit hohen Aspektverhältnissen. SU-8 besteht aus drei wesentlichen Komponenten [76]:

- Epoxidharz z. B. EPON SU-8,
- Lösungsmittel z. B. GBL (gamma-Butyrolactone) oder Zyklopentanon (CP) in der neuen Familie SU-8 2000,
- Fotoinitiator z. B. Triarylium-Sulfonium-Salz.

Ein Standardprozess für SU-8 besteht aus den folgenden Schritten:

- *Aufschleudern*: Die Schichtdicke hängt von der Schleudergeschwindigkeit ab. SU-8 wird kommerziell mit unterschiedlichen Viskositäten angeboten.

- *Weichbacken*: Die aufgeschleuderte Schicht wird auf zwei Temperaturstufen z. B. 65 °C und 95 °C behandelt, um das Lösungsmittel zu befreien.

- *Bestrahlung*: Die Resistschicht wird mit einer Wellenlänge von etwa 350 nm bestrahlt. Die Bestrahlung ermöglicht die Polymerisation des SU-8-Resists.

- *Backen nach der Bestrahlung*: Die polymerisierte Resistschicht wird mit zwei Temperaturstufen thermisch behandelt.

- *Entwicklung*: Die unbestrahlten Bereiche werden mit Lösungsmitteln entfernt. Die polymerisierten Bereiche bleiben auf dem Substrat.

- *Hartbacken*: Die fertigen Strukturen können weiter thermisch behandelt werden. Hartbacken kann jedoch einen hohen Stress in der SU-8-Schicht verursachen.

- *Entfernung*: SU-8 lässt sich sehr schwierig entfernen. Typische Entfernungsmethoden sind Ätzen in Säuren, Laserablation und RIE.

SU-8 wird in der Mikrofluidik als Funktionalwerkstoff für Mikrokanäle, Mikropumpen und Mikroventile benutzt. Darüber hinaus ist SU-8 eine kostengünstige Alternative zu DRIE bei der Herstellung der Gussform für die Weichlithografie. Positive Dickschichtresiste AZ4562 und AZ9620 können zum gleichen Zweck wie das SU-8-Resist benutzt werden. Die Aspektverhältnisse dieser Resiste (~ 10) sind jedoch schlechter als des SU-8-Resists (20-25) oder des PMMAs (~ 500).

Beispiel 3.1:   Entwicklung eines polymeren Prozesses mit SU-8 auf PMMA-Substrat

Dieses Fallbeispiel präsentiert einen polymeren Prozess mit der Funktionalschicht und dem Substrat aus Kunststoffen. Der Prozess benutzt einen PMMA-Wafer als Trägersubstrat und SU-8 2050 und SU-8 2100 (MicroChem Corp., USA) als Funktionalmaterialien.

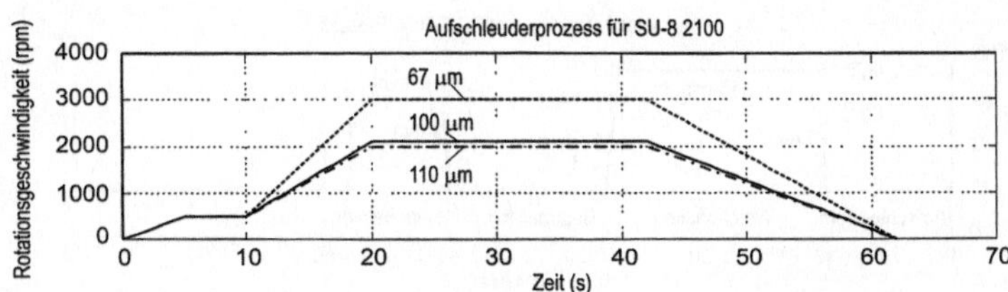

Bild 3.7: Aufschleuderprozess

Folgende Maschinen werden für den Prozess gebraucht:

- Aufschleudermaschine P6708 (Specialty Coating Inc., USA),
- Programmierbarer Ofen (Binder, Fisher General Scientific Pte Ltd, Singapore),
- Präzisionswaage (Electronic balance PB 2200),
- Belichtungsanlage (RV620, EV Group, Japan).

Der Prozess beginnt mit der Vorbereitung des PMMA-Wafers. Der thermische Ausdehnungskoeffizient von PMMA ist 60 ppm/K im Vergleich zu 52 ppm/K von SU-8. Die nahezu gleiche thermische Ausdehnung verhindert die Bildung von Mikrorissen in der SU-8-Schicht. Eine 1 mm-dicke PMMA-Platte wird mit einem Lasercutter in einen Wafer mit dem Durchmesser von 10 cm geschnitten. Der PMMA-Wafer wird dann mit Isopropyl-Alkohol (IPA) und Wasser gereinigt. Azeton soll für diesen Zweck nicht benutzt werden, weil es PMMA angreift. Der PMMA wird im Ofen bei 90 °C und 30 Minuten getrocknet.

Zuerst wird eine Schicht des Resists SU-8 2050 auf dem PMMA-Substrat aufgeschleudert und bestrahlt. Die Dicke und die Rotationsgeschwindigkeit sind in diesem Prozess nicht wichtig, weil diese Schicht als Basisschicht für die spätere 100 µm-Funktionalschicht dient.

Danach wird die Funktionalschicht aus SU-8 2100 auf der bereits polymerisierten SU-8-Schicht aufgeschleudert. Der Aufschleuderprozess folgt einem genauen Rezept für die exakte Schichtdicke. Bild 3.7 zeigt die Rezepte für die unterschiedlichen SU-8-2100-Schichten von 67 µm, 100 µm und 110 µm.

Bild 3.8 zeigt die Temperaturverläufe des Weichback- und Nachbackprozesses für SU-8 2050 (a) und SU-8 2100 (b, c). Dieser Prozess ermöglicht die Herstellung mikrofluidischer Systeme nur aus Kunststoffen. Bild 3.9 zeigt ein Ergebnis dieses Prozesses. Der Nachteil dieses Prozesses ist der relativ weiche PMMA-Wafer (Elastizitätsmodul von 3,2 GPa gegenüber 130 GPa von Silizium). Obwohl PMMA und polymerisierter SU-8-Resist nahezu gleiche Ausdehnungskoeffizienten haben, schrumpft die SU-8-Schicht während der Polymerisation durch Belichtung zusammen. Dünnere PMMA-Wafer werden durch diesen Prozess gekrümmt. Die Lösung für dieses Problem ist die Benutzung eines dickeren PMMA-Substrats oder eines kleineren Waferdurchmessers.

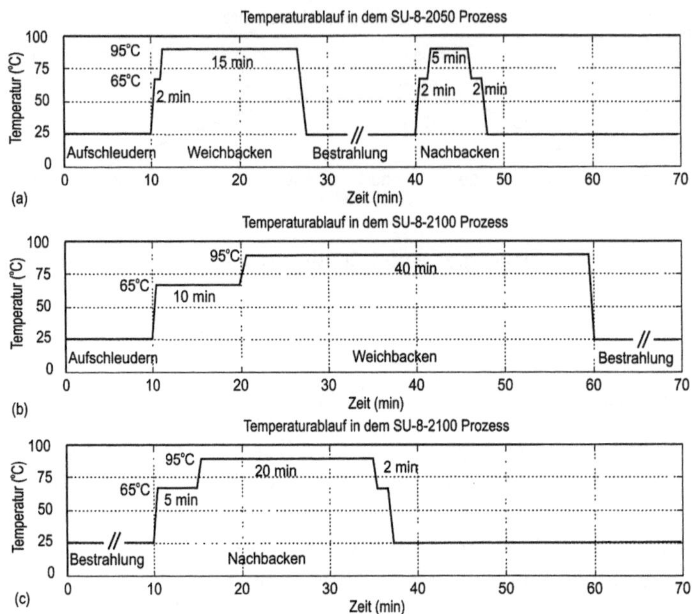

Bild 3.8: Temperaturverläufe des Weichback- und Nachbackprozesses

3.3.2   Polymere Oberflächenmikromechanik

Ähnlich wie die Oberflächenmikromechanik in Silizium können durch die Verwendung
einer Opferschicht bewegliche polymere Teile hergestellt werden. In der polymeren Oberflächenmikromechanik können Kunststoffe als Opfermaterialien und auch als Funktionalmaterialien benutzt werden. Im folgenden werden die wichtigsten Polymere aufgelistet:

- *Polyimid* ist ein kommerziell erhältlicher Resist. Mit einem einzigen Aufschleuderprozess kann eine Schichtdicke bis zu 40 μm erreicht werden [31]. Floriniertes Polyimid
  ist durchsichtig und kann einfach mit RIE geätzt werden [55]. Metallschichten weisen
  gute Haftfestigkeit auf Polyimid auf [134].

- *Parylene* ist ein spezielles Polymer, das mittels CVD bei Raumtemperatur abgeschieden werden kann. Konforme Paryleneschichten bis zu einigen Millimetern können
  auf dieser Weise beschichtet werden. Es gibt verschiedene Parylene-Typen: Parylene
  N, Parylene C und Parylene D. Diese Polymere unterscheiden sich in der Anzahl
  der zusätzlichen Chloratomen in ihren Ketten.

- *Galvanisch beschichtbare Photoresiste* sind z. B. Eagle ED2100 und PEPR2400 (Shi-
  pley Europe Ltd, England). Diese Resiste lassen sich galvanisch abscheiden. Mit
  diesen Resisten können Schichtdicken von 3 bis 10 μm erreicht werden. Galvanisch
  beschichtbare Resiste können für Anwendungen mit unebenen Oberflächen verwendet werden [101].

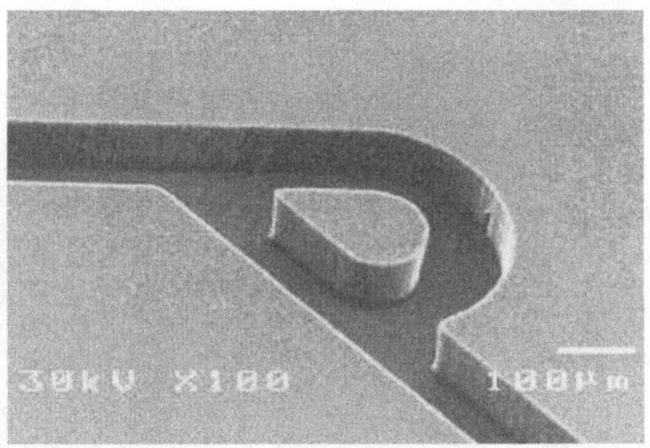

Bild 3.9: Ein Mikrokanal aus SU-8 auf einem PMMA-Substrat

- *Elektrisch leitende Polymere* haben abwechselnde Einzel- und Doppelbindung zwischen einem Kohlenstoffatom entlang der Polymerachse. Diese Eigenschaft erlaubt die Dotierung und die Ionenimplantation, die das Polymer elektrisch leitend machen. Daher können elektrisch leitende Polymere für die Integration von elektrisch aktiven Komponente wie Laserdiode und Transistoren benutzt werden [131].

Beispiel 3.2:   Polymere Oberflächenmikromechanik mit SU-8 auf Siliziumsubstrat

Dieses Fallbeispiel präsentiert die Technik der polymeren Oberflächenmikromechanik mit der Funktionalschicht aus SU-8 2100 (MicroChem Corp., USA). Eine dünne Chromschicht wirkt als Opfermaterial.

Die Technik benutzt einen Siliziumwafer als Trägersubstrat. Zuerst wird eine 100-nm dicke Chromschicht abgeschieden. Im nächsten Schritt wird SU-8 aufgeschleudert und strukturiert. Der SU-8-Prozess ist im Beispiel 3.1 beschrieben. Bei dem Maskenentwurf müssen runde Ecken gestaltet werden, um Risse bei Entwicklung der SU-8-Schicht zu vermeiden. Runde Ätzzugänge dienen zwei Zwecken: Minderung der Gefahr von Spannungen und Rissen sowie schnelle Freisetzung der fertigen Strukturen. Bild 3.10 zeigt den Prozessablauf und typische Strukturen, die mit dieser Technik hergestellt wurden.

3.3.3   Weichlithografie

Weichlithografie steht im Gegensatz zur konventionellen Fotolithografie, die nur zweidimensionale Strukturen auf einer ebenen Oberfläche übertragen kann. Die Technik der Weichlithografie benutzt einen Kunststoffstempel, um Mikrostrukturen auch auf gekrümmten Flächen zu übertragen. In den meisten Fällen wird ein spezieller Kunststoff zu diesem Zweck benutzt: Polydimethylsiloxane (PDMS) [151].

PDMS

Bild 3.11 beschreibt die chemische Struktur von PDMS. PDMS ist ein Zweikomponenten-Silikonkautschuk. Beide Komponenten, der Präpolymer und der Härter, sind kommerziell

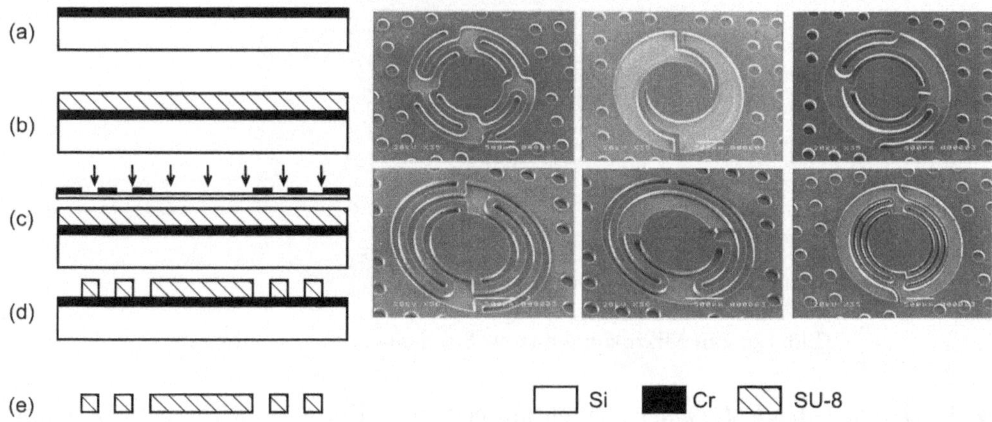

Bild 3.10: Prozessablauf und Strukturbeispiele der polymeren Oberflächenmikromechanik

$$CH_3-\underset{\underset{CH_3}{|}}{\overset{\overset{CH_3}{|}}{Si}}-O\left[\underset{\underset{CH_3}{|}}{\overset{\overset{CH_3}{|}}{Si}}-O\right]_n\underset{\underset{CH_3}{|}}{\overset{\overset{CH_3}{|}}{Si}}-CH_3$$

Bild 3.11: Chemische Struktur von PDMS

erhältlich. PDMS hat eine niedrige Obeflächenenergie. Deshalb ist es schwierig für andere Polymere, auf der PDMS-Oberfläche zu kleben oder zu reagieren. Durch eine Behandlung in Sauerstoffplasma kann die Oberflächenenergie geändert werden. Diese Technik wird z. B. für das Bonden zwischen eines PDMS-Teiles mit einer Glasplatte benutzt. Die wesentlichen Vorteile des PDMSs sind:

- Transparent für sichtbare Wellenlängen, Aushärtung mit ultravioletten Wellenlängen möglich,
- Stabil gegenüber Feuchtigkeits- und Temperaturbelastung,
- Elastisch und kann auf unebenen Flächen angebracht werden,
- Dauerhafte mechanische Eigenschaften.

Zu den Nachteilen zählen:

- Schrumpfung nach der Aushärtung,
- Schwellung durch organische Lösungsmitteln,
- Beschränkung der Aspektverhältnisse (von 0,2 zu 2) wegen der elastischen Eigenschaft.

Der Weichlithografieprozess fängt mit der Herstellung eines PDMS-Stempels oder einer PDMS-Gussform an. Für diesen Zweck wird zuerst eine Gussform aus Silizium oder

Glas hergestellt. Dieser Prozess erfolgt durch konventionelle Siliziumtechniken wie nas-schemisches Ätzen oder DRIE. Diese Gussform kann auch mit der Fotolithografie des SU-8-Resists erzeugt werden. Danach wird die Oberfläche der Gussform silanisiert. Dann wird PDMS auf der Oberfläche der Gussform aufgeschleudert. Nach der Aushärtung wird die PDMS-Schicht abgeblättert und zur Verfügung gestellt. Das PDMS-Teil kann direkt für mikrofluidische Anwendungen oder als Stempel für den Mikrokontaktdruck oder den Mikroguss benutzt werden.

Kontaktdruck mit PDMS-Stempel

Der Kontaktdruck benutzt einen PDMS-Stempel, um eine selbst-assemblierende Mono-schicht (SAM, *self-assembled monolayer*) durch den Kontakt auf das Substrat überzutra-gen. Diese Monoschicht kann als Maske für einen Ätzprozess benutzt werden. Die Mono-schicht ist jedoch nicht für Trockenätzen geeignet, weil diese Schicht sehr dünn ist und von der Ionenbombardierung zerstört werden kann. Die Monoschicht soll daher für das nasschemische Ätzen einer dickeren Maskenschicht benutzt werden. Die Maskenschicht kann dann für den Trockenätzprozess verwendet werden.

Mikroguss mit PDMS-Abdruckform

Ein PDMS-Teil kann auch als die Abdruckform für andere Polymere benutzt werden. Das Funktionalpolymer wird zuerst auf der PDMS-Abdruckform gegossen. Nach der Aus-härtung mittels UV-Bestrahlung oder Erhitzung kann der Polymerteil aus der PDMS-Abdruckform abgeblättert werden.

3.3.4   Mikrostereobestrahlung

In vielen der oben diskutierten polymeren Mikrotechniken werden Epoxydharze mit ul-travioletter Bestrahlung ausgehärtet. Die Polymerisation erfolgt durch die Absorption der Lichtquanten. Die zwei bedeutendsten Absorptionsmechanismen sind die Einlicht-quantabsorption und die Zweilichtquantenabsorption.

- *Einlichtquantabsorption* ist der gewöhnliche Absorptionsmechanismus in den meis-ten Aushärtungsprozessen mit UV-Bestrahlung. Die Polymerisation tritt überall auf dem Strahlungsweg auf. Daher ist nur eine zweidimensionale Strukturierung auf der Oberfläche der Epoxydharzlösung möglich. Die Strukturierung in der dritten Dimen-sion erfolgt durch die Positionierung der Oberfläche der Epoxydharzlösung. Die Po-sitionierung und die Viskosität des Epoxydharzlösung führt zu der Verformung der polymerisierten Bereiche. Aus diesem Grund hat die Mikrostereobestrahlung große Formtoleranzen. Die zweidimensionale Strukturierung auf der Oberfläche kann durch die Abtastung eines fokussierenden Laserstrahls oder durch die direkte Projektion der Struktur mit einem Mustergenerator [84] erfolgen.

- *Zweilichtquantenabsorption* tritt auf, wenn die kombinierte Energie der zwei Licht-quanten der Transitionsenergie zwischen dem ruhenden Zustand und dem erregten Zustand der Polymermoleküle entspricht. Dieser Absorptionsmechanismus erfolgt nur im Bereich um den Fokus und kann daher für eine dreidimensionale Bearbeitung benutzt werden. Die Bedingung für Mikrostereobestrahlung ist die Durchsichtigkeit der Epoxydharzlösung in den Wellenlängenbereichen des Laserstrahls. Das heißt, dass keine Einlichtquantabsorption auftreten kann. Darüber hinaus fordert dieser Absorptionsmechanismus eine hohe Laserleistung, die durch eine extrem kurze Pulsdauer in der Größenordnung von Femtosekunden verwirklicht wird. Außerdem soll der Brechungsindex zwischen der Epoxydharzlösung und dem polymerisierten Bereich so klein sein, dass die räumliche Genauigkeit des Laserstrahls gewährleistet ist [85].

3.3.5 Mikroguss

Mikroguss ermöglicht die Massenproduktion der polymeren Komponenten. Er ist besonders wichtig für die Herstellung von mikrofluidischen Einwegkomponenten. Mikroguss kann nicht nur Polymere, sondern auch Keramiken bearbeiten. Die zwei wichtigen Mikrogusstechniken sind der Spritzguss und das Heissprägen.

Spritzguss

Spritzguss der Mikroteile erfolgt mit einer Gussform, die mit konventionellen Mikrotechniken hergestellt wird. Die Spritzgusstechnik kann wie folgt kategorisiert werden:

- *Hochdruckspitzguss* füllt die Gussform mit einem geschmolzenen Kunststoff. Wegen der kleinen Abmessungen und der hohen Aspektverhältnisse der Strukturen ist ein sehr hoher Druck in der Größenordnung von 500 bis 2000 Bar erforderlich. Mögliche Kunststoffe für dieses Verfahren sind z. B. PMMA, PC (polycarbonate)und PSU (polysulfone) [100].
- *Reaktionssprintzguss* ermöglicht die Füllung der Gussform mit wenig viskosen Präpolymeren (z. B. Epoxydharz und Härter). Nach der Mischung werden die Präpolymeren in die Gussform gepresst. Wenn die Reaktion zwischen den Komponenten vollendet ist, wird der Kunststoff ausgehärtet. Wegen der geringen Viskosität ermöglicht dieses Verfahren einen guten Füllungsprozess und eine verbesserte Formgenauigkeit.

Heissprägen

Im Gegensatz zum Spritzguss ist das Heissprägen ein relativ einfaches Verfahren. Die polymeren Mikrostrukturen werden bei Temperaturen über dem Schmelzpunkt und im Vakuum mit einem Stempel geprägt. Die üblichen Kunststoffe für dieses Verfahren sind PMMA und PC. Der Nachteil des Heissprägens ist die relativ lange Bearbeitungsdauer von einigen Minuten für ein Teil, während Spitzguss nur einige Sekunden braucht [8].

3.3.6 Herstellung von Mikrokanälen mit polymeren Technologien

SU-8-Mikrokanäle

Die Fotolithografie des SU-8-Resists ist ein einfaches Verfahren zur Herstellung von Mikrokanälen. SU-8 wurde in Prozessen mit unterschiedlichen Substraten erfolgreich eingesetzt.

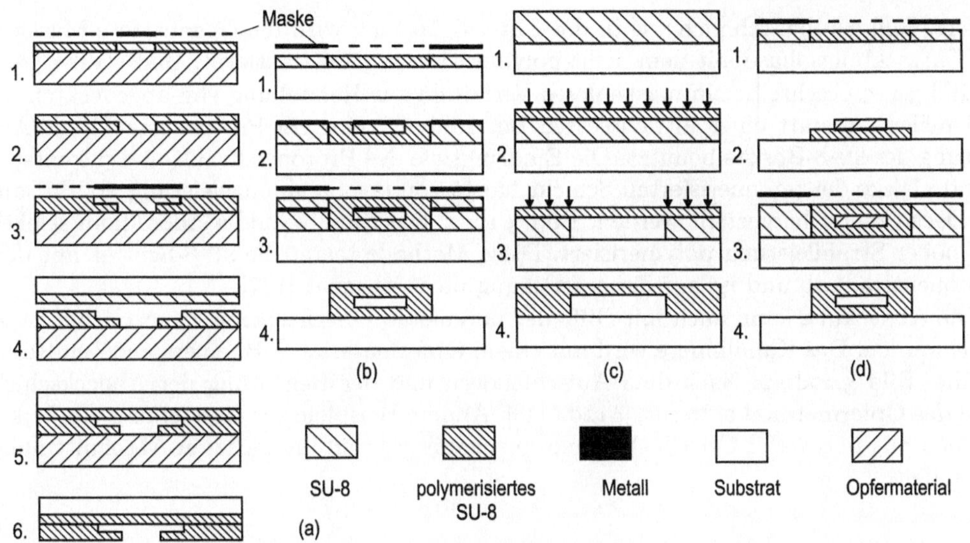

Bild 3.12: Einige Prozesse zur Herstellung von Mikrokanälen aus SU-8: (a) Mehrschichtverfahren mit Verkleben der Deckplatte, (b) Mehrschichtverfahren mit einer eingebetteten Maske, (c) Selektives Schreiben mit einem Protonenstrahl, (d) Mehrschichtverfahren mit polymerer Oberflächenmikromechanik

Bild 3.9 zeigt eine Kanalstruktur aus SU-8 auf dem PMMA-Substrat. Der Prozess benutzt SU-8 sowohl als Funktionalmaterial als auch als Klebermaterial für die Deckplatte. Ein ähnlicher Prozessablauf ist im Bild 3.12a beschrieben.

Der Prozess beginnt mit der Belichtung der Funktionalschicht. Wenn unterschiedliche Kanalbreiten gebraucht werden, können zwei SU-8-Schichten nacheinander aufgeschleudert und bestrahlt werden. Die Bedingung für dieses Mehrschichtverfahren ist, dass die nachfolgende Schicht größere Kanalbreite haben muss, um die darunterliegende Struktur vor der Belichtung zu schützen, Bild 3.12a1-3. Wenn PMMA als Substratmaterial benutzt wird, muss zuerst eine dünne SU-8 Schicht von etwa 50 μm aufgeschleudert und ausgehärtet werden. Diese Schicht verbessert die Haftfestigkeit und die Oberflächenqualität nach der Entwicklung. Die transparente Deckplatte wird auch mit einer dünnen SU-8 Schicht beschichtet. Nach der Anbringung der Deckplatte auf der SU-8-Struktur wird der ganze Stapel belichtet. Die Polymerisation dieser dünnen Schicht dichtet den Kanal, Bild 3.12a5. Als Opfermaterial in diesem Prozess kann auch ein Siliziumsubstrat wirken. Nach dem Entfernen des Siliziumsubstrats verbleibt die optisch transparente Komponente, Bild 3.12a6 [56].

Die Abdeckung eines SU-8-Mikrokanals kann auch durch das Mehrschichtverfahren realisiert werden. Bild 3.12b zeigt eine Methode mit einer eingebetteten Maske. Der Boden des Kanals wird zuerst strukturiert, Bild 3.12b1. Eine eingebettete Maske aus einer dünnen Aluminiumschicht formt die Kanalwand. Diese Maske schützt die darunterliegende Struktur vor der UV-Bestrahlung in den nächsten Schritten, Bild 3.12b2. Die SU-8-Schicht für die Decke wird über die eingebettete Maske aufgeschleudert und strukturiert, Bild 3.12b3. Ähnlich wie in der Lift-Off-Technik wird die eingebettete Maske in der Entwicklungsphase mit dem nicht-polymerisierten Resist entfernt, Bild 3.12b4 [2].

Bild 3.12c beschreibt ein maskenloses Verfahren zur Herstellung von abgedeckten Mikrokanälen. Anstatt einer ultravioletten Bestrahlung wird ein Protonenstrahl zur Aushärtung des SU-8-Resists benutzt. Die Eindringtiefe des Protonenstrahls und die entsprechende Dicke der polymerisierten Schicht hängt von der Strahlungsleistung ab. So kann die Decke zuerst hergestellt werden, Bild 3.12c2. Die Kanalwände werden dann selektiv mit hoher Strahlleistung polymerisiert. Diese Methode tastet die SU-8-Schicht mit dem Protonenstrahl ab und ist zur Serienfertigung nicht geeignet [137].

Die Abdeckung kann auch mit Hilfe der polymeren Oberflächenmikromechanik hergestellt werden. Das Kanalinnere wird mit einem Opfermaterial, z. B. einem anderen Resist, gefüllt (Bild 3.12d1-2. Nach dem Aufschleudern und der Belichtung der Abdeckschicht wird das Opfermaterial entfernt, 3.12d4 [43]. Andere Beispiele zur Herstellung von Mikrokanälen mit polymerer Oberflächenmikromechanik werden im nächsten Abschnitt näher behandelt.

Mikrokanäle mit polymerer Oberflächenmikromechanik

Polymere Oberflächenmikromechanik erlaubt die Herstellung eines abgedeckten Mikrokanals durch eine Opferschicht. Bild 3.13a zeigt ein Beispiel dieser Technik. Der Prozess beginnt mit der Beschichtung der polymeren Opferschicht und einer eingebetteten Maskenschicht aus Metall, Bild 3.13a1. Die eingebettete Metallmaske wird für das Trockenätzen der Opferschicht im Sauerstoffplasma benutzt, Bild 3.13a2-3. Nach der Beschichtung des Funktionalpolymers zersetzt sich die Opferschicht durch erhöhte Temperaturen, Bild 3.13a4-5. Ein geeignetes Opfermaterial ist z. B. Polynorborene (PNB). Die Zersetzungstemperaturen dieses Werkstoffes liegt im Bereich von 370 °C bis 425 °C. Wegen dieser relativ hohen Temperaturen soll die Erweichungstemperatur des Funktionalpolymers über diese Grenze liegen. Mit einer relativ hohen Erweichungstemperatur von 400 °C ist Polyimid für diesen Zweck als Funktionalmaterial sehr gut geeignet [117].

In einigen Fällen wird eine spezielle Beschichtung der inneren Wand benötigt. Der oben diskutierte Prozess wird mit zusätzlichen Schritten modifiziert. Die spezielle Beschichtung erfolgt vor und nach der Herstellung (Beschichtung und Strukturierung) der Opferschicht (Schritte 1 und 2 in den Bildern 3.13b und 3.13c). Der Unterschied zwischen den zwei Prozessen der Bilder 3.13b und 3.13c liegt in der Öffnung des Ätzzugangs. Der erste Prozess öffnet den Zugang von unten durch das nasschemische Ätzen des Substrats und das Trockenätzen der Oxid/Nitrid-Schicht. Der zweite Prozess öffnet den Ätzzugang von oben mittels Trockenätzen in einem Sauerstoffplasma [81].

Mikrokanäle mit der Weichlithografie

Wie bereits im Abschnitt 3.3.3 beschrieben wurde, können die abgegossenen PDMS-Teile direkt als eine mikrofluidische Komponente benutzt werden. Nach einer Oberflächenbehandlung im Sauerstoffplasma kann das PMMA-Teil an eine Glasplatte oder an ein anderes oberflächenbehandeltes PDMS-Teil geklebt werden. Diese Technik ist für schnelle Prototypherstellung gut geeignet.

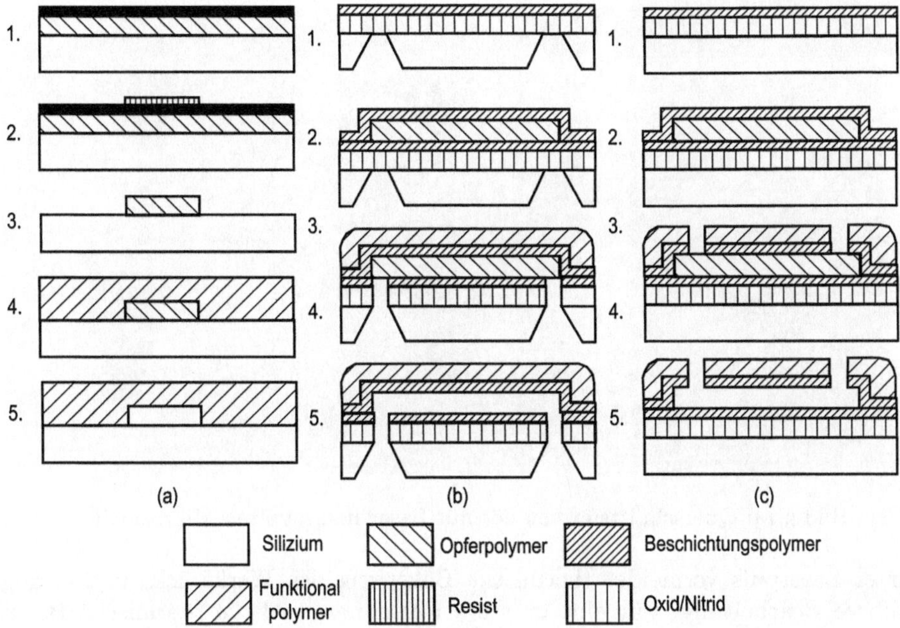

Bild 3.13: Herstellung von Mikrokanälen mittels polymerer Mikromechanik: (a) einfacher Kanal, (b) und (c) Mikrokanäle mit Beschichtung der inneren Wand

3.4 Einzelne Mikrotechniken

Außer der Mikrostereobestrahlung wurden bisher nur Mikrotechniken für die Batchfertigung betrachtet. Für Forschungszwecke und die Kleinserienfertigung sind einzelne Mikrotechniken immer noch von einer großen Bedeutung. Diese Mikrotechniken werden im folgenden in Abtragungstechniken und Additivtechniken eingeteilt.

3.4.1 Laserabtragung

Ähnlich wie Stereomikrobestrahlung hat die Laserabtragung den Vorteil der einfachen Prototypherstellung mit Hilfe des computergestützten Entwurfs (CAD, *computer aided design*). Laser ist besonders nützlich für die Bearbeitung der Lamellierungsschichten von polymeren mikrofluidischen Systeme (Abschnittt 7.3, 8.3). Für die Laserabtragung werden häufig drei Lasertypen benutzt:

- Excimer-Laser mit ultravioletten Wellenlängen,
- Nd:YAG-Laser mit infraroten, sichtbaren und ultravioletten Wellenlängen,
- CO_2-Laser mit tiefen infraroten Wellenlängen (10,6 µm).

Die wichtigsten Parameter der Laserabtragung sind die Wellenlänge, die Laserleistung und die Abtastgeschwindigkeit des Laserstrahls. Die Wellenlänge bestimmt die Größe der kleinsten herstellbaren Struktur. Die theoretische Größe eines Fokuspunktes ist die zweifache Wellenlänge. Die Laserleistung wird durch eine pulsierende Strahlung kontrolliert.

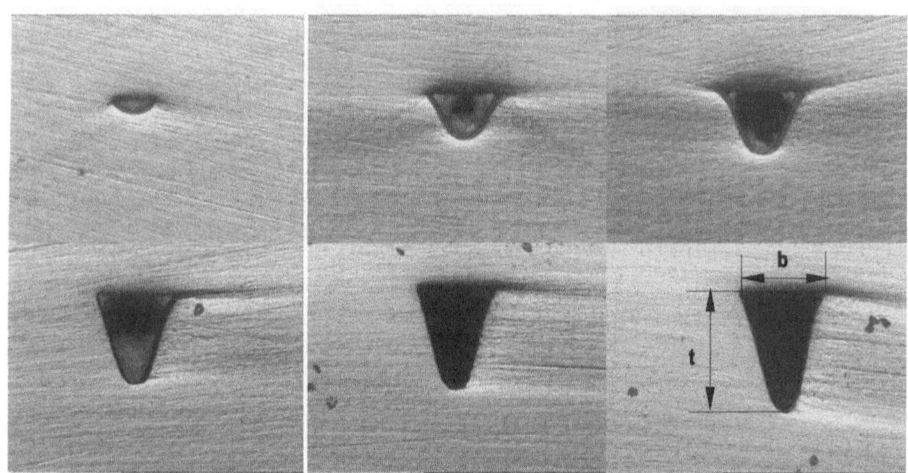

Bild 3.14: Querschnittsformen der mit Laser hergestellten Mikrokanäle

Ein kurzer Laserpuls vermeidet thermische Belastung des Werkstücks und ermöglicht eine saubere Bearbeitung. Für eine grössere Pulsdauer wird die thermische Belastung durch die schnelle Abtastgeschwindigkeit des Laserstrahls verringert.

Beispiel 3.3:   Laserabtragung zur schnellen Herstellung von Prototypen

Dieses Fallbeispiel zeigt die Technologie zur schnellen Herstellung von Mikrokanälen in einem Polymer. Diese Technik erlaubt den Prototypzyklus der mikrofluidischen Systeme auf einige Stunden zu verkürzen.

In diesem Beispiel wird PMMA als Substratmaterial gewählt. Für die Abtragung wird ein kommerzielles Lasersystem (Universal M-300, Universal Laser System Inc.) mit CO_2-Laser eingesetzt.

Der CO_2-Laser hat eine Wellenlänge von 10,6 µm, die zu einer Auflösung des Lasersystems von etwa 1 000 dpi führt. Die Gaußsche Form des Grabenquerschnitts nähert sich einer Dreieckform an. PMMA hat eine geringe Temperaturleitfähigkeit. Aus diesem Grund hängt die Geomtrie des abgetragenen Grabens stark von der Laserleistung und der Abtastgeschwindigkeit ab.

Bild 3.14 zeigt typische Querschnittsformen der mit Laser hergestellten Mikrokanäle. Die maximale Laserleistung und maximale Abtastgeschwindigkeit des Systems sind 25 W und 640 m/s.

Bild 3.15 zeigt die Abhängigkeit der oberen Grabenbreite und der Grabentiefe von der relativen Laserleistung und der relativen Abtastgeschwindigkeit. Die relativen Werte werden als Prozent der maximalen Werte angegeben. Das linke Bild zeigt die Abhängigkeit der Grabenbreite und -tiefe von der Laserleistung bei einer konstanten relativen Geschwindigkeit von 4 %. Trotz der theoretischen Auflösung von 1 000 dpi (25 µm) beträgt die kleinste Grabenbreite etwa 150 µm. Es wird deutlich, dass die Breite und die Tiefe proportional zur Laserleistung sind (Bild 3.15a).

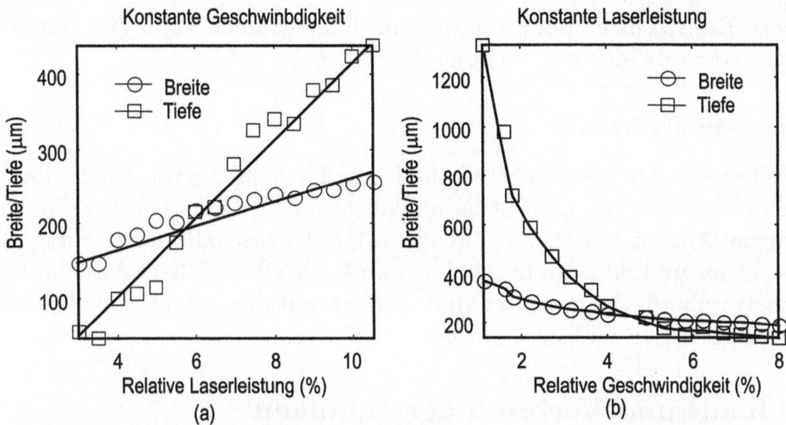

Bild 3.15: Abhängigkeit der geometrischen Parameter von der Laserleistung und der Abtastgeschwindigkeit

Bild 3.15b zeigt die Breite und die Tiefe als Funktion der Abtastgeschwindigkeit bei einer konstanten relativen Laserleistung von 7 %. Die Kennlinien zeigen eine exponentielle Beziehung zwischen der Geometrie und der Abtastgeschwindigkeit. Die Grabenbreite und -tiefe nähert sich bei hohen Geschwindigkeiten einem konstanten Wert.

3.4.2   Fokussierte Ionenstrahlabtragung

Fokussierte Ionenstrahlabtragung (FIB, *focused ion beam micromachining*) ist eine andere Abtragtechnik zur Herstellung zweidimensionaler Strukturen von einem CAD-Entwurf. In einem typischen FIB-Prozess wird der Ionenstrahl aus einer Metallquelle ausgestoßen. Dieser Ionenstrahl kann eine Fokuspunktgröße kleiner als 10 nm haben.

3.4.3   Funkenerosion

Funkenerosion ist ein elektrothermischer Prozess. Der Werkstoffabtrag erfolgt durch die elektrische Entladung über einen definierten Arbeitsspalt zwischen einer Elektrode und dem Werkstück in einem Dielektrikum. Die zwei gewöhnlichen Techniken der Funkenerosion sind Senkerosion und Drahterosion. Bedingung für diese Fertigungsmethode ist ein elektrisch leitendes Substrat. Funkenerosion kann zur Herstellung von Mikrokanälen und Einlasslöchern benutzt werden.

3.4.4   Sandstrahlen

Sandstrahlen ist ebenfalls eine Erosionstechnik, die die kinetische Energie der feinen Sandteilchen zum Substratabtrag benutzt. Die wichtigsten Parameter dieser Technik sind die Teilchengröße, die Teilchengeschwindigkeit und der Einfallswinkel [10]. Die Auflösung dieser Technik hängt von der Teilchengröße ab und entspricht etwa der dreifachen Teilchengröße [148]. Definierte Strukturen können durch eine harte Maskenschicht aus Metall oder eine dicke Resistschicht realisiert werden. Sandstrahlen kann zur Herstellung von Mikrokanälen und Einlasslöchern eingesetzt werden.

3.4.5   Ultraschallbohren

Ultraschallbohren ist eine praktische Methode zur Herstellung von Einlasslöchern in mikrofluidischen Komponenten. Die Ultraschallvibration wird von dem Werkzeug zum Substrat übertragen. Mit einer Politur können mittels Ultraschallbohren harte und spröde Werkstoffe wie Glas und Silizium bearbeitet werden. Weil die Ultraschalvibrationen senkrecht zur Substratoberfläche gerichtet sind, können mit den entsprechenden Werkzeugen beliebige Lochgeometrien realisiert werden.

3.5   Aufbau- und Verbindungstechniken

3.5.1   Anodisches Bonden

Anodisches Bonden wird für die Verbindung eines Siliziumsubstrats mit einem Glassubstrat benutzt. Die Bedingung für anodisches Bonden ist die ausreichend hohe Alkalikonzentration. In den meisten Fällen erfüllt ein Borosilikatglas diese Bedingung. Darüberhinaus soll das Glas einen ähnlichen thermischen Ausdehnungskoeffizient wie Silizium aufweisen, weil die Prozesstemperatur die Größenordnung von 400 °C erreicht und eine große thermomechanische Belastung für die Substrate darstellt.

Der Bondprozess startet mit der Reinigung der Substratoberflächen. Die Bondpartner werden dann in Kontakt gebracht. Dieser Verbund wird einer hohen Temperatur und einer Hochspannung in der Größenordnung von 1 000 V ausgesetzt. Das Siliziumsubstrat funktioniert hier als die Anode.

Eine modifizierte Version des anodischen Bondens ist das Silizium-Bonden mit einer dünnen Glaszwischenschicht. Die dünne Glasschicht wird durch Evaporation oder Sputtern auf die Oberfläche des Siliziumwafers gebracht. Der Bondprozess erfolgt wie gewöhnlich. Dabei ersetzt der mit Glas beschichtete Siliziumwafer den Glaswafer. Wegen der dünnen Glasschicht wird die Bondspannung in der Größenordnung von ca. 100 V gehalten.

3.5.2   Direktbonden

Die Verbindung zweier Substrate des gleichen Werkstoffs wird als Direktbonden bezeichnet. Im folgenden wird das Direktbonden von Silizium, Gläsern, Kunststoffen, Keramiken und Metallen diskutiert.

Siliziumdirektbonden (SFB, *silicon fusion bonding*) benutzt die Reaktion der OH-Gruppe an der natürlichen oder dünnen chemischen Oxidschicht. Der Bondprozess fängt mit der Reinigung der Oberflächen an. Die Reinigung erzeugt eine OH-reiche Oberfläche. Die Substrate werden dann in Kontakt gebracht. Eine dauerhafte Verbindung entsteht nach der thermischen Behandlung bei erhöhten Temperaturen.

Glasdirektbonden erfolgt in der gleichen Weise wie Siliziumdirektbonden. Wegen der transparenten Eigenschaft der Gläser ist Glasdirektbonden eine nützliche und oft verwendete Technik für mikrofluidische Komponenten [135].

Viele Kunststoffe können bei einer Temperatur über der Erweichungstemperatur gebondet werden. Kunststoffe mit niedriger Oberflächenenergie wie PDMS können durch die Behandlung im Sauerstoffplasma bondfähig gemacht werden. Darüber hinaus kann ein Lösungsmittel die Kunststoffoberfläche erweichen. Nach der Evaporation des Lösungsmittels wird der Kunststoff gebondet.

Keramiken und Metalle können bei Temperaturen nahe dem Schmelzpunkt direkt gebondet werden. Der Bondprozess erfolgt mit einem relativ hohen Druck von einigen Hundert Bar und hohen Temperaturen [86] [83].

Beispiel 3.4:   Direktbonden von PMMA-Wafern

Wie in den Beispielen 3.1 und 3.3 gezeigt wurde, ist PMMA ein geeignetes Substrat für Mikrolithographie und Laserabtragung. Dieses Beispiel demonstriert die Direktbondtechnik für PMMA.

PMMA setzt sich aus Ketten von Makromolekülen zusammen. Es existieren auch Querverbindungen zwischen den Makromolekülen. Wenn PMMA erhitzt wird, werden diese Verbindungen zerstört. Bei Temperaturen um 100 °C beginnt PMMA zu erweichen. Bei etwa 250 °C werden stärkere Querverbindungen gebrochen. Bei Temperaturen über 300 °C werden die Polymerketten zufällig gebrochen und PMMA wird schnell zerstört.

Im Allgemeinen werden schwache Querverbindungen bereits bei 150 °C gebrochen. Temperaturen in diesem Bereich sind für das Direktbonden besonders geeignet. Im Temperaturbereich von 100 °C bis 170 °C weicht PMMA auf, die Strukturen bleiben jedoch unversehrt.

Das Bondsystem besteht aus einer kontrollierten Heizplatte und einer oberen Platte, deren Gewicht den Bonddruck bestimmt. Der Bondprozess startet mit der Reinigung der Substratoberflächen mittels Ethanol und entsalzenem Wasser. Azeton ist für die Reinigung nicht geeignet, weil es PMMA auflöst. Nach der Reinigung werden die zwei PMMA-Wafer zusammen gehalten und auf die Heizplatte gelegt. Eine Unterdruck- oder Vakuumbedingung zur Vermeidung von Luftbläschen auf der Bondfläche ist ideal. In diesem Beispiel wird der Bondprozess unter atmosphärischen Druck durchgeführt.

Der Waferverbund wird zuerst auf 160 °C gebracht. Diese Temperatur wird konstant über zwei Stunden gehalten. Während dieses Prozesses soll die Temperatur 170 °C nicht überschreiten, weil das zur Verformung der Kanalstrukturen führt. Am Ende wird der Verbund langsam auf Raumtemperatur abgekühlt. Dieser Prozess kann auch mit einem gewöhnlichen Bonder für Silizium realisiert werden.

3.5.3   Kleben

Die Klebetechnik benutzt eine Zwischenschicht, um Substrate stoffschlüssig zu verbinden. Die Zwischenschicht kann ein Epoxydharz sein, das auf dem Substrat aufgeschleudert wird. Die Aushärtung erfolgt durch die ultraviolette Bestrahlung. In vielen mikrofluidischen Komponenten können doppelseitige Kleber als Zwischenschicht dienen. Der Kleber kann mit Laserabtragung strukturiert werden. Der Vorteil dieser Technik ist die gut definierte Klebfläche.

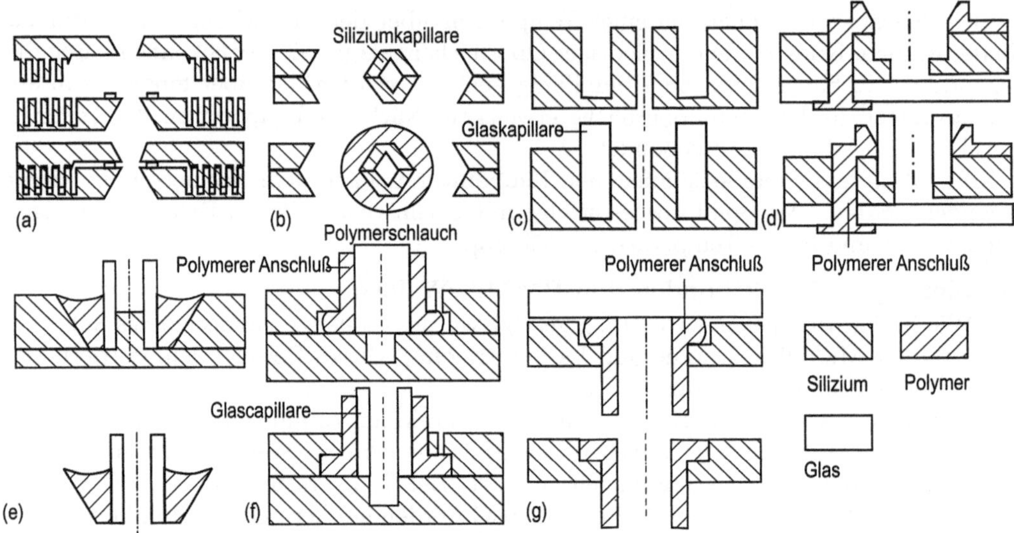

Bild 3.16: Formschlüssige Anschlüsse: (a) Kammförmiger Anschluss, (b) Waagerechte Silizium-
kapillare für einen elastischen Schlauch, (c) Senkrechte Siliziumkapillare für Glaskapillare, (d) Polymerer Anschluss, (e) Gegossener Anschluss, (f)und (g) Geprägter
Anschluss

3.5.4 Eutektisches Anlegieren

Eutektisches Anlegieren ist eine Technik, die in der Elektronik oft benutzt wird. Eine
Legierung mit einem atomaren Verhältnis von 81 Au:19 Si hat eine Schmelztemperatur
von 363 °C. Auf das zu bondende Siliziumsubstrat wird zu diesem Zweck eine dünne
Goldschicht aufgebracht. Eine fertig hergestellte Legierungsschicht kann auch als Zwischenschicht wirken.

3.5.5 Fluidische Anschlüsse

Außer Schnittstellen für den Informations- und den Energiefluss brauchen mikrofluidische Systeme auch Anschlüsse für den Stofffluss. Im folgenden werden zwei Formen der
fluidischen Anschlüsse unterschieden: formschlüssige und stoffschlüssige Anschlüsse.

Formschlüssige Anschlüsse

Formschlüssige Anschlüsse benutzen die elastische Kraft von Federn oder Dichtringen
zur Dichtung der fluidischen Anschlüsse. Die kraftschlüssigen Anschlüsse sind jedoch auf
Grund der geringen Kraft nicht für Hochdruckanwendungen geeignet.

Bild 3.16a illustriert das Konzept eines kammförmigen Anschlusses. Die Anschlusskäm-
me werden im Silizium mittels Volumenmikromechanik hergestellt. Eine strukturierte
Polysiloxane-Schicht dient als Dichtring [38].

Für den Anschluss zu einem externen Polymerschlauch werden integrierte Kapillare
gebraucht. Bild 3.16b stellt das Konzept einer horizontalen Siliziumkapillare dar. Die

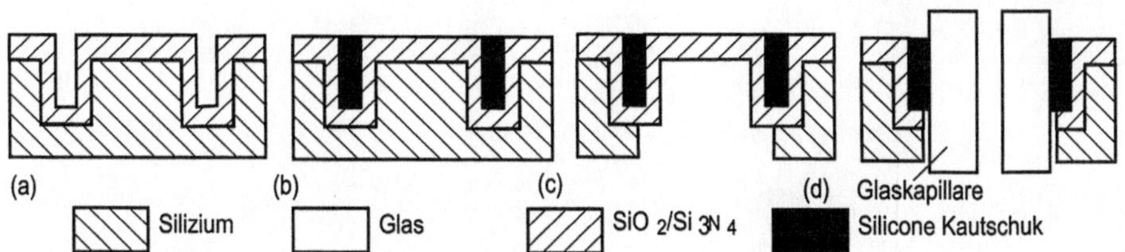

Bild 3.17: Herstellungsschritte eines integrierten O-Dichtrings: (a) DRIE und Abscheidung einer Oxid/Nitrid-Schicht, (b) Beschichtung mit Silicone Kautschuk, (c) DRIE von der Rückseite und (d) Trockenätzen der Oxid/Nitridschicht

Kapillare wird mittels nasschemischem anistropem Ätzen und Siliziumdirektbonden hergestellt [38]. Senkrechte Kapillare können auch mit Hilfe des DRIE-Verfahrens hergestellt werden. Bild 3.16c beschreibt einen formschlüssigen Anschluss zwischen einer integrierten Silizium-Kapillare und einer externen Glaskapillare [40].

Der im Bild 3.16d dargestellte Kunststoffanschluss wird mittels Spritzguss hergestellt. Der Kunststoffanschluss ermöglicht die formschlüssige Kopplung mit einer externen Glaskapillare [97]. Ein ähnliches Konzept mit der Siliziumgussform wird im Bild 3.16e dargestellt [91]. Kunststoffschläuche können eingefügt und mittels Heissprägen zu einem formschlüssigen Koppler gemacht werden. Bei hohem Druck und erhöhten Temperaturen schmilzt der Kunststoff und füllt den Raum zwischen dem Koppler und dem Siliziumsubstrat, Bild 3.16f und g [114].

Wie bereits erwähnt ist, können formschlüssige Anschlüsse hohen Drücken nicht widerstehen. Eine Lösung für dieses Problem ist ein mit konventionellen Techniken hergestelltes Gehäuse, in dem für die Dichtung große kommerzielle O-Ringe benutzt werden. Die O-Ringe können aber auch in die Herstellungsschritte der Mikromechanik integriert werden [154]. Die integrierten O-Ringe sind in der Lage, eine externe Glaskapillare zu halten und zu dichten, Bild 3.17.

Stoffschlüssige Anschlüsse

Wegen der schwachen Dichtungseigenschaft werden formschlüssige Anschlüsse oft zusätzlich mit Klebern gedichtet, Bild 3.18a und b. Flüssige Kleber füllen den Raum zwischen den äußeren fluidischen Verbindungen (Kapillaren, Schläuche) und den Anschlusslöchern auf der fluidischen Komponente. Aufgeraute Siliziumfläche, Prägen und Kleben liefern einen guten stoffschlüssigen Anschluss, Bild 3.18c [150].

Bild 3.18d zeigt einen komplizierteren stoffschlüssigen Anschluss. In einer Kohlenstoffgussform werden kleine Glasperlen dicht bei einer Metalllegierungskapillare und dem Siliziumsubstrat gehalten. Die Glasperlen schmelzen bei einer Temperatur von 1 020 °C und bilden nach der Abkühlung ein dichtes Glaslot um die Kapillare [75].

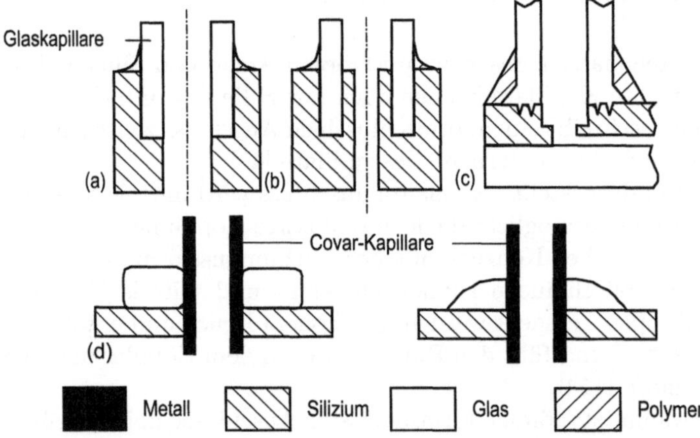

Bild 3.18: Stoffschlüssige Anschlüsse: (a) und (b) Kleben einer Kapillare an einem DRIE-geätzten Einlassloch, (c) Kleben an einer aufgerauhten Oberfläche und (d) Glaskleben

4 Simulation und Entwurf für mikrofluidische Systeme

Mikrofluidische Effekte können mit verschiedenen Modellen simuliert werden. Berechnungsmodelle können in drei Ebenen gegliedert werden: die molekulare Ebene, die physikalische Ebene und die Systemebene.

In der molekularen Ebene werden einzelne Moleküle betrachtet und behandelt. Man spricht von molekularen Methoden wie molekulare Dynamik (MD) oder direkte Simulation Monte Carlo (DSMC). Der extrem hohe Rechenaufwand macht diese Methoden für gewöhnliche mikrofluidische Anwendungen unpraktisch.

Auf der physikalischen Ebene wird das Fluid als ein Kontinuum mit entsprechenden Erhaltungsgleichungen modelliert. Die klassische Strömungsmechanik benutzt dieses Modell. Für mikrofluidische Applikationen ist in den meisten Fällen das Kontinuummodell relevant. Die Herausforderung der Mikrofluidik ist aber die multi-physikalische Natur der Simulationsprobleme. Oft soll z. B. die Fluid-Struktur-Kopplung berücksichtigt werden. Ein weiteres Beispiel der Multiphysik ist die Simulation der elektrokinetischen Effekte, die elektrische Felder einschliessen.

Auf der Systemebene werden Makromodelle benutzt. Das Verhalten der Makromodelle wird durch analytische Beziehungen oder Wertetabellen beschrieben. Die Makromodelle werden in ein Netzwerk eingebunden und simuliert. Die Makromethoden erlauben eine schnelle Verhaltensbeschreibung komplexer Systeme. PSPICE und MATLAB/SIMULINK sind typische Werkzeuge für die Makromethoden. Im folgenden werden diese drei Simulationsmethoden diskutiert und durch Beispiele illustriert.

4.1 Molekulare Methoden

4.1.1 Molekulare Dynamik

Molekulare Dynamik ist die Simulationsmethode zur expliziten Berechnung der Bewegung von vielen Teilchen eines Systems. Beispiele solcher Systeme sind verdünnte Gase, Polymerketten und komplexe Proteine. Ein Gas wird als verdünnt betrachtet, wenn der Durchschnittsabstand zwischen Gasmolekülen viel größer als der Moleküldurchmesser ist (Abschnitt 2.2.1). Die Wechselwirkung zwischen den Molekülen eines verdünnten Gases kann durch die klassische Dynamik (das zweite Newtonsche Gesetz) beschrieben werden. Das einfachste Modell eines Moleküls ist eine harte Kugel mit der Masse m. Es gibt nur die binäre Wechselwirkung zwischen diesen Kugeln. Die Kraft zwischen den Molekülen i und j kann durch die Lennard-Jones-Beziehung (2.59) beschrieben werden

$$\mathbf{F}_{ij}(r) = -\mathbf{F}_{ji}(r). \tag{4.1}$$

Dabei ist $r = |\mathbf{r}_i - \mathbf{r}_j|$ der Abstand zwischen den Molekülen, dessen Positionen $\mathbf{r}_i$ und $\mathbf{r}_j$ sind. Die Dynamik der Moleküle kann dann mit dem zweiten Newtonschen Gesetz beschrieben werden:

$$\frac{d^2\mathbf{r}_i}{dt^2} = \frac{1}{m} \sum_{j=1, j\neq i}^{N} \mathbf{F}^{ij}, \tag{4.2}$$

wobei N die totale Anzahl der Moleküle im Berechnungsbereich ist. Daher sind die drei wichtigsten Schritte einer MD-Simulation:

- Feststellung der Anfangsbedingungen und der geometrischen Parameter,
- Bestimmung der Wechselwirkungskräfte (4.1) und
- Integration der Bewegungsgleichungen (4.2) zur Bestimmung neuer Molekülpositionen.

Die MD-Simulation ist deterministisch. Aus diesem Grund ist der Rechenaufwand der MD extrem hoch. Die MD-Simulation ist nur für komplexere Probleme von Flüssigkeiten geeignet. Im Vergleich dazu erweist sich für Gase die DSMC-Simulation als effektiverer Lösungsansatz.

4.1.2   DSMC

Im Gegensatz zu MD ist DSMC eine statistische Methode. Anstatt der Simulation jedes Moleküls werden viele Moleküle zusammen als ein Teilchen modelliert. Die Wechselwirkung zwischen den Molekülen ist statistisch bestimmt, während die Bewegungsberechnung der Teilchen deterministisch ist. Jeder Zeitschritt der DSMC-Simulation besteht aus drei Teilschritten: Bestimmung der Teilchenbewegung, Indizierung und Querverweis der Teilchen, Simulation der Kollision und Entnahme der makroskopischen Eigenschaften [33].

Bestimmung der Teilchenbewegung

Zuerst wird die Bewegungsgleichung (4.2) für den Zeitschritt Δt berechnet. Dieser Zeitschritt soll kleiner als die charakteristische Zeit (2.60) sein. Dadurch kann sich ein Teilchen erst einmal bewegen, ohne bereits an ein anderes Teilchen anzustoßen. Der neue Ort des Teilchen i wird mit

$$\mathbf{r}_i(t + \Delta t) = \mathbf{r}_i(t) + \mathbf{v}_i(t)\Delta t \tag{4.3}$$

berechnet. Nach der Bewegung werden einige Teilchen für die Kollision ausgewählt. Diese Sortierung erfolgt durch Indizierung und Querverweis der Teilchen. Wenn sich Teilchen bewegen, können einige Teilchen aus dem Rechenbereich austreten. An dieser Stelle muss deshalb eine Randbedingung berücksichtigt werden.

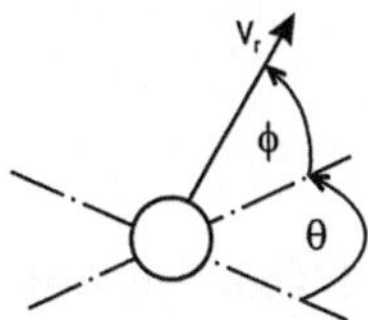

Bild 4.1: Kugelkoordinatensystem für die relative Kollisionsgeschwindigkeit zwischen zwei Teilchen (4.7)

Sortierung der Teilchen in Zellen durch Indizierung und Querverweis der Teilchen

Die Sortierung erfolgt durch die Teilung des Rechenraums in Zellen. Nur Teilchen innerhalb einer Zelle können kollidieren. Die Größe der Zelle soll kleiner als dreimal der freien Weglänge sein. Unabhängig von ihren Positionen in der Zelle werden alle Teilchenpaare in einer Zelle für die Kollision gewählt. Mit dem Modell einer harten Kugel ist die Wahrscheinlichkeit der Kollision zwischen zwei Teilchen i und j proportional zu ihren relativen Geschwindigkeiten:

$$P_{\text{Kollision},ij} = \frac{|\mathbf{v}_i - \mathbf{v}_j|}{\sum_{m=1}^{N_{\text{Zelle}}} \sum_{n=1}^{m-1} |\mathbf{v}_m - \mathbf{v}_n|}. \tag{4.4}$$

Die Berechnung der Gleichung (4.4) ist zeitaufwendig. Deshalb kann in der Simulation das sogenannte Akzeptanz-Ablehnungs-Schema implementiert werden. Das Schema wählt zwei zufällige Teilchen und berechnet ihre relative Geschwindigkeit. Dieses Paar wird für die Kollision akzeptiert, wenn die relative Geschwindigkeit über einen bestimmten Schwellwert liegt. Wenn das Teilchenpaar gewählt wird, kann dann die Kollision simuliert werden. Neue Teilchengeschwindigkeiten werden danach aktualisiert.

Simulation der Kollision

Die Geschwindigkeiten nach der Kollision $\mathbf{v}_i^*$ und $\mathbf{v}_j^*$ werden mit dem Erhaltungssatz des Impulses

$$\mathbf{v}_{\text{m}} = \frac{\mathbf{v}_i + \mathbf{v}_j}{2} = \frac{\mathbf{v}_i^* + \mathbf{v}_j^*}{2} = \mathbf{v}_{\text{m}}^* \tag{4.5}$$

und dem Erhaltungssatz der kinetischen Energie:

$$v_{\text{r}} = |\mathbf{v}_i - \mathbf{v}_j| = |\mathbf{v}_i^* - \mathbf{v}_j^*| = v_{\text{r}}^* \tag{4.6}$$

bestimmt. Dabei sind $\mathbf{v}_{\text{m}}$ und $\mathbf{v}_{\text{m}}^*$ Geschwindigkeiten des Massenmittelpunkts vor und nach der Kollision. $\mathbf{v}_{\text{r}}$ und $\mathbf{v}_{\text{r}}^*$ sind relative Geschwindigkeiten vor und nach der Kollision. Die relative Geschwindigkeit nach der Kollision wird mit den Kollisionswinkeln θ und ϕ (Bild 4.1), die zufällig gewählt werden, berechnet:

$$\mathbf{v}_r^* = v_r \begin{bmatrix} \sin\theta\cos\phi \\ \sin\theta\sin\phi \\ \cos\theta \end{bmatrix} . \tag{4.7}$$

Die neuen Geschwindigkeiten der zwei Teilchen werden dann als

$$\begin{aligned} \mathbf{v}_i^* &= \mathbf{v}_m^* + \tfrac{1}{2}\mathbf{v}_r^* \\ \mathbf{v}_j^* &= \mathbf{v}_m^* - \tfrac{1}{2}\mathbf{v}_r^* \end{aligned} \tag{4.8}$$

berechnet [33].

Entnahme der Kontinuumeigenschaften

In diesem Schritt werden die Fluideigenschaften ausgewertet. Es wird der Mittelwert über alle Teilchen in einer Zelle gebildet. Dadurch wird die Geschwindigkeit jeder Zelle bestimmt. Die Temperatur wird mit der molekularen Effektivgeschwindigkeit (2.68) berechnet.

Beispiel 4.1:   DSMC-Simulation der Couette-Strömung

Argongas befindet sich zwischen zwei Platten unter der Standardbedingung ($T = 273\,\text{K}$, $T = 1 \cdot 10^5\,\text{Pa}$). Der Abstand zwischen den Platten ist $1\,\mu\text{m}$, eine Platte bewegt sich mit einer konstanten Geschwindigkeit von $v = 50\,\text{m/s}$. Die andere Platte ist ruhend. Bestimme mit Hilfe der DSMC-Simulation das Geschwindigkeitsprofil zwischen den Platten und die durchschnittliche Viskosität des Argongases ($m = 6{,}63 \times 10^{-26}\,\text{kg}$, $\sigma = 3{,}66 \times 10^{-10}\,\text{m}$, $n = 2{,}685 \times 10^{25}$)! Untersuche den Einfluss der Anzahl der Teilchen und der Zeitschritte auf die Ergebnisse! Vergleiche analytische Ansätze vom Abschnitt 2.2.2 mit den Simulationsergebnissen!

Die DSMC-Simulation wird mit einem MATLAB-Programm realisiert. Das Hauptprogramm wird wie folgt aufgebaut:

- Initialisierung der Konstanten wie m, σ, ρ, Anzahl der Teilchen, Anzahl der Zellen, Zeitschritt, Anfangswert für die maximale relative Geschwindigkeit einer Zelle v_r.

- Deklaration der Strukturen für die Sortierung der Teilchen in Zellen.

- Realisierung der Schleife über die angegebenen Zeitschritte. Jede Schleife beinhaltet die folgenden Schritte:

    - Realisierung der Teilchenbewegung,
    - Sortierung der Teilchen in Zellen,
    - Auswertung der Teilchenkollisionen in den Zellen,
    - Abspeicherung der statistischen Werte.

- Berechnung der statistischen Werte wie Geschwindigkeit, Temperatur, Dichte und Viskosität.

Die Realisierung der Teilchenbewegung besteht aus den folgenden Schritten:

- Berechnung der neuen Geschwindigkeiten und neuen Positionen für alle Teilchen.

- Prüfen jedes einzelne Teilchen durch eine Schleife:
  - Prüfen ob ein Teilchen mit der Wand kollidiert,
  - Wenn ein Teilchen an der Wand einschlägt, setze die Randbedingungen für die Geschwindigkeit, die Temperatur (und dadurch die Effektivgeschwindigkeit), die Position und die Bewegungsrichtung des Teilchens. Danach wird die Geschwindigkeitsänderung abgespeichert, um die Scherkräfte zu berechnen.

Die Sortierung der Teilchen in einer Zelle erfolgt durch die folgenden Schritte:

- Suchen nach der entsprechenden Zelle für jedes Teilchen,

- Bestimmung der Teilchenanzahl in jeder Zelle,

- Aufbau der Indexliste,

- Aufbau der Querverweisliste für die Teilchen.

Die Auswertung der Teilchenkollision in jeder Zelle erfolgt durch die folgenden Schritte:

- Vernachlässigung der Zellen mit nur einem Teilchen,

- Bestimmung der Anzahl der Kollisionspaare,

- Schleife über diese Kollisionspaare:
  - Auswahl von zwei beliebigen Teilchen aus dieser Zelle,
  - Berechnung der relativen Geschwindigkeit zwischen den Teilchen,
  - Akzeptanz oder Ablehnung des Kollisionspaares,
  - Wenn ein Kollisionspaar ausgewählt wird, werden die neuen Geschwindigkeiten nach der Kollision berechnet.

Die Abspeicherung der statistischen Werte wird wie folgt realisiert:

- Berechnung der Zellposition für jedes Teilchen,

- Berechnung der Summe der Teilchenanzahl, der Geschwindigkeit und der kinetischen Energie für jede Zelle,

- Aktualisierung der Probenanzahl, der Geschwindigkeit und der Temperatur für jede Zelle.

Bei den angegebenen Bedingungen beträgt die freie Weglänge nach (2.65):

$$\lambda = \frac{1}{\sqrt{2}\pi\sigma^2 n} = 6{,}2579 \times 10^{-8}\text{m}.$$

Mit der charakteristischen Länge von $L = 10^{-6}$ m ist die Knudsen-Zahl (2.18) in diesem Fall:

$$\text{Kn} = \frac{\lambda}{L} = 0{,}062579.$$

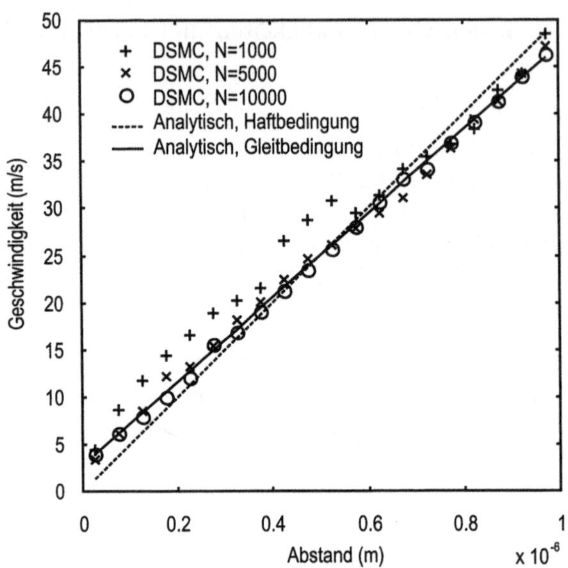

Bild 4.2: Geschwindigkeitverteilung der Couette-Strömungen mit unterschiedlichen Teilchenzahlen

Diese Knudsen-Zahl liegt im Bereich der Strömungen mit Gleitbedingungen
(Abschnitt 2.2.2). Die wahrscheinlichste Geschwindigkeit $\bar{u}_\mathrm{w}$ ist nach (2.67):

$$\bar{u}_\mathrm{w} = \sqrt{\frac{2k_\mathrm{B}T}{m}} = \sqrt{2RT} = 337{,}1891\,\mathrm{m/s}.$$

Für die Simulation werden $N_\mathrm{Zelle} = 20$ Zellen gewählt. Daher wird der Zeitschritt wie folgt gewält:

$$\Delta t = 0.2 \times L/(N_\mathrm{Zelle}\bar{u}_\mathrm{w}) = 2{,}9657 \times 10^{-11}\,\mathrm{s}.$$

Im folgenden werden das Geschwindigkeitsprofil und die Viskosität bei unterschiedlicher Teilchenzahl und Zeitschrittszahl verglichen. Bild 4.2 zeigt die
Geschwindigkeitsverteilung der Couette-Strömungen, die mit unterschiedlichen
Teilchenzahlen simuliert werden. Zum Vergleich werden die analytische Lösung
für die Couette-Strömung mit der Haftbedingung:

$$v(y) = v_\mathrm{Wand}x/L$$

und die Couette-Strömung mit der Gleitbedingung (2.96) dargestellt. Für die
Gleitbedingung wird der Temperaturgradient vernachlässigt und der Akkom-
modationskoeffizient des tangentialen Impulses mit $\sigma_\mathrm{v} = 1$ angenommen:

$$v(y) = v_\mathrm{Wand}(x/L + \mathrm{Kn})/(1 + 2\mathrm{Kn}).$$

Mit ausreichend großer Teilchenzahl stimmt die DSMC-Simulation mit der Gleittheorie überein. Die Gleitgeschwindigkeit an der Wand ist im Diagramm ersichtlich.

Der Scherstress ist der Impulsfluss über den Abstand zwischen den Platten (2.20) und gleich der durchschnittlichen Stoßkraft an der Wand:

$$-\mu \frac{dv}{dx} = \frac{1}{t} \sum m\Delta v = -F_{\text{Wand}}.$$

Aus dieser Beziehung kann die dynamische Viskosität abgeleitet werden:

$$\mu = \frac{F_{\text{Wand}}}{dv/dx} = -\frac{1}{t} \sum m\Delta v / (dv/dt).$$

Für dieses Beispiel wird die theoretische Viskosität nach der Chapmann-Enskog-Theorie [88] berechnet:

$$\mu = \frac{5\pi}{32} nm\bar{u}\lambda = 2.0805 \times 10^{-5} \text{Ns/m}^2.$$

Für die große Knudsen-Zahlen wird die dynamische Viskosität nach unten korrigiert. Messungen [126] wiesen auf eine effektive Viskosität hin:

$$\mu_{\text{eff}} = \frac{\mu}{1 + \text{Kn}/0{,}7} = \frac{2.0805 \times 10^{-5}}{1 + 0.062579/0.7} = 1.9097 \times 10^{-5} \text{Ns/m}^2.$$

Im Bild 4.3 wird die ausgewertete dynamische Viskosität als Funktion der Teilchenzahl bei einer konstanten Zeitschrittszahl von 10 000 und als Funktion der Zeitschritte bei einer konstanten Teilchenzahl von 5 000 dargestellt. Mit der Zunahme der Teilchenzahl oder der Zeitschrittszahl nähert sich das Ergebnis dem erwarteten effektiven Wert. Der statistische Fehler nimmt mit der Zunahme der Zeitschritte ab. Wegen der statistischen Natur braucht die DSMC-Simulation für ein vertrauenswürdiges Ergebnis eine große Teilchenzahl und eine lange Rechenzeit. Die DSMC-Simulation der Couette-Strömung bestätigt die Gleitbedingung und die geringere effektive Viskosität eines Gases bei einer relativ großen Knudsen-Zahl.

Durch lineare Interpolation wird die Geschwindigkeit des Gases an der rechten Wand 47,43 m/s. Damit ist die simulierte Geschwindigkeit:

$$v_{\text{Gas}} - v_{\text{Wand}} = 50 - 47{,}43 = 2{,}57 \text{m/s}.$$

Die Geschwindigkeit an den Wänden ist nach (2.80) für die isotherme Bedingung und einen Akkommodationskoeffizienten des tangentialen Impulses von $\sigma_{\text{v}} = 1$:

$$v_{\text{Gas}} - v_{\text{Wand}} = \lambda \frac{\partial v}{\partial x} = 6{,}2579 \times 10^{-8} \times \frac{1{,}142}{0{,}025 \times 10^{-6}} = 2{,}87 \text{m/s}.$$

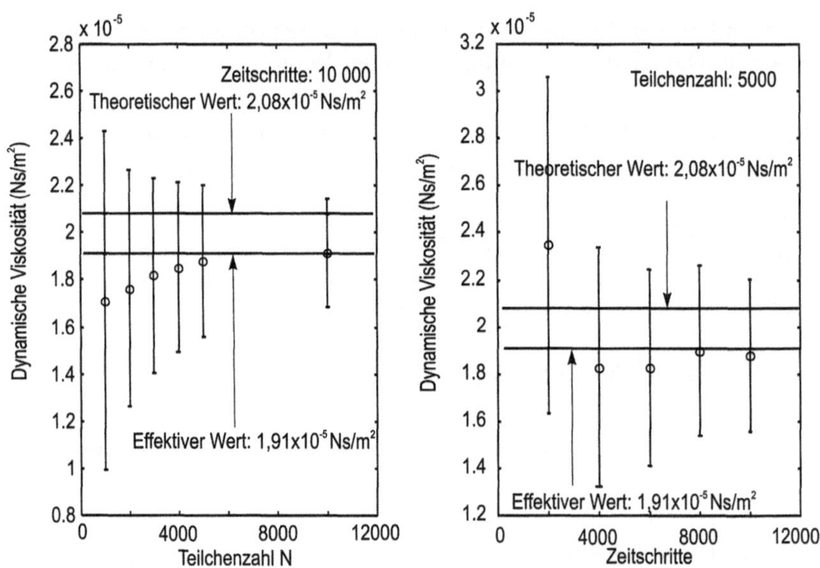

Bild 4.3: Ausgewertete dynamische Viskosität in Abhängigkeit von der Anzahl der Teilchen und Zeitschritte

Der Unterschied von ca. 10% könnte durch den thermischen Effekt verursacht werden. Erwärmung durch viskose Reibung verursacht einen dem Geschwindigkeitsgradienten entgegen gerichteten Temperaturgradienten. Laut Gleichung (2.80) soll die Geschwindigkeit dann geringer sein. Das stimmt mit dem DSMC-Ergebnis überein.

Beispiel 4.2:   DSMC-Simulation der Poiseulle-Strömung

Untersuche die Poiseulle-Strömung zwischen den zwei Platten im Beispiel 4.1. Für die Simulation wird das gleiche Gasmodell verwendet. In Strömungsrichtung wirkt auf jedes Atom eine Beschleunigung von $g = 10^{10}$ m/s².

Die DSMC-Simulation wird mit dem gleichen MATLAB-Programm realisiert. Die Randbedingung und die Beschleunigung in y-Richtung werden im Unterprogramm für die Teilchenbewegung realisiert. Der Druckgradient in Strömungsrichtung ist in diesem Fall:

$$\mathrm{d}p/\mathrm{d}y = mng = 6{,}63 \times 10^{-26} \times 2{,}685 \times 10^{25} \times 10^{10} = 17{,}89 \times 10^{9} \mathrm{Pa/m}.$$

Der analytische Ansatz der Poiseulle-Strömung (2.95) ist in diesem Fall:

$$v(x) = \frac{L^2}{2\mu}\frac{dp}{dy}\left(-\frac{x^2}{L^2} + \frac{x}{L} + \frac{2-\sigma_v}{\sigma_v}\frac{\mathrm{Kn}}{1+\mathrm{Kn}}\right).$$

Bild 4.4 vergleicht die Ergebnisse der DSMC-Simulation mit 5000 Teilchen mit dem analytischen Ansatz der Gleitbedingung ($\sigma_v = 1$). Es kann eine gute

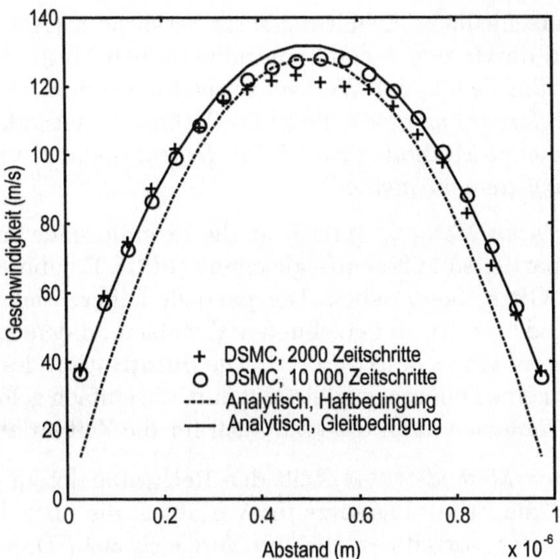

Bild 4.4: Geschwindigkeitsverteilung einer Poiseulle-Strömung

Übereinstimmung zwischen der DSMC-Simulation und dem analytischen Ansatz festgestellt werden. Lineare Interpolation ergibt die Geschwindigkeit des Gases an der rechten und linken Wand als 24,93 m/s.

Die Geschwindigkeit an den Wänden lautet nach (2.80) für die isotherme Bedingung und einen Akkommodationskoeffizienten des tangentialen Impulses von $\sigma_v = 1$:

$$v_{\mathrm{Gas}} - v_{\mathrm{Wand}} = \lambda \frac{\partial v}{\partial x} = 6{,}2579 \times 10^{-8} \times \frac{10{,}3259}{0{,}025 \times 10^{-6}} = 26{,}09 \mathrm{m/s}.$$

Ähnlich wie im Beispiel 4.1 kann der Unterschied von ca. 10 % durch den thermischen Effekt erklärt werden. Auch hier ist das analytische Ergebnis durch die Vereinfachung der thermischen Bedingung größer als das Simulationsergebnis.

4.2 Kontinuummethoden

4.2.1 CFD-Werkzeuge

In den meisten mikrofluidischen Awendungen sind molekulare Methoden wegen des enormen Rechenaufwandes nicht praktikabel. Die Vorhersage des Komponenten- und Systemverhaltens ist jedoch ein wichtiger Schritt im Entwicklungsprozess einer mikrofluidischen Komponente. Die Modellbildung und die Simulation bestehen aus vier wesentlichen Ebenen [35]: das reale technische System, das physikalische Modell, das mathematische Modell und das simulierte Verhalten des technischen Systems. Für die Strömungsmechanik besteht das mathematische Modell aus einem System von partiellen Differentialgleichungen, die unterschiedliche Erhaltungssätze verkörpern (Abschnitt 2.2.3). Dieses Gleichungssystem kann durch eine Anzahl von numerischen Methoden, die sogenannten CFD- (*computational fluid dynamics*) Werkzeuge, gelöst werden: die Finite-Differenzen-Methode FDM (*finite difference method*), die Finite-Volumen-Methode FVM (*finite volume method*), die Finite-Element-Methode FEM (*finite element method*) und die Randelementmethode BEM (*boundary element method*):

- *Die Finite-Differenzen-Methode* (FDM) ist die grundlegende numerische Methode zur Lösung einer partiellen Differentialgleichung (PDG). Bei dieser Methode wird das Modell durch ein Gitter beschrieben. Der partielle Differentialausdruck wird durch den Differenzenausdruck der zu berechneten Variablen an dem interessierten und an dessen benachbartem Gitterpunkt ersetzt. Die Substitution des Differenzausdrucks wandelt die PDG in eine Differenzengleichung um, die einfach gelöst werden kann. Bei zeitabhängigen Problemen kann die FDM auch für die Zeitvariable benutzt werden.

- *Die Finite-Volumen-Methode* (FVM) teilt den Rechenbereich in viele finite Kontrollvolumina und löst die Erhaltungssätze für Variablen, die über das Kontrollvolumen gemittelt werden. Der Vorteil der FVM im Vergleich zur FDM ist, dass kein strukturiertes Gitter benötigt wird. FVM ist besonders mächtig für grobe, uneinheitliche Gitter. FVM ist die meist benutzte numerische Methode für CFD.

- *Die Finite-Element-Methode* (FEM) löst eine PDG durch die Annäherung einer kontinuierlichen Variablen durch eine Menge von diskreten Werten an den Punkten des Berechnungsgitters. Der Vorteil der FEM ist die Anpassung für komplexe Probleme mit ungewöhnlichen Geometrien. Aus diesem Grund ist die FEM ein mächtiges Werkzeug für Anwendungen in der Mechanik, der Strömungsmechanik und dem Wärmetransport.

- *Die Randelementmethode* (BEM) löst ein Problem durch die Diskretisierung des Randes des Rechenbereichs. Die PDGs werden als Randintegralgleichungen formuliert und gelöst. Der Vorteil der BEM gegenüber FEM ist die Problemformulierung nur auf dem Rand. Die Reduzierung der Gitterdimensionen führt zu einer schnelleren Berechnung. Der fundamentale Unterschied zwischen BEM und anderen numerischen Methoden liegt im analytischen Lösungsansatz für die PDG. Daher können genauere Lösungen für den Rand erreicht werden.

Weil alle numerische Methoden Annäherungen der realen Systeme sind, sind ihre Ergebnisse auch fehlerbehaftet. Eine mögliche Fehlerquelle sind unzutreffende und zu weit vereinfachende Annahmen in den physikalischen und mathematischen Modellen. Die Näherungen in den numerischen Verfahren können auch zu Berechnungsfehlern führen. Daher ist die Verifikation der Simulationsergebnisse besonders wichtig. Die Verifikation kann mit bekannten analytischen Lösungen oder mit Messergebnissen durchgeführt werden.

4.2.2 Kopplung des Strömungsfelds mit anderen Feldern

In der Mikrofluidik existieren im gleichen realen technischen System oft unterschiedliche physikalische Modelle, die sich gegenseitig beeinflussen. Die einfachste Form der Kopplung ist die binäre Wechselwirkung zwischen dem Strömungsfeld und einem anderen physikalischen Feld. Die gekoppelte Simulation soll das Gleichgewicht der verschiedenen Effekte bestimmen.

In der Elektrokinetik werden z. B. das Strömungsfeld mit dem elektrischen Feld gekoppelt. Das elektrische Feld hängt von der Ionenverteilung im Rechenbereich ab. Die Ionenverteilung wird auch von dem elektrokinetischen Massentransport beeinflusst. Der Massentransport wird wiederum vom elektrischen Feld verursacht.

Ein Beispiel für die Fluid-Struktur-Kopplung ist die Simulation von passiven Ventilen, die oft in Mikropumpen auftreten. Die von der Strömung übertragene Druckbelastung führt zur Deformation der mechanischen Struktur wie z. B. der Ventilklappe. Diese Deformation verändert die Geometrie des Strömungsbereichs und beeinflusst Strömungsfelder wie das Geschwindigkeitsfeld und das Druckfeld.

Gekoppelte Simulationen werden mit zwei prinzipiellen Methoden realisiert:

- *Die direkte Methode* behandelt das gekoppelte Problem als ein eigenständiges Problem [35]. Ein homogenes mathematisches Modell oder ein Elementtyp wird für das Problem formuliert. Die Lösung der Kopplung erfolgt durch die Berechnung der Elementenmatrizen, die alle nötige Terme besitzen. In dem Programm ANSYS (ANSYS Inc. Canonsburg, USA) sind z. B. die Elemente FLUID29, FLUID30 für die direkte Akustik-Struktur-gekoppelte Simulation und das Element FLUID66 für thermisch-fluidisch-gekoppelte Simulation in einer Rohrströmung vorgesehen.

- *Die sequentielle Methode* trennt die zu gekoppelten Probleme in Teilprobleme, die unabhängig von einander gelöst werden. Die Kopplung erfolgt durch die iterative Berücksichtigung der Randbedingungen, die durch die Kopplungsbedingung verändert wird. In einfachen Fällen, wenn die Wechselwirkung sehr schwach ist, ist eine unidirektionale Kopplung genügend. Starke Wechselwirkungen benötigen eine Iterationsschleife für die Kopplung. Daher unterscheidet man zwischen der äußeren Iteration der Kopplungsschleife und der inneren Iteration der Teilprobleme.

Der Vorteil der direkten Methode ist das maßgeschneiderte Modell, das optimal für das gekoppelte Problem ist. Die Rechenzeit ist damit gegenüber der sequentiellen Methode sehr gering. Die direkte Methode ist günstig, wenn nichtlineare Wechselwirkungen der gekoppelten Felder existieren. Die sequentielle Methode könnte in diesem Fall Konvergenzprobleme der äußeren Iterationsschleife haben. Abschnitt 6.2 zeigt ein Beispiel der direkten Methode für die Kopplung einer sich bewegenden Wand mit der Strömung. Das Modell wird speziell mit einer Benutzer-Routine programmiert und mit dem Löser gebunden.

Die sequentielle Methode ist geeignet, wenn die Kopplung eine schwache lineare Wechselwirkung aufweist. Der Vorteil dieser Methode ist die Verwendung der bereits existierten Standardlöser für die Teilprobleme. Es wird keine spezielle Behandlung auf der Ebene des Elementtyps oder des Lösers benötigt. Am folgenden Beispiel wird die sequentielle Methode mit Hilfe des Programmsystems ANSYS durch die gekoppelte Struktur-Fluid-Simulation eines passiven Durchflussreglers illustriert.

Bild 4.5: Der passiver Durchflussregler

Beispiel 4.3:   Gekoppelte Struktur-Fluid-Simulation mit der sequentiellen Methode

Ein passiver Durchflussregler besteht aus zwei gekrümmten Federn (Bild 4.5). Die Feder werden in SU-8 ($E \approx 4 \times 10^9$ Pa) hergestellt. Unter der Druckbelastung einer Rückwärtsströmung bleibt der Spalt zwischen den zwei Federn unverändert. Daher verhält sich die Komponente in Vorwärtsrichtung wie ein gewöhnlicher Mikrokanal mit einer festen Geometrie. In der Rückwärtsrichtung verformt die Druckbelastung der Strömung die Federstrukturen und verringert den Spalt. Die kleinere Kanalbreite erhöht den hydraulischen Widerstand der Komponente und hält den Durchfluss auf einem konstanten Wert trotz des erhöhten Druckes. Simuliere dieses Verhalten mit Hilfe einer sequentiell gekoppelten Struktur-Fluid-Simulation in ANSYS!

Die Simulation wird mit einer Makrodatei (*batch file*) programmiert. Das Programm entspricht den drei wesentlichen Teilen einer numerischen Simulation:

- *Präprozessor*: Definition der Berechnungsbereiche, Geometriedefinition, Vernetzung, Definition der Elementtypen, Definition der physikalischen Umgebungen (Strömung, Struktur) für die gekoppelte Simulation,

- *Löser*: Realisierung der äußeren Iterationsschleife, sequentielle Lösung jeder physikalischen Umgebung, Übernahme der Kopplungsbedingungen von einer Umgebung zur anderen Umgebung, Prüfung der Konvergenzbedingung für die äußere Iteration,

- *Postprozessor*: Auswertung der Simulationsergebnisse für alle physikalischen Umgebungen, Berechnung anderer Variablen (z. B. Volumenstrom, Massenstrom) aus den vorhandenen simulierten Ergebnissen.

Die Realisierung der oben aufgelisteten Schritte wird im folgenden anhand von

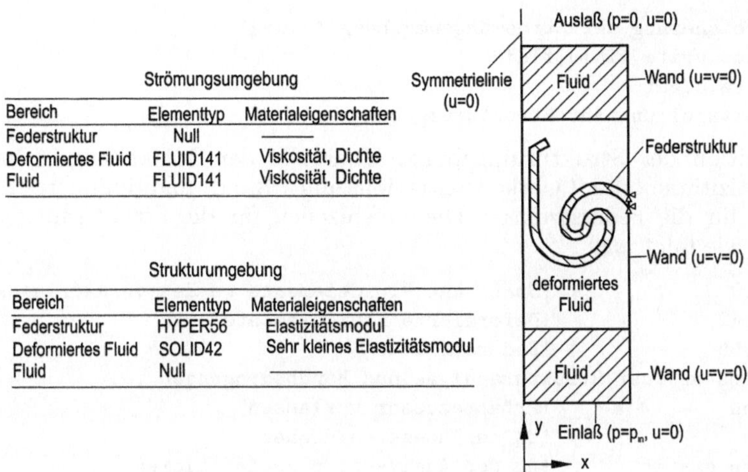

Bereich	Elementtyp	Materialeigenschaften
Federstruktur	Null	——
Deformiertes Fluid	FLUID141	Viskosität, Dichte
Fluid	FLUID141	Viskosität, Dichte

Bereich	Elementtyp	Materialeigenschaften
Federstruktur	HYPER56	Elastizitätsmodul
Deformiertes Fluid	SOLID42	Sehr kleines Elastizitätsmodul
Fluid	Null	——

Bild 4.6: Modell des passiven Durchflussreglers

ANSYS in Einzelheiten beschrieben.

Die gekoppelte Simulation kann als ein zweidimensionales Problem formuliert werden. Außerdem wird nur ein halbes Modell benötigt, weil die Federstruktur und das Strömungsfeld beide achsensymmetrisch sind. Weil die Simulation aus zwei Teilproblemen in zwei unterschiedlichen physikalischen Umgebungen (Struktur und Strömung) besteht, wird die Diskretisierung für jede Umgebung getrennt durchgeführt und abgespeichert. Das Modell besteht aus drei wesentlichen Bereichstypen: Federstruktur, deformiertes Fluid und normales Fluid am Einlass und Auslass. Bild 4.6 zeigt das Modell mit den zwei für die sequentielle Simulation benötigten physikalischen Umgebungen. In diesem Modell wird der Bereich des deformierten Fluids in beiden Umgebungen benutzt. Die Fluid-Struktur-Kopplung der Vernetzung wird in diesem Bereich realisiert. Die Verformung des Berechnungsgitters erfolgt durch die Strukturanalyse dieses Bereichs, wobei ein sehr kleiner Elastizitätsmodul für die Fluidelemente angenommen werden.

Präprozessor. Drei wesentliche Schritte werden im Präprozessor durchgeführt:

- Konstruktion der Geometrie aus Knoten, Linien und Flächen; Diskretisierung der Federstruktur, des Einlasses und des Auslasses mit vorgegebener Vernetzung; Diskretisierung des deformierten Fluids mit freier Vernetzung

- Definition der Strömungsumgebung: Übergabe der Fluideigenschaften (Viskosität, Dichte), Rand- und Symmetriebedingung für die Strömungsbereiche. Die Befehlzeilen für diesen Teil sehen wie folgt aus:

```
et,1,141            !Statische Fluidelemente
et,2,141            !Deformierte Fluidelemente
et,3,0              !Federstruktur
!Parameter fuer CFD-Loeser ...
```

```
!Abspeicherung der Stroemungsumgebung 'fluid'
physics,write,fluid,fluid
physics,clear
!Bereitstellung für Strukturumgebung
```

- Definition der Strukturumgebung: Übergabe der Struktureigenschaften (Elastizitätsmodul, Querkonzentrationszahl), Rand- und Symmetriebedingung für die Federstruktur. Die Befehlzeilen für die Strukturumgebung sieht wie folgt aus:

```
et,1,0              !Statische Fluidelemente werden vernachlaessigt
et,2,42             !Deformierte Fluidelemente
et,3,56             !Federstruktur
!Parameter fuer Strukturanalyse und Randbedingungen ...
finish              !Pr"aprozessor verlassen
/solu               !In den Loeser eingehen,
antype,static       !um den Analysentyp zu definieren
nlgeom,on           !grosse Deformationen erlauben
!Abspeicherung der Strukturumgebung 'struc'
physics,write,struc,struc
physics,clear       !Bereitstellung f"ur die Analyse ...
```

Löser. Der Löser besteht aus einer äußeren Iterationsschleife. Die Schleife kann durch eine Bedingung (z. B. Änderung in Verschiebung der Federspitze) gestoppt werden. In jeder Schleife werden sequentiell die Strömungsumgebung und die Strukturumgebung aufgerufen und gelöst. Die äußere Interationschleife sieht wie folgt aus (ohne Implementierung der Stopbedingung wegen der Übersichtlichkeit):

```
loop=5              !Die maximale Anzahl der "au"seren Iterationsschleife
*do,i,1,loop        ! Aeussere Iterationsschleife
shpp,off            !Formkontrolle ausschalten
/solu               !Loeser starten
!*********Stroemungsanalyse*************
physics,read,fluid  !Stroemungsumgebung aufrufen
*if,i,ne,1,then     !Mehr innere Interationen fuer die erste Schleife
flda,iter,exec,100
*endif
solve               !Loesung der Stroemungsanalyse
!**********Strukturanalyse*************
physics,read,struc  !Strukturumgebung aufrufen
finish              !Loeser verlassen
/assign,esave,struc,esav    !Abspeicherung fuer die naechste Schleife
/assign,emat,struc,emat
/solu               !Loeser starten
lsel,s,line,,1,10,1 !Definition der Linien zur Uebergabe der Drucklast
lsel,a,line,,12,22,1
nsll,,1
esel,s,type,,3      !Uebernahme der Drucklast aus der Stroemungsumgebung
ldread,pres,last,,,,,rfl
allsel
```

```
*if,i,gt,1,then       !Wiederholungsschleife fuer Strukturanalyse
finish                !Loeser verlassen
/post1
!Postprozessor starten
set,last              !Uebernahme der Ergebnisse aus der letzten Schleife
finish                !Postprozessor verlassen
/solu                 !Loeser starten
allsel
upcoord,-1            !Urspruengliche Knotenkoordinaten aktualisieren
antype,stat,rest      !Statische Analyse mit Uebernahme der alten Ergebnisse
*endif                !Ende der Wiederholungsschleife fuer Strukturanalyse
solve                 !Loesung der Strukturanalyse
upcoord,1             !Gitterkoordinaten f"ur Str"omungsanalyse aktualisieren
allsel
finish                !Loeser verlassen
/assign,esav          !Abspeicherung fuer die naechste Schleife
/assign,emat *enddo   !Ende der aeusseren Iterationsschleife
save                  !Ergebnisse abspeichern
fini
```

Postprozessor. Im Postprozessor können Ergebnisse der beiden Analysen ausgewertet werden. Dafür wird die entsprechende physikalische Umgebung mit `physics,read,...` aufgerufen. Ergebnisse des Strömungsfeldes werden z.B. wie folgt angezeigt:

```
physics,read,fluid        !Stroemungsumgebung aufrufen
/post1                    !Postprozessor starten
set,last                  !Letztes Ergebnis holen
plvec,v                   !Geschwindigkeitsfeld
/expand,2,rect,half,1e-5!Um Symmetrielinie spiegeln
```

Die Bilder 4.7 und 4.8 zeigen die Ergebnisse des Geschwindigkeitsfelder für die Rückwärts- und die Vorwärtsströmung.

Ähnlich wie für die Strömungsumgebung, können die Ergebnisse der Strukturanalyse nach dem Aufruf der Strukturumgebung ausgewertet werden. Die Von-Mises-Spannungen in der Federstruktur wird z.B. wie folgt angezeigt:

```
fini                      !Postprozessor verlassen
physics,read,struc        !Strukturumgebung aufrufen
/post1                    !Postprozessor starten
set,last                  !Letztes Ergebnis
holen upcoord,-1          !Urspruengliche Koordinaten holen
esel,s,type,,3            !Nur Federstruktur wird ausgewertet
plnsol,s,eqv,1,1          !Von-Mises-Spannungsfeld anzeigen
```

Die Ergebnisse der oben aufgelisteten Befehle sind im Bild 4.8 dargestellt. Anhand des Geschwindigkeitsfelds können weitere Ergebnisse wie z.B. der Volumenstrom abgeleitet werden. Bild 4.9 zeigt die Volumenstrom-Druckabfall-Charakteristik des passiven Durchflussreglers mit verschiedenen Passagenlängen L. Der Kontrolleffekt in Vorwärtsrichtung kann deutlich beobachtet werden.

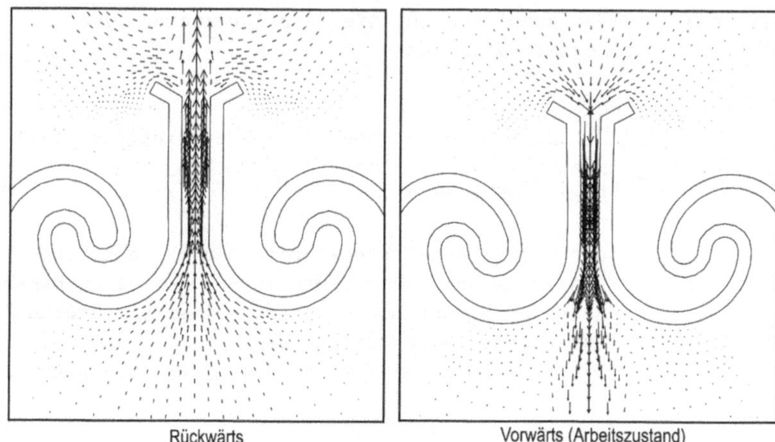

Bild 4.7: Geschwindigkeitsfeld im Durchflussregler

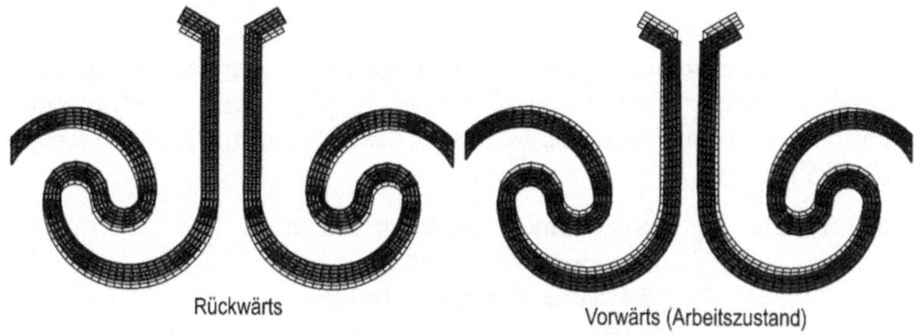

Bild 4.8: Verformung der Federstruktur

In vielen Anwendungen sind die mechanischen Strukturen jedoch sehr komplex. Die gekoppelte Simulation muss dann mit einem dreidimensionalen Modell durchgeführt werden. Ein dreidimensionales Modell führt zu einer wesentlich längeren Simulationszeit und zu Schwierigkeiten für die Konvergenzkontrolle. In einigen Fällen kann die mechanische Struktur als eine vereinfachte Feder angenommen werden. Im Beispiel einer orthoplanaren Feder bewegt sich die Struktur nur parallel zur Kraftwirkung. Mit einer unveränderten Federkonstante kann die Verschiebung mit dem linearen Ansatz berechnet werden:

$$\Delta z = \frac{F}{k} = \frac{\bar{p}A}{k}.$$

$$(4.9)$$

Dabei ist k die Federkonstante, $\bar{p}$ ist der durchschnittliche Druck und A die Fläche unter der Druckbelastung. Die Berechnung der Verschiebung Δz kann in der äußeren Iterationsschleife implementiert werden. Damit braucht nur die Strömungssimulation durchgeführt zu werden. Die Geometrie des Gittermodells wird in jeder Iterationsschleife aktualisiert. Das folgende Beispiel illustriert dieses semi-analytische Kopplungskonzept für ein polymeres Mikroventil.

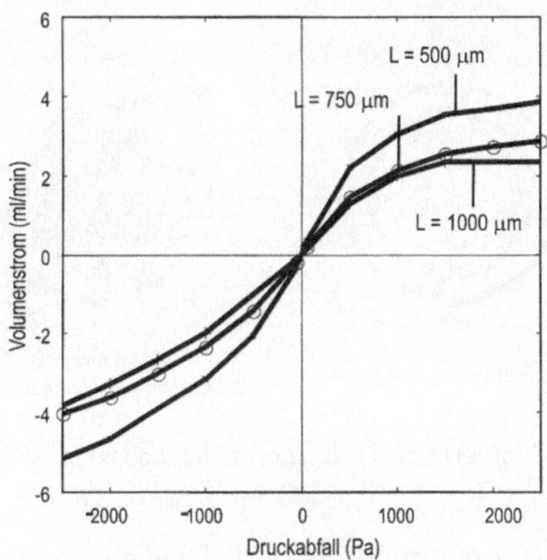

Bild 4.9: Volumenstrom-Druckabfall-Charakteristik des passiven Durchflussreglers

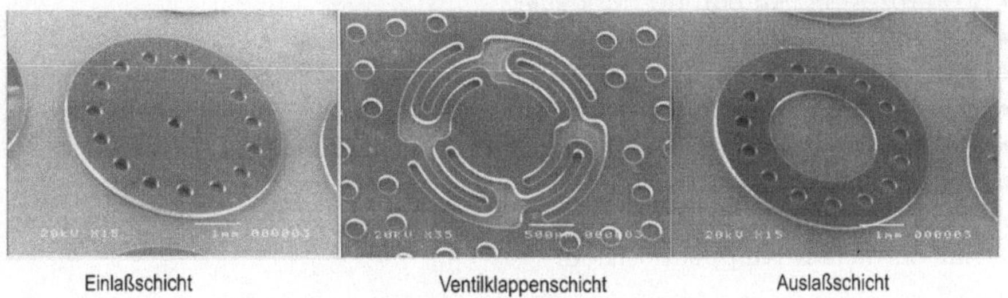

Bild 4.10: Ein passives Mikroventil aus SU-8

Beispiel 4.4:   Semi-analytische gekoppelte Struktur-Fluid-Simulation mit der sequentiellen Methode

Ein passives Mikroventil wird aus SU-8 hergestellt. Das Ventil besteht aus drei Schichten: der Einlassschicht, der Ventilschicht und der Auslassschicht. Die Ventilschicht enthält eine orthoplanare Feder, die als die Ventilklappe wirkt. Bild 4.10 zeigt die gefertigten Ventilteile. Die Geometrie der Ventilklappe ist im Bild 4.11 illustriert. Die Ventilklappe ist eine Scheibe mit einem Durchmesser von 100 µm. Die Durchmesser des Einlasses und des Auslasses sind 100 µm und 2 000 µm. Bestimme das Strömungsverhalten des Ventils!

Mit der gegebenen Geometrie der Ventilklappe kann eine Strukturanalyse durchgeführt werden. Die Analyse ergibt eine Federkonstante von 613 N/m für den linearen Bereich (Verschiebung weniger als die 100 µm-Dicke der SU-8-Schicht). Diese Federkonstante wird zur Berechnung der Ventilklappenverschiebung verwendet. Im Gegensatz zur normalen gekoppelten Struktur-Fluid-Simulation, wo die äußere Iterationsschleife nur im Löser implementiert ist, wird diese Schleife in der semi-analytischen Vorgehensweise über alle Teile (Präpro-

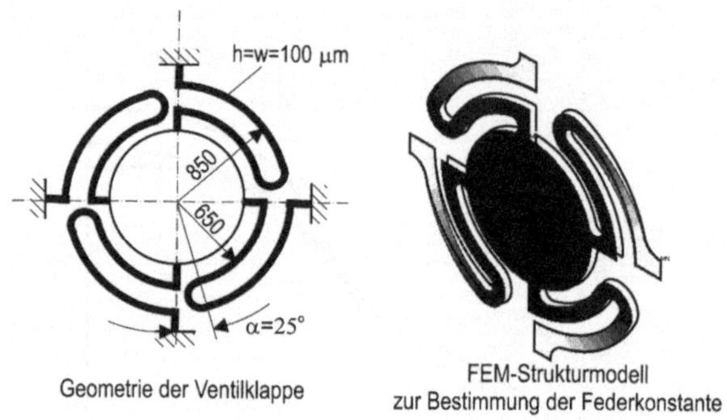

Bild 4.11: Geometrische Parameter des passiven Mikroventils

zessor, Löser, Postprozessor) implementiert. Die Schleife besteht aus folgenden Schritten:

- Initialisierung der Klappenposition,
- Präprozessor: Aufbau des Modells
- Löser: Lösung des Strömungsfeldes für das Modell,
- Postprozessor: Berechnung der Druck- und Kraftlast an der Ventilklappe,
- Berechnung der Verschiebung mit dem analytischen linearen Federansatz,
- Prüfung der Konvergenzbedingung,
- Die Schleife beenden, wenn die Konvergenzbedingung erfüllt ist,
- Wenn die Konvergenzbedingung nicht erfüllt ist, wiederhole die Schleife mit der neuen Klappenposition.

Bild 4.12 zeigt die Ergebnisse der Simulation. Das linke Bild zeigt das Strömungsfeld in Vorwärts- und Rückwärtsrichtung. Die Klappenposition verändert das Strömungsmodell und damit die Drucklast an der Ventilklappe. Das rechte Bild vergleicht die Ergebnisse der Messung und der Simulation. Die Leckströmung der Rückwärtsrichtung ist nicht messbar.

4.3   Makromethoden

4.3.1   Makro- und Netzwerkmodelle

In den vorhergehenden Abschnitten wurden mikrofluidische Effekte mit physikalischen Modellen beschrieben. Sowohl molekulare als auch Kontinuummethoden basieren auf physikalischen Grundgleichungen, die die Modelle beschreiben. Der Abstraktionsgrad der Beschreibung erhöht sich von der molekularen Methode zur Kontinuummethode. Demzufolge verringert sich auch der Rechenaufwand.

Bei angemessenem Rechenaufwand ist die molekulare Methode nur auf eine kleine Fluidmenge beschränkt (Beispiele 4.1 und 4.2) und die Kontinuummethode nur auf eine fluidische Komponente (Beispiele 4.3 und 4.4). Die Simulation eines komplexen mikrofluidischen Systems auf der physikalischen Ebene ist aus rein rechentechnischen Gründen gegenwärtig undenkbar.

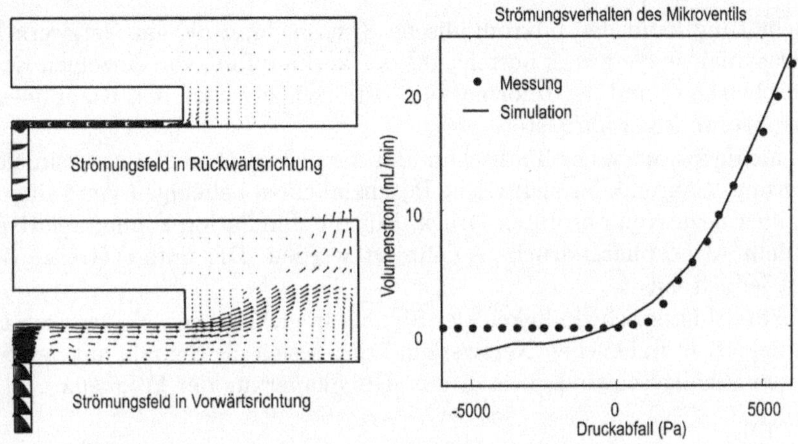

Bild 4.12: Geometrische Parameter des passiven Mikroventils

Die einzige vernünftige Lösung für die Simulation komplexer Systeme ist die Makromethode, bei der sich der Abstraktionsgrad weiter erhöht. Mikrofluidische Komponenten im System werden durch einfache Makromodelle ersetzt. Die Makromodelle beschreiben das Verhalten der eigentlichen Komponente. Die Charakteristik der Komponente kann aus Messungen, numerischen Simulationen oder analytischen Berechnungen auf der physikalischen Ebene gewonnen werden. Die Herangehensweise der Makromethode in der Mikrofluidik ist ähnlich wie die der Netzwerksimulation der Elektrotechnik. Deshalb kann das gleiche Netzwerksimulationswerkzeug für die Modellierung der Mikrofluidik benutzt werden.

Wie bereits im Abschnitt 2.1.4 und im Tafel 2.4 aufgelistet wurde, können aus der Analogie zwischen der Elektrotechnik und der Fluidik einfache fluidische Makromodelle wie der fluidische Widerstand $R_{\text{fluid.}}$, die fluidische Inertanz $L_{\text{fluid.}}$ und die fluidische Kapazität $C_{\text{fluid.}}$ abgeleitet werden. Die Beziehungen zwischen diesen Größen und dem Druckabfall Δp sowie dem Massenstrom $\dot{m}$ werden durch die folgenden Gleichungen beschrieben:

$$R_{\text{fluid.}} = \frac{\Delta p}{\dot{m}}, \tag{4.10}$$

$$\Delta p = L_{\text{fluid.}} \frac{d\dot{m}}{dt}, \tag{4.11}$$

$$\dot{m} = C_{\text{fluid.}} \frac{d\Delta p}{dt}. \tag{4.12}$$

Dazu können auch aktive Elemente wie Druck- und Massenquellen definiert werden.

Mikrofluidische Komponenten wie Mikroventile, Mikropumpen und Mikrokanäle können als eigenständige Makromodelle oder auch aus den oben erwähnten Elementen aufgebaut werden. Komplexere Komponenten mit nichtlinearem Verhalten lassen sich auch durch Wertetabellen oder Gleichungssysteme beschreiben. Ähnlich wie eine analoge elektrische Schaltung kann das mikrofluidische System dann als ein Netzwerk beschrieben werden. Das analoge Netzwerk besteht aus der Verknüpfung von einzelnen Komponenten. Die Wechselwirkung und der Informationsaustausch zwischen den Komponenten werden durch das Netzwerk gewährleistet.

Die Analogie zwischen der fluidischen und der elektrischen Netzwerksimulation hat jedoch Grenzen. Während das elektrische Potenzial einen beliebigen Wert einnehmen kann, gibt es keinen negativen absoluten Druck. Für die Simulation können relative Drücke gegenüber dem Atmosphärendruck p_0 definiert werden. Die untere Grenze des relativen Drucks ist jedoch $-p_0$.

Die Ausbreitungsgeschwindigkeit der Signale in elektrischen Netzwerken ist die Lichtgeschwindigkeit. In fluidischen Netzwerken breiten sich die Signale mit der 6 Ordnungen langsameren Schallgeschwindigkeit u_s aus. Die Skalierung der Frequenz

$$f = \frac{1}{2\pi}\frac{u_\mathrm{s}}{\lambda} \tag{4.13}$$

führt dazu, dass für die gleiche Wellenlänge λ eine fluidische Schwingung von 100 Hz bereits als hochfrequent wie eine elektromagnetische Schwingung von 100 MHz angesehen werden muss [120, 123]. Darüber hinaus ist die Lichtgeschwindigkeit die obere Grenze für elektromagnetische Signale. In fluidischen Elementen sind jedoch Überschallgeschwindigkeiten möglich.

4.3.2 Gültigkeit der Netzwerkmodelle

Für instationäre Simulationen mikrofluidischer Netzwerke wird angenommen, dass der Massenstrom und der Druck in einem fluidischen Widerstand gleichphasig sind. Diese Annahme ist korrekt mit einem dem Druck gleichphasigen Geschwindigkeitsprofil im Strömungskanal, der durch den fluidischen Widerstand modelliert wird. Bei hohen Frequenzen und großen Kanälen könnte die Phase der Geschwindkeitskomponenten unterschiedlich sein. Für diesen Effekt wird die dynamische Reynolds-Zahl $\mathrm{Re_d}$ eingeführt [120]:

$$\mathrm{Re_d} = \frac{D}{2}\sqrt{\frac{\omega\rho}{\mu}} = \frac{D}{2}\sqrt{\frac{2\pi f\rho}{\mu}}. \tag{4.14}$$

Dabei ist D der Durchmesser eines zylindrischen Kanals oder der hydraulische Durchmesser eines Kanals beliebiger Querschnittsform.

Die Einführung der dynamischen Reynolds-Zahl ergibt sich aus der Laplace- Lösung der Navier-Stokes-Gleichung (2.83):

$$\rho\frac{\partial u}{\partial t} = -\frac{dp}{dx} + \mu\left(\frac{1}{r}\frac{\partial u}{\partial r} + \frac{\partial^2 u}{\partial r^2}\right). \tag{4.15}$$

Gleichung (4.15) ist die vereinfachte Form der Gleichung (2.83) in zylindrischen Koordinaten mit Vernachlässigung des konvektiven Terms $\partial u/\partial x$ wegen der kleinen Strömungsgeschwindigkeit in mikrofluidischen Systemen gegenüber der Schallgeschwindigkeit (kleine Mach-Zahl Ma (2.65)). Die Lösung der Gleichung 4.15 auf der Laplace-Ebene bedeutet

[120, 139]:

$$\hat{u} = \frac{1}{s\rho}\frac{d\hat{p}}{dx}\left[\frac{J_0(r^*)}{J_0 R^*} - 1\right] \qquad (4.16)$$

mit der Laplacetransformierten s, der Geschwindigkeit $\hat{u}$ und dem Druckgradienten $d\hat{p}/dx$. J_0 ist die Bessel-Funktion nullter Ordnung erster Gattung. Die komplexen Argumente der Bessel-Funktionen sind:

$$\begin{aligned} r^* &= ir\sqrt{\frac{s\rho}{\mu}}\\ R^* &= i\frac{D}{2}\sqrt{\frac{s\rho}{\mu}}. \end{aligned} \qquad (4.17)$$

Der absolute Betrag von R^* wird in (4.14) als dynamische Reynolds-Zahl definiert. Für eine harmonische Druckerregung $d\hat{p}/dx = \frac{\Delta p_0}{\Delta x}\sin(\omega t)$ kann die Laplacetransformierte s durch iw ersetzt werden. Das Geschwindigkeitsprofil (4.16) in einem Mikrokanal mit der Länge Δx und dem Druckabfall $\Delta\hat{p}\sin(\omega t)$ ist:

$$u = \frac{1}{i\omega\rho}\frac{dp_0}{dx}\sin(\omega t)\left[\frac{J_0(r^*)}{J_0 R^*} - 1\right]. \qquad (4.18)$$

Beispiel 4.5:   Instationäres Verhalten des Geschwindigkeitsprofils in einer zylindrischen Kapillare

Untersuche das instationäre Verhalten des Geschwindigkeitsprofils einer Wasserströmung ($\rho = 1000\,\text{kg/m}^3$, $\mu = 1 \times 10^{-3}\,\text{kg/ms}$) in einer zylindrischen Kapillare mit dem Durchmesser von $100\,\mu\text{m}$.

Für die Untersuchung wird die Lösung (4.18) benutzt. Für die Berechnung werden drei repräsentative dynamische Reynolds-Zahlen 1, 100 und 1000 benutzt. Aus (4.14) ergeben sich für einen festen Durchmesser von $100\,\mu\text{m}$ und die dynamischen Reynolds-Zahlen die Kreisfrequenzen:

$$\omega = 2\pi f = \frac{2\mu}{\rho}\left(\frac{\text{Re}_\text{d}}{D}\right)^2 = \begin{array}{l} 0.2\text{kHz (Re}_\text{d}\text{=1)}\\ 20\text{kHz (Re}_\text{d}\text{=10)}\\ 2000\text{kHz (Re}_\text{d}\text{=100)} \end{array}.$$

Bild 4.13 zeigt die Zeitfunktionen der Geschwindigkeitsprofile bei unterschiedlichen dynamischen Reynolds-Zahlen.

Die Ergebnisse zeigen, dass das Geschwindigkeitsprofil bei geringen dynamischen Reynolds-Zahlen ($\text{Re}_\text{d} \leq 1$) eine Parabelform wie im stationären Fall hat. Die Geschwindigkeit über dem Kapillarenquerschnitt ist gleichphasig. Bei wachsenden dynamischen Reynolds-Zahlen wird diese Parabelform verzerrt und es treten Phasenverschiebungen auf.

Beispiel 4.5 deutet auf eine kritische dynamische Reynolds-Zahl für die Gültigkeit der Netzwerkmodelle hin. Die Integration der Gleichung (4.16) über den Querschnitt liefert die Beziehung zwischen dem Druck $\hat{p}$ und dem Massenstrom $\hat{m}$ auf der Laplace-Ebene

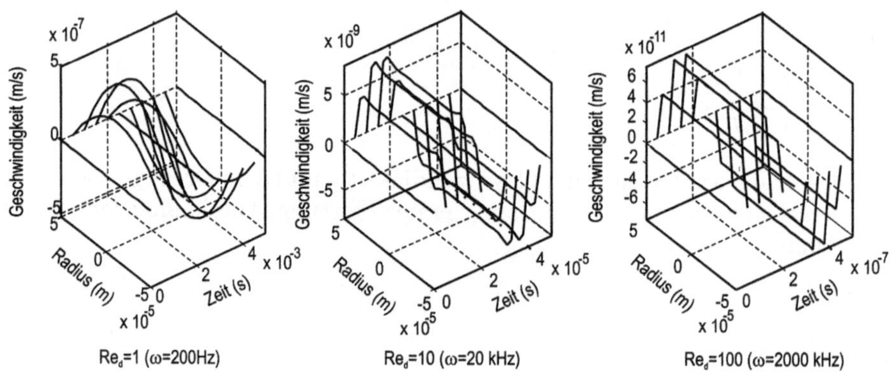

Bild 4.13: Geschwindigkeitsprofil bei unterschiedlichen dynamischen Reynolds-Zahlen

[120, 123]:

$$\frac{d\hat{p}}{dx} = \frac{4s}{\pi D^2} \frac{J_0(R^*)}{J_2(R^*)} \hat{m}. \tag{4.19}$$

Dabei ist $J_2(R^*)$ die Bessel-Funktion der zweiten Ordnung erster Gattung. Die Reihenentwicklung des Bessel-Quotienten in (4.19) für kleine dynamische Reynolds-Zahlen ($Re_\mathrm{d} < 1$) führt zu der Beziehung:

$$\frac{d\hat{p}}{dx} = -\left(\frac{128\mu}{\pi D^4 \rho} + i\omega \frac{16}{3\pi} \frac{1}{D^2} \right) \hat{m}. \tag{4.20}$$

Die Ausdrücke in (4.20) lassen sich aus einfacheren Überlegungen bereits in (2.44) und (2.48) (Abschnitt 2.1.4) ableiten. Der Unterschied des Faktors $16/3\pi$ in (4.20) und $4/\pi$ in (2.48) kann durch die geringere kinetische Energie des pfropfenförmigen Profils im einfacheren Modell der Gleichung (2.48) erklärt werden. Mit der Definition des fluidischen Widerstands pro Länge $r_\mathrm{fluid.}$ und der fluidischen Inertanz pro Länge $l_\mathrm{fluid.}$

$$r_\mathrm{fluid.} = \frac{128\mu}{\pi D^4 \rho}, \tag{4.21}$$

$$l_\mathrm{fluid.} = \frac{16\mu}{3\pi} \frac{1}{D^2}, \tag{4.22}$$

kann die Navier-Stokes-Gleichung als

$$\frac{d\hat{p}}{dx} = -(r_\mathrm{fluid.} + i\omega l_\mathrm{fluid.})\hat{m} \tag{4.23}$$

formuliert werden. Gleichung (4.23) repräsentiert die Maschengleichung des Kirchoffschen Gesetzes. Um die Analogie in (4.23) zu gewährleisten, müssen dynamische Änderungen langsamer als die charakteristische Zeitkonstante der Inertanz (2.53) sein. Wird diese

Zeit für die kritische Kreisfrequenz

$$\omega_{\text{krit.}} = \frac{1}{\tau_{\text{Inertanz}}} = \frac{r_{\text{fluid.}}}{l_{\text{fluid.}}} = \frac{24\mu}{\rho D^2} \tag{4.24}$$

gewählt, ergibt sich aus (4.14) und (4.24) die kritische dynamische Reynolds-Zahl:

$$\text{Re}_{\text{d,krit.}} = \frac{\sqrt{24}}{2} \approx 2{,}45. \tag{4.25}$$

Bei dieser kritischen dynamischen Reynolds-Zahl ($\text{Re}_{\text{d,krit.}} = 2{,}45$) ist der relative Fehler der Reihenentwicklung für (4.20) weniger als 5%. Damit ist die Gültigkeit des Netzwerkmodells für die Navier-Stokes-Gleichung durch die Bedingung

$$\text{Re}_{\text{d}} \leq \text{Re}_{\text{d,krit.}} = \frac{\sqrt{24}}{2} \approx 2{,}45 \tag{4.26}$$

bestimmt.

Mit der Vernachlässigung der Wärmeausdehnung führt die Kontinuitätsgleichung (2.75) im Frequenzbereich zu der Form [120]

$$\frac{\partial \hat{\dot{m}}}{dx} = -i\omega(\rho A \gamma + c_{\text{elast.}})\hat{p}, \tag{4.27}$$

oder im Zeitbereich:

$$\frac{\partial \dot{m}}{dx} = -(\rho A \gamma + c_{\text{elast.}})\frac{\partial p}{\partial t}. \tag{4.28}$$

Aus (4.27) lassen sich die zwei Komponenten der fluidischen Kapazität pro Längeneinheit erkennen. Der erste Term ist die Kompressibilität des Fluids. Wegen der inkompressiblen Annahme für Wasser und die meisten Flüssigkeiten kann dieser Term vernachlässigt werden. Der zweite Term beschreibt die elastische Eigenschaft der Leitungswand

$$c_{\text{elast.}} = \rho \frac{\partial A}{\partial p}, \tag{4.29}$$

und kann für Mikrokanäle mit festen Wänden vernachlässigt werden. Beide Terme können in einer effektiven fluidischen Kapazität pro Längeneinheit zusammengefasst werden:

$$c_{\text{fluid.}} = \rho A \gamma + c_{\text{elast.}}. \tag{4.30}$$

Die harmonische Druckerregung in langen Mikrokanälen führt zur Entstehung einer Welle. Die Verwendung eines Netzwerkmodells für den fluidischen Widerstand, die fluidische Inertanz und die fluidische Kapazität ist nur für Elementlängen zulässig, die kleiner als eine kritische Länge sind, die mit der Wellenlänge des Schallsignals gleichgesetzt wird:

$$L \ll \lambda_{\text{Schall}} = \frac{u_{\text{s}}}{2\pi f}. \tag{4.31}$$

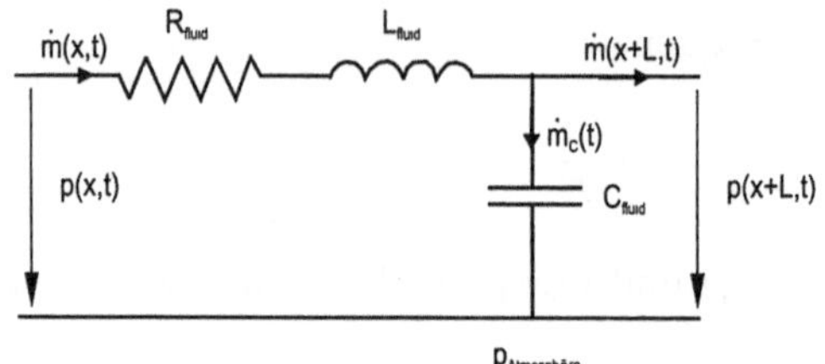

Bild 4.14: Ersatzschaltung eines infinitesimal kurzen Mikrokanals

Für einen Fehler weniger als 1 % kann die folgende Bedingung gewählt werden [120]:

$$L \le L_{\text{krit.}} = 0.1\lambda_{\text{Schall}} = 0.1\frac{u_{\text{s}}}{2\pi f}. \tag{4.32}$$

Beispiel 4.6:   Kritische Länge eines fluidischen Elements

Die Schallgeschwindigkeit im Wasser ist 1 483 m/s. Bestimme die kritische Länge der Kapillare im Beispiel 4.5 bei der dynamischen Reynolds-Zahl von 1!

Aus (4.32) ergibt sich für die dynamische Reynolds-Zahl von 1 oder eine Kreisfrequenz von $\omega = 2\pi f = 200\,\text{Hz}$:

$$L_{\text{krit.}} = 0.1\frac{u_{\text{s}}}{(2\pi f} = \frac{u_{\text{s}}}{\omega} = 1483/200 = 0.74 \text{ m}.$$

Damit erfüllen die meisten mikrofluidischen Systeme die Bedingung (4.31).

Unter den Bedingungen der Gleichungen (4.26) und (4.32) können die fluidischen Elemente $R_{\text{fluid.}}$, $L_{\text{fluid.}}$ und $C_{\text{fluid.}}$ in einem Netzwerk simuliert werden. Die Werte dieser Elemente für einen zylinderischen Kanal der Länge L und des Durchmessers D sind:

$$R_{\text{fluid.}} = \frac{128\mu}{\pi\rho}\frac{L}{D^4}, \tag{4.33}$$

$$L_{\text{fluid.}} = \frac{16\mu}{3\pi}\frac{L}{D^2}, \tag{4.34}$$

$$C_{\text{fluid.}} = (\frac{\pi D^2}{4}\rho\gamma + c_{\text{elast.}})L. \tag{4.35}$$

Die Ersatzschaltung für einen infinitesimal kurzen Mikrokanal wird im Bild 4.14 dargestellt.

4.3.3   Verhaltensanalyse von mikrofluidischen Komponenten und Systemen mit Analogsimulatoren

Wie bereits im Abschnitt 4.3.1 diskutiert wurde, können mikrofluidische Komponenten und Netzwerke durch ein System gewöhnlicher Differentialgleichungen und algebraischer Gleichungen beschrieben werden. Die Analogie zwischen der Elektrotechnik und der Flui-

Tabelle 4.1: Skalierung der fluidischen Variablen

Variable	SI-Einheit	Skalierungsfaktor für μm
$R_{\text{fluid.}}$	$(\text{ms})^{-1}$	$10^{-6}(\mu\text{ms})^{-1}$
$L_{\text{fluid.}}$	m^{-1}	$10^{-6}(\mu\text{m})^{-1}$
$C_{\text{fluid.}}$	ms^2	$10^6\,\mu\text{ms}$
p	$\text{kg}/(\text{s}^2\text{m})$	$10^{-6}\text{kg}/(\text{s}^2\mu\text{m})$
$\dot{m}$	kg/s	kg/s

dik (Abschnitt 4.3.2) erlaubt unter bestimmten Bedingungen die Simulation von komplexen mikrofluidischen Komponenten und Systemen mit Analogsimulatoren (PSPICE, SABER, ELDO). Im folgenden wird auf die Verhaltensanalyse solcher Systeme am Beispiel von PSPICE näher eingegangen.

Die Verwendung der elektrischen Analogsimulatoren zur Analyse mikrofluidischer Systeme hat jedoch Probleme, die eventuell zur Divergenz und zum Abbruch der Lösung führt. In den meisten Analogsimulatoren wird der Newton-Raphson-Algorithmus zur Lösung von Differentialgleichungen eingesetzt. Die Konvergenz der Lösung wird durch folgende Faktoren bedingt [103]:

- Nicht-lineare Gleichungen müssen eine Lösung haben,

- Die Gleichungen müssen kontinuierlich sein,

- Die Algorithmen brauchen Ableitungen der Variablen und

- Die Anfangsannahme muss in der Nähe der Lösung sein.

Diese Faktoren werden durch die numerische Natur der Analogsimulatoren verursacht. Die Variablen in z. B. PSPICE haben ihre numerischen Grenzen, die auch der Realität in elektrischen Schaltungen entsprechen. Spannungen und Ströme liegen im Bereich von -10^{10} bis $+10^{10}$. Der maximale Wert der Ableitungen ist 10^{14}. Aus diesem Grund dürfen Analogievariablen nicht zu groß sein und die Zeitschritte für transiente Analyse sollen nicht zu klein sein, um die obere Grenze der Zeitableitungen nicht zu überschreiten.

In SI-Einheiten können der fluidische Widerstand $R_{\text{fluid.}}$ und die fluidische Inertanz $L_{\text{fluid.}}$ schnell die obere numerische Grenze überschreiten, während oft die fluidische Kapazität $C_{\text{fluid.}}$ die untere Grenze erreicht. Weil mikrofluidische Systeme oft Abmessungen im Mikrometerbereich haben, ist die Skalierung der Einheiten auf Mikrometer eine Lösung für die Kompatibilität zwischen elektrischen und fluidischen Elementen. Tabelle 4.1 zeigt die Einheiten und die Skalierungsfaktoren von verschiedenen fluidischen Variablen. Die resultierenden Werte liegen gut im Zahlenbereich von analogen elektrischen Schaltungen.

Eine weitere Bedingung von Analogsimulatoren sind die kontinuierlichen Gleichungen. Unstetigkeiten oder zu kurze Zeischritte können dazu führen, dass Ableitungen die Grenze von 10^{14} schnell überschreiten. Zur Behebung dieses Problems müssen die Zeitschritte dementprechend gewählt werden. Maßnahmen zur Vermeidung der Unstetigkeiten werden am folgenden Beispiel erläutert. Beispiel 4.7 illustriert die Verhaltensanalyse einer Mikropumpe mit den diskutierten Makromodellen.

Beispiel 4.7:   Verhaltensanalyse einer Mikropumpe mit PSPICE

Eine Mikropumpe besteht aus einer Pumpenkammer und zwei Klappenventilen (Die Pumpenparameter stammen aus der Mikropumpe von [120]). Der fluidische Widerstand des Mikroventils in Vorwärtsrichtung und Rückwärtsrichtung kann als 2×10^8 (ms)$^{-1}$ angenommen werden. Die Massenverdrängung des Mikroventils wirkt als eine fluidische Kapazität von $0{,}2 \times 10^{-12}$ ms^2. Die Pumpenmembran hat eine fluidische Kapazität von 10^{-10} ms^2. Ein piezoelektrischer Aktuator generiert einen relativen Antriebsdruck (gegenüber Atmosphärendruck) von ± 85 kPa. Der Einlass und der Auslass der Pumpe sind mit zwei Metallnadeln versehen. Die Nadeln sind 5 cm lang und haben einen Durchmesser von 600 µm. Das Arbeitsfluid ist Wasser ($\rho = 1000$ kg/m^3, $\mu = 1 \times 10^{-3}$ kg/ms). Analysiere das Verhalten der Mikropumpe mit Hilfe von PSPICE!

Aus (4.14) ergibt sich die kritische Frequenz für die kritische dynamische Reynolds-Zahl von $\mathrm{Re}_{\mathrm{d,\ krit.}} = 2{,}45$ am Ein- und Auslass der Mikropumpe:

$$ f = \frac{1}{2\pi} \frac{2\mu}{\rho} \left(\frac{\mathrm{Re}_{\mathrm{d,krit.}}}{D} \right)^2 = \frac{1}{2\pi} \frac{2 \times 10^3}{10^{-3}} \left(\frac{2{,}45}{600 \times 10^{-6}} \right) \approx 5.3 \mathrm{Hz}. $$

Das bedeutet, dass die folgende Makrosimulation mit der elektrischen Ersatzschaltung nur für den Frequenzbereich bis etwa 5 Hz gültig ist.

Im nächsten Schritt wird die Mikropumpe aus Makromodellen der unterschiedlichen Elementen aufgebaut. Alle Variablen werden auf Mikrometer-Einheit (Tabelle 4.1) skaliert. Die Pumpenkammer wird mit einem Kondensator und einer Spannungsquelle modelliert. Die Mikroventile werden als eine Parallelschaltung eines spannungsabhängigen Widerstandes und eines spannungsabhängigen Kondensators modelliert.

Das nichtlineare Verhalten des fluidischen Widerstands und der fluidischen Kapazität kann durch eine Wertetabelle realisiert werden. In diesem Beispiel wird diese Variable als konstant angenommen, die Vorgehensweise mit der Wertetabelle soll jedoch die Allgemeingültigkeit gewährleisten.

Mit dem Verhaltensblock der Leitfähigkeit G, wird die Beziehung zwischen dem Massenstrom und der Spannung wie folgt beschrieben:

$$ \dot{m} = \frac{p}{R_{\mathrm{fluid.}}(p)}. $$

Dieser Ausdruck wird in PSPICE mit einer Wertetabelle wie folgt beschrieben:

```
V(%IN+,%IN-)/TABLE(V(%IN+,%IN-),
-10,1G,-5,1G,0.01,0.2K,0.1,0.2K,1,0.2K,10,0.2K)
```

Ähnlich wie der fluidische Widerstand wird die Beziehung zwischen dem Massenstrom und dem Druck durch:

$$ \dot{m} = C_{\mathrm{fluid.}}(V) \times \frac{dp}{dt} $$

beschrieben. Die Implementation mit einem Verhaltensblock sieht wie folgt aus:

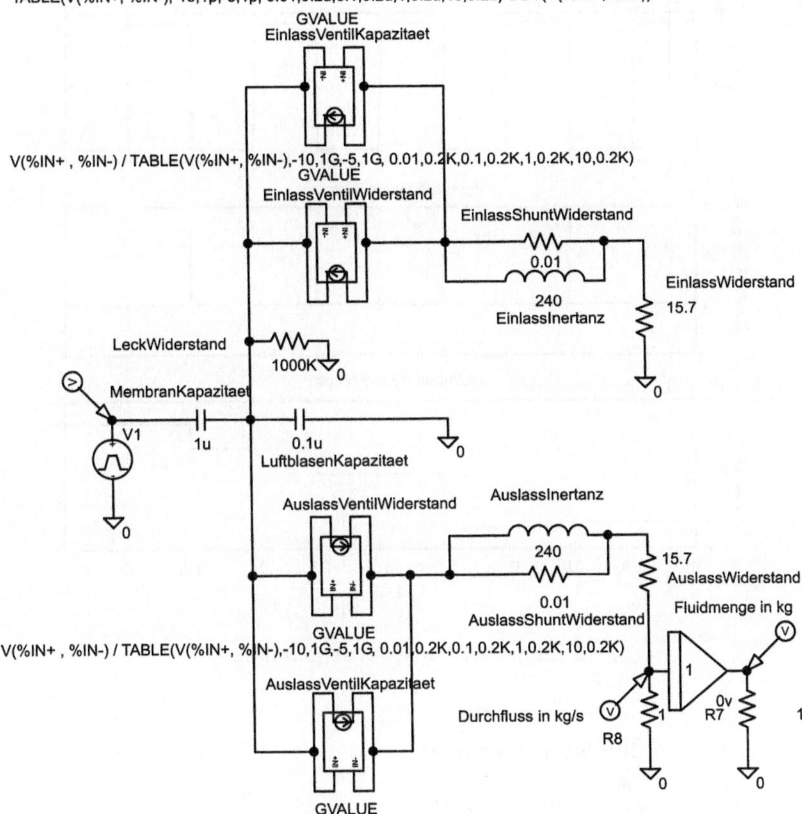

Bild 4.15: Ersatzschaltung einer Mikropumpe

```
TABLE(V(%IN+,%IN-),-10,1p,-5,1p,0.01,0.2u,0.1,0.2u,1,0.2u)*
DDT(V(%IN+,%IN-))
```

Die Implementation der Ersatzschaltung für die Mikropumpe ist aus dem obigen Bild ersichtlich. Es ist festzustellen, dass für die kontinuierliche Bedingung des Lösers ein großer Widerstand implementiert wird. Dieser Widerstand repräsentiert die Leckströmung aus der Pumpenkammer und spielt wegen des großen Wertes praktisch keine Rolle für das Simulationsergebnis. Um den Einfluss der Luftblase zu untersuchen, wird eine Kapazität eingesetzt.

Die Einlass- und Auslassröhren haben feste Wände. Daher sind eine fluidische Inertanz und ein fluidischer Widerstand zur Beschreibung ausreichend. Aus (4.33) ist der fluidische Widerstand:

$$R_{\text{fluid.}} = \frac{128\mu}{\pi\rho}\frac{L}{D^4} = \frac{128 \times 10^{-3} \times 5 \times 10^{-2}}{\pi \times 10^3 \times (6 \times 10^{-4})^2} = 15{,}7 \times 10^6 (\text{ms})^{-1} = 15{,}7(\mu\text{ms})^{-1}$$

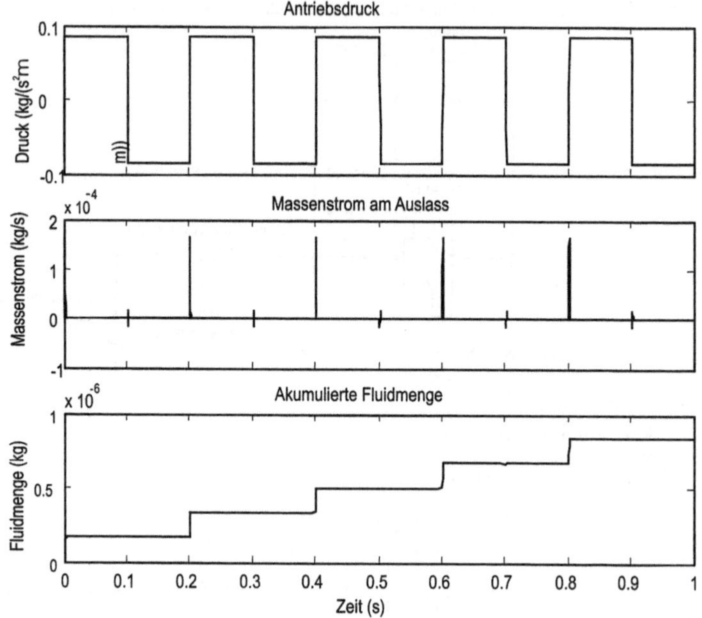

Bild 4.16: Simulationsergebnisse

und aus (4.34) die fluidische Inertanz:

$$L_{\text{fluid.}} = \frac{16\mu}{3\pi} \frac{L}{D^2} = \frac{16 \times 5 \times 10^{-2}}{3\pi \times (6 \times 10^{-4})^2} = 0,24 \times 10^9 \text{m}^{-1} = 240\mu\text{m}^{-1}.$$

Am Auslass der Mikropumpe werden ein Shunt-Widerstand und ein Integrator zur Anzeige des Massenstroms und der akkumulierten Fluidmenge implementiert.

Bevor die Simulation starten kann, wird die Druckquelle eingestellt. Wie bereits erwähnt wurde, kann eine plötzliche Druckänderung zur Unstetigkeit in der Lösung und zur Divergenz führen. In der Realität haben piezoelektrische Aktuatoren auch eine Zeitverzögerung, die von der Kapazität des Piezomaterials und dem Shunt-Widerstand bestimmt wird. Für dieses Beispiel wird eine Verzögerung von 1 ms für die steigende und abfallende Flanke des Drucksignals eingesetzt. Gemäß der Skalierung ist die Amplitude des Drucksignals $\pm 0,085 \text{kg}/(\text{s}^2 \mu\text{m})$. Bild 4.16 zeigt die Zeitsignale der Druckquelle, des Massenstroms und der akkumulierten Fluidmenge am Auslass.

Wegen der Kompressibilität der Luft stellt die Luftblase eine fluidische Kapazität dar. Das Volumen der Luftblase ändert sich, wenn sich der Kammerdruck verändert. Wenn die Druckänderung langsam erfolgt, kann eine isotherme Zustandsänderung angenommen werden. Die fluidische Kapazität einer Luftblase mit dem Volumen V_0 mit kleinen Druckschwankungen um p_0 kann unter dieser

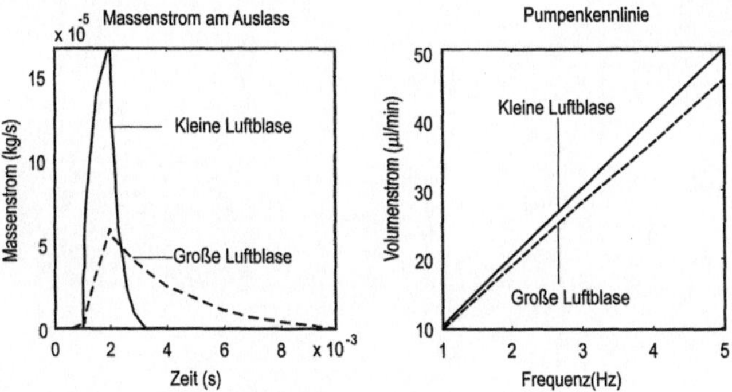

Bild 4.17: Chrakteristik des Pumpendrucks (a) und der Mikropumpe (b)

Bedingung dann wie folgt abgeschätzt werden [120]:

$$C_{\text{fluid.,isotherm}} = \rho_{\text{Fluid}} V_0 / p_0.$$

Dabei ist V_0 das Anfangsvolumen der Luftblase beim absoluten Druck p_0. Bei hohen Frequenzen findet kein Wärmeaustausch während der Druckänderung statt, der Prozess wird als adiabatisch betrachtet. Mit dem Adiabatenkoeffizient der Luft ($k \approx 1{,}3$) ist die fluidische Kapazität:

$$C_{\text{fluid., adiabatisch}} = \rho_{\text{fluid}} V_0 / k p_0 = C_{\text{fluid., isotherm}} / k.$$

Bei fehlendem Antriebsdruck kann der absolute Druck p_0 aus dem atmosphärischen Druck $p_{\text{atm.}}$ und dem Kohäsionsdruck der Luft-Wasser-Grenzfläche $p_{\text{koh.}}$ berechnet werden:

$$p_0 = p_{\text{atm.}} - p_{\text{koh.}} = p_{\text{atm.}} - 2\sigma / R.$$

Dabei ist σ die Grenzflächenspannung und R ist der Radius der Luftblase. Es wird aus dieser Beziehung ersichtlich, dass der Kohäsionsdruck keine Rolle spielt, wenn die Luftblase klein ist. Wenn die Luftblase aber klein ist, ist die fluidische Kapazität auch klein ($C_{\text{fluid.}} \propto V_0 \propto R^3$) und kann daher vernachlässigt werden.

Für die relativ kleine Frequenz in diesem Beispiel können isotherme Bedingungen angenommen werden. Für einen Anfangsdruck von 1 bar (10^5 Pa) ist die fluidische Kapazität einer kleinen Luftblase von 10 nl etwa $C_{\text{fluid., klein}} = 0.1 \times 10^{-12}\,\text{ms}^2 = 0.1 \times 10^{-6}\,\text{µms}^2$. Eine große Luftblase von 1 µl hat eine fluidische Kapazität von $C_{\text{fluid., groß}} = 10 \times 10^{-12}\,\text{ms}^2 = 10 \times 10^{-6}\,\text{µms}^2$. Bild 4.17 zeigt den Einfluss der Luftblasen auf das Pumpenverhalten. Eine große Luftblase wirkt als ein Massenspeicher und verringert die geförderte Fluidmenge pro Pumpenhub. Das führt zu einem geringen Massenstrom. Die Pumpe kann sogar ausfallen, wenn die Luftblase zu groß ist.

5 Charakterisierung mikrofluidischer Systeme

5.1 Messverfahren zur Charakterisierung von Mikrosystemen

Die Charakterisierung mikrofluidischer Systeme ist für die Validierung von Entwurfsmodellen wichtig. Die gleichen Messverfahren können zur Qualitätssicherung und zur Bestimmung der Systemkenngrößen benutzt werden. Weil mikrofluidische Systeme auch aus mikromechanischen Komponenten bestehen, sind konventionelle Prüftechniken auch für mikrofluidische Systeme relevant. In diesem Kapitel werden die Prüftechniken im Mikrobereich in Abtastverfahren und berührungslose Verfahren unterschieden.

Bei einem Abtastverfahren wird der Messfühler im direkten Kontakt mit dem Messobjekt gebracht. Der Nachteil von Abtastverfahren ist die Beeinträchtigung der Operation des zu untersuchenden Objektes durch den Messfühler. Daher sind Abtastverfahren nur für die passive Charakterisierung geeignet, u.a. für die Oberflächentopographie.

Berührungslose Verfahren basieren in den meisten Fällen auf optischen Messungen. Der Vorteil dieser Verfahren ist die Möglichkeit der Messung eines Systems im Betrieb, ohne dass die Operationsparameter in beeinträchtigt werden. Der Nachteil der optischen Verfahren mit Ausnahme der nahfeldoptischen Mikroskopie ist, dass die untere Grenze der Auflösung von dem Beugungseffekt oder der Lichtwellenlänge bestimmt wird. Die Mikro-PIV (*Particle Image Velocimetry*) ist ein leistungsfähiges berührungsloses Verfahren zur Charakterisierung der Strömungsfelder in mikrofluidischen Komponenten und wird in einem eigenen Abschnitt behandelt.

5.1.1 Abtastvefahren

Abtastverfahren haben den Vorteil der Auflösung weit unter der Grenze der Lichtwellenlänge. Die wichtigsten Abstastverfahren sind: Rastertunnelmikroskopie, Atomkraftmikroskopie und Profilometrie.

- *Rastertunnelmikroskopie* STM (*Scanning Tunneling Microscopy*) tastet die Oberflächentopographie durch die Detektion der Elektronenkonzentration auf der Oberfläche eines elektrisch leitenden Substrates ab. Die Elektronenkonzentration ist ein Abbild der Atomlage auf der Oberfläche [11]. Eine elektrisch leitende Spitze wird von einem Piezoaktuator bis zu einem Abstand von 2 nm zur Oberfläche positioniert. Mit einer an der Spitze und der Oberfläche angelegten Spannung ergibt sich ein Tunnelstrom im Vakuumspalt. Der Tunnelstrom entspricht der Elektronenkonzentration auf der Oberfläche des Messobjektes. Eine ausreichend scharfe Spitze kann den Tunnelstrom in einem Bereich mit einem Radius in der Größenordnung von einigen Angstroms umfassen. Durch die zweidimensionale Abtastung ergibt sich ein zweidimensionales Abbild der Elektronenkonzentration. Wenn der Tunnelstrom konstant geregelt wird, repräsentiert das zweidimensionale Steuersignal des Piezoaktuators die Oberflächentopographie des Substrates [37].

- *Atomkraftmikroskopie* AFM (*Atomic-Force Microscopy*) ist ähnlich wie Rastertunnel-mikroskopie. Der Unterschied zwischen AFM und STM liegt darin, dass AFM kein elektrisch leitendes Substrat für die Messung braucht. Ähnlich wie bei STM wird zuerst eine Spitze nahe an die Oberfläche gebracht. Die Nachregelung hält die atomische Kraft an der Spitze konstant. Die Deflektion der Spitze, die an einem Biegebalken angeordnet ist, wird mit einem Laser-Strahl und einem optischen Positionssensor detektiert. Die zweidimensionale Abtastung liefert auch hier die Oberflächentopographie des Substrates [12].

- *Tastende Profilometrie* benutzt die Nachregelung der Abtastkraft einer Spitze zur Bestimmung der Oberflächentopographie. Die Tastkraft in der Größenordnung von 0,1 mN ist relativ groß für den Mikrobereich. Wegen der relativ großen Spitze ist die horizontale Auflösung dieses Verfahrens viel grober als AFM und STM.

- *Nahfeldoptische Rastermikroskopie* NSOM (*Near-Field Scanning Optical Microscopy*) ist ein Typ der Rastermikroskopie, die optische Aufnamen mit räumlichen Auflösungen kleiner als die Lichtwellenlänge ermöglicht. Das Messverfahren basiert auf der Beleuchtung des Messobjektes mit einer Nanometer-großen Lichtquelle nahe zur Objektoberfläche. Die wichtigste Komponente der NSOM ist eine hohle Spitze für die Bestrahlung und die Sammlung der Nahfeldreflektion des Objektes [111]. Die zweidimensionale Abtastung liefert das Bild der Objektoberfläche.

5.1.2   Berührungslose Verfahren

Berührungslose Verfahren mit Ausnahme der Rasterelektronmikroskopie SEM (*Scanning Elektron Microscope*) sind optische Verfahren. Daher wird die horizontale Auflösung von der Lichtwellenlänge begrenzt. Die drei zur Charakerisierung von Mikrosystemen wichtigsten Verfahren sind das Fokusmessverfahren, die Interferometrie und die Kinematographie.

- Die *Rasterelektronmikroskopie* benutzt einen Elektronenstrahl als Illuminationsquelle. Vorteile sind die hohe Auflösung, die hohe Vergrösserung und die bessere Bildtiefe. Die Nachteile dieses Verfahrens sind die Vakuumbedingung und eine elektrisch leitende Oberfläche des Messobjekts.

- Das *Fokusmessverfahren* erzeugt einen fokussierten Laserpunkt auf der Oberfläche des Messobjektes. Dieser Punkt wird durch ein Mikroskopsystem auf einer Fotodiode abgebildet. Der Laserpunkt wird auf eine konstante Größe nachgeregelt. Das heißt, der Lichtstrahl wird immer auf die Oberfläche fokussiert. Das Nachregelungssignal der Fokussierungsoptik wird als die Topographie-Information abgespeichert. Die zweidimensionale Topographie erfolgt durch die Abtastung über die Objektoberfläche.

- Die *mikroskopische Interferometrie* benutzt ein Interferenzbild, um die Positionen der Mikroteile auszuwerten. Damit kann eine vertikale Auflösung kleiner als die Wellenlänge erreicht werden.

- Die *mikroskopische Kinematographie* ist die fotografische Messung der dynamischen Prozesse. Mit Hilfe der Mikroskopoptik können dynamische Vorgänge von Mikrosystemen genau analysiert werden. Kinematographie wird in Stroboskopie, Pseudokinematographie und Echtzeitkinematographie gegliedert. Die *Stroboskopie* ist für periodische Prozesse geeignet. Bei der Stroboskopie werden die Bilder in verschiedenen Perioden aufgenommen, wobei die Einzelaufnahmen zu unterschiedlichen Phasen stattfinden. Der Bildabstand entspricht der Zeitdauer der Phasenverschiebung, die durch zwei Aufnahmen definiert ist. Das Stroboskopprinzip kann auch bei der *Pseudokinematographie* von reproduzierbaren transienten Prozessen ausgenutzt werden. Der transiente Vorgang wird mehrmals wiederholt und zu jeweils verzögerten Zeitpunkten visualisiert. Die Stroboskopie und die Pseudokinematographie kann mittels einer Kamera mit niedrigen Bildfrequenzen realisiert werden. Es ist auch keine kurze Belichtungszeit erforderlich, weil die Belichtung durch einen synchronisierten Stroboskopblitz erfolgen kann. Stochastische, nichtreproduzierbare, transiente Prozesse können nur mit Hilfe von *Echtzeitkinematographie* gemessen werden. Diese Messungen erfordern spezielle Kameras, die hohe Bildfrequenzen und kurze Belichtungszeiten erlauben.

- *Laser-Vibrometrie* arbeitet nach dem Prinzip der Dopplerfrequenzverschiebung. Ein vibrierendes Objekt wird mit einem Laser bestrahlt. Das rückgestreute Laserlicht enthält Informationen für die Bestimmung der Objektgeschwindigkeit und der absoluten Schwingungsamplituden.

Tabelle 5.1 vergleicht die wesentliche Parameter der oben genannten Messverfahren zur Charakterisierung von Mikrosystemen. Diese Messverfahren werden in den meisten Fällen zur Visualisierung der Strukturen und des dynamischen Verhaltens im Mikrobereich benutzt. Zur Visualisierung einer Strömung im Mikrobereich werden spezielle Verfahren verwendet. Die meisten dieser Verfahren basieren auf der lichtoptischen Mikroskopie und sind daher auch berührungslos. Die Vorteile und Nachteile dieser Verfahren sind die gleichen wie bei der lichtoptischen Mikroskopie. Wegen ihrer speziellen Anwendung in mikrofluidischen Systemen werden Messverfahren zur Strömungscharakterisierung im nächsten Abschnitt behandelt.

5.2   Messverfahren zur Charakterisierung mikrofluidischer Systeme

5.2.1   Punktmessverfahren

Punktmessverfahren zur Bestimmung der Geschwindigkeit werden im Makrobereich oft benutzt. Mit diesen Verfahren wird die lokale Geschwindigkeit im Strömungsfeld gemessen. Weil konventionelle Hitzdrahtanenometrie und thermische Strömungssensoren die Strömung thermisch belasten, gehören sie nicht zu den berührungslosen Punktmessverfahren. Die zwei wichtigsten berührungslosen Punktmessverfahren sind die Laser-Doppler-Velocimetrie und die optische Dopplertomographie:

Tabelle 5.1: Messverfahren zur Charakterisierung von Mikrosystemen

Verfahren	Typischer Messbereich	Vertikale Auflösung, Bildtiefe	Horizontale Auflösung	Besonderheiten
Rastertunnelmikroskopie	$5\,\mu m \times 5\,\mu m$	$0{,}01\,nm$	$0{,}1\,nm$	Elektrisch leitende Oberfläche, keine lokale Rauheitsvariation mehr als 10 μm
Atomkraftmikroskopie	$5\,\mu m \times 5\,\mu m$	$0{,}1\,nm$	$10\,nm$	Alle Oberflächen, keine lokale Rauheitsvariation mehr als $10\,\mu m$
Tastende Profilometrie	$500\,\mu m \times 500\,\mu m$	$1\,nm$	$2{,}5\,\mu m$	Beinträchtigung des Messobjekts mit einer Tastkraft von etwa $0{,}1$ mN
Nahfeldoptische Rastermikroskopie	$5\,\mu m \times 5\,\mu m$		$50\,nm$	Kein direkter Kontakt
Rasterelektronmikroskopie	$5\,cm \times 5\,cm$		$0{,}1\,nm$	Elektrisch leitende Oberfläche und vakuumkompatibel
Fokusmessverfahren	$1\,mm \times 1\,mm$	$5\,nm$	$1\,\mu m$	Genauigkeit hängt von der optischen Eigenschaft der Objektoberfläche ab, für dynamische Charakterisierung geeignet
Mikroskopische Interferometrie	$15\,\mu \times 15\,\mu m$	$0{,}2\,nm$	$0{,}3...20$ μm	Mehrdeutigkeit an Kanten mit Höhensprüngen von mehr als zweimal der Lichtwellenlänge
Mikroskopische Kinematographie	$100\,\mu \times 100\,\mu m$	-	$1\,\mu m$	Benutzung von lichtoptischer Mikroskopie und Kameras, für dynamische Charakterisierung geeignet.
Laser-Vibrometrie		$320\,nm$		Dynamische Charakterisierung, Schwinggeschwindigkeit bis zu $30\,m/s$ möglich

- *Laser-Doppler-Velocimetrie* (LDV) basiert auf dem Dopplereffekt, wobei die Wellenlänge des von einem bewegten Objekt reflektierten Lichtstrahles von der Objektgeschwindigkeit abhängt. Das Konzept der Laser-Doppler-Velocimetrie ist ähnlich wie das der Laser-Vibrometrie im vorhergehenden Abschnitt. Zwei Laserstrahlen gleicher Wellenlänge werden gekreuzt. Der Schnittpunkt dieser Laserstrahlen ist der Messpunkt. Das Interferenzbild im Messpunkt wird von einem sich bewegenden Partikel gestört und entsprechend mit Hilfe eines Photosensors als ein Maß der Partikelgeschwindigkeit ausgewertet. Wegen des relativ großen Messpunktes ist LDV für Mikroströmungen nicht besonders gut geeignet. Ein typischer Messpunkt der Mikro-LDV ist ca. 5 μm × 10 μm groß [142].

- *Optische Doppler-Tomographie* (ODT) kombiniert die Einstrahl-Doppler-Velocimetrie mit der überlagerten Mischung der niedrig kohärenten Michelson-Interferometrie. ODT ist für die Messung in hoch zerstreuenden Medien wie z. B. Blut geeignet. Die Auflösung dieses Verfahrens ist ca. 5 μm [21].

5.2.2 Ganzfeldmessverfahren

Ganzfeldmessverfahren erlauben die Messung einer zweidimensionalen Geschwindigkeitsverteilung in einem bestimmten Strömungsbereich. Gegenüber Punktmessungen haben Ganzfeldmessungen den Vorteil eines detaillierten Abbilds des Strömungsfelds, was die Charakterisierung und die Optimierung mikrofluidischer Systeme erlaubt. Die wichtigste Ganzfeldmessverfahren sind die Skalar-Image-Velocimetrie, die molekular markierte Velocimetrie und die Partikel-Image-Velocimetrie:

- *Skalar-Image-Velocimetrie* (SIV) ist ein Ganzfeldmessverfahren zur Bestimmung des Geschwindigkeitsfelds mit Hilfe des Abbilds einer Skalargröße. Die Berechnung des Geschwindigkeitsfelds wird von der Transportgleichung dieser Skalargröße abgeleitet. Die Skalargröße kann die Graustufe eines Strömungsbildes sein, wenn die Strömung mit Farbteilchen molekularer Größen sichtbar gemacht wird. Dieses Verfahren hat den Vorteil der kleinen Partikeln, die die Strömung nicht beeinflussen. Wegen der schnelleren Diffusion ist die kleine Teilchengröße zugleich der Nachteil der SIV. Die Diffusion der Teilchen bestimmt die räumliche Auflösung dieser Methode. SIV-Verfahren benutzen eine spezielle fluoreszierende Farbe, die nur unter Erregung durch eine bestimmte Lichtwellenlänge in einer anderen Wellenlänge erleuchtet [107]. Nach der Erregung mit einem Laserstrahl wird das Skalarbild zu zwei unterschiedlichen Zeitpunkten mit Hilfe eines Mikroskops und einer Kamera aufgenommen. Das Geschwindigkeitsfeld wird dann aus den zwei Skalarbildern ausgewertet.

- *Molekular markierte Velocimetrie* (MTV, *molecular tagging velocimetry*) ist ein anderes Ganzfeldmessverfahren, das fluoreszierende Farben benutzt. Im Gegensatz zu dem Skalarbild in SIV, wird ein definierter fluoreszierender Streifen oder ein definiertes fluoreszierendes Gitter mit Hilfe eines dünnen Laserstrahls in der Strömung erzeugt. Die Bewegung und Verformung dieses Musters wird mit einer Kamera zu zwei verschiedenen Zeitpunkten aufgenommen und durch Korrelationsrechnung ausgewertet. Die räumliche Auflösung hängt von dem Durchmesser des Laserstrahls oder der Dicke des Laserblatts ab und ist in der Größenordnung von 10 μm [1].

Tabelle 5.2: Messverfahren zur Charakterisierung mikrofluidischer Systeme

Verfahren	Visualisierung	Typische Auflösung (μm$\times\mu$m)	Besonderheiten
Laser-Doppler-Velocimetrie		5×5	braucht Teilchenbewegung, eine Mindestanzahl von 4 bis 8 Interferenzstreifen begrenzt die Auflösung
Optische Doppler-Tomographie	$\sim$ 1μm Teilchen	5×15	kann auch für hoch zerstreuende Medien benutzt werden
Skalar-Image-Velocimetrie	Molekulare Farben	20×20	Auflösung wird von der Diffusion bestimmt
Molekular markierte Velocimetrie	Fluoreszierende Farben	20×20	Auflösung wird von der Diffusion bestimmt
Mikropartikel-Image-Velocimetrie	$\sim$ 1μm Teilchen	5×5	Auflösung wird von der Größe des Teilchens und der Vergrösserung bestimmt

- *Partikel-Image-Velocimetrie* wurde zur Ganzfeldmessung der Geschwindigkeit im Makrobereich entwickelt. Die Strömung wird zuerst mit kleinen Spurenpartikeln sichtbar gemacht. Das Messkonzept basiert auf der Aufnahme der zwei Partikelbilder zu zwei unterschiedlichen Zeitpunkten. Die Partikelbilder werden dann in kleine Interrogationsbereiche geteilt. Die Bewegung einer Partikelgruppe im Interrogationsbereich wird durch die zweidimensionale Kreuzkorrelation berechnet. Mit entsprechenden Fitting-Kurve-Algorithmen kann die Verschiebung Subpixel-Auflösung erreichen [115]. Im Mikrobereich wird ein PIV-System mit einem Mikroskop, einer speziellen Kamera und Laserbeleuchtung für fluoreszierende Teilchen ausgerüstet. Dieses Verfahren wird dann als *Mikropartikel-Image-Velocimetrie* oder *Mikro-PIV* bezeichnet. Diese Messtechnik wird im Abschnitt 5.3 näher behandelt.

Tabelle 5.2 vergleicht die oben benannten Messverfahren zur Charakterisierung mikrofluidischer Systeme.

5.3   Die Mikro-PIV

5.3.1   Arbeitsprinzip der Partikel-Image-Velocimetrie

Wie bereits im Abschnitt 5.2.2 erwähnt wurde, wird die Verschiebung einer Partikelgruppe im Interrogationsbereich durch zweidimensionale Kreuzkorrelation berechnet. Wird die Matrix der Intensitätswerte des Interrogationsbereiches in den zwei Aufnahmen als $I_1(i,j)$ und $I_2(i,j)$ bezeichnet, wird die Kreuzkorrelation $R(m,n)$ wie folgt berechnet:

$$R(m,n) = \sum_{j=1}^{N}\sum_{i=1}^{M} I_1(i,j) \cdot I_2(i+m, j+n). \tag{5.1}$$

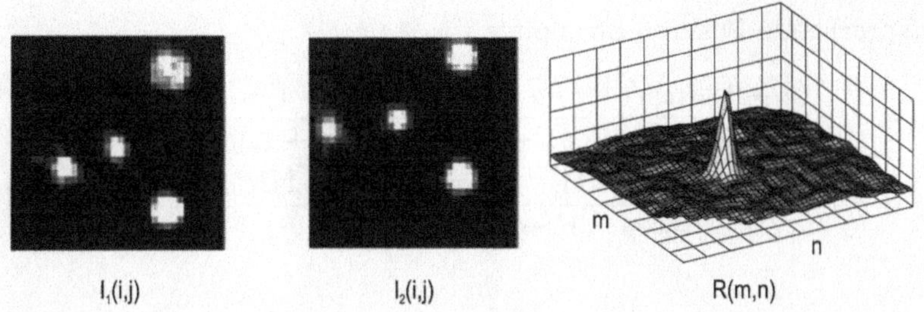

Bild 5.1: Die Matrices der Intensitätswerte $I_1(i,j)$ und $I_2(i,j)$ im Interrogationsbereich des Partikelbildes und das entsprechende Ergebnis $R(m,n)$ der Kreuzkorrelation

Dabei ist $M \times N$ die Größe des Interrogationsbereiches in Pixeln , m und n sind die Koordinaten der Korrelationsmatrix. Das Ergebnis der Korrelationsrechnung wird im Bild 5.1 illustriert. Die Verschiebung ist der Vektor zwischen dem Koordinatenursprung und der Spitze der Korrelationsmatrix $R(m,n)$. Dividiert man den Verschiebungsvektor durch den Zeitabstand zwischen den zwei Aufnahmen, ergibt sich der Geschwindigkeitsvektor. Wird die Berechnung über das ganze Partikelbild durchgeführt, erhält man das gesamte Geschwindigkeitsfeld der Strömung.

Mit Hilfe der schnellen Fourier-Transformation FFT (*fast Fourier transform*) und der inversen schnellen Fourier-Transformation FFT^{-1} kann Gleichung (5.1) wie folgt formuliert werden:

$$R(m,n) = \text{FFT}^{-1}\{\text{FFT}[I_1(i,j)] \times \overline{\text{FFT}[I_2(i,j)]}\}. \tag{5.2}$$

Dabei ist $\overline{\text{FFT}[I_2(i,j)]}$ ist die konjugiert Komplexe des Arrays $\text{FFT}[I_2(i,j)]$.

Nachdem die Korrelationsmatrix bestimmt ist, wird die Korrelationsspitze gesucht und die Verschiebung mit Subpixel-Genauigkeit verfeinert. Der folgende Algorithmus kann implementiert werden [115]:

- *Schritt 1*: Zuerst wird der maximale Wert $R(x,y)$ in der Korrelationsmatrix $R(m,n)$ gesucht. Dann werden die Koordinaten der Spitze (x,y) abgespeichert,

- *Schritt 2*: Die benachbarten vier Werte $R(x-1,y)$, $R(x+1,y)$, $R(x,y-1)$, und $R(x,y+1)$ und ihre Koordinaten werden entnommen,

- *Schritt 3*: Drei Punkte werden in jeder Richtung für die Abschätzung der Spitzenposition (x_0,y_0) genommen.

Der Algorithmus zur Abschätzung der Spitzenposition wird als Drei-Punkte-Estimator bezeichnet. Es gibt drei wesentliche Drei-Punkten-Estimatoren: den Mittelpunkt-Estimator, den parabelförmigen Estimator und den Gaußschen Estimator:

- Der *Mittelpunkt-Estimator* nimmt die folgende Funktion für die Spitze an:

$$f(x) = \frac{\text{Moment der 1. Ordnung}}{\text{Moment der 2. Ordnung}}. \tag{5.3}$$

Die entsprechende Position der Spitze ist:

$$x_0 = x + \frac{(x-1)R(x-1,y) + xR(x,y) + (x+1)R(x+1,y)}{R(x-1,y) + R(x,y) + R(x+1,y)},$$

$$y_0 = y + \frac{(y-1)R(x,y-1) + yR(x,y) + (y+1)R(x,y+1)}{R(x,y-1) + R(x,y) + R(x,y+1)}. \tag{5.4}$$

- Der *parabelförmige Estimator* nimmt die quadratische Funktion für die Spitze an:

$$f(x) = Ax^2 + Bx + C. \tag{5.5}$$

Die Position der Spitze ist in diesem Falle:

$$x_0 = x + \frac{R(x-1,y) - R(x+1,y)}{2R(x-1,y) - 4R(x,y) + 2R(x+1,y)},$$

$$y_0 = y + \frac{R(x,y-1) - R(x,y+1)}{2R(y,x-1) - 4R(x,y) + 2R(x,y+1)}. \tag{5.6}$$

- Der *Gaußsche Estimator* nimmt eine Gaußsche Verteilung der Spitze an:

$$f(x) = C \exp\left[\frac{-(x_0 - x)^2}{k}\right]. \tag{5.7}$$

Die Position der Spitze ist:

$$x_0 = x + \frac{\ln R(x-1,y) - \ln R(x+1,y)}{2\ln R(x-1,y) - 4\ln R(x,y) + 2\ln R(x+1,y)},$$

$$y_0 = y + \frac{\ln R(x,y-1) - \ln R(x,y+1)}{2\ln R(x,y-1) - 4\ln R(x,y) + 2\ln R(x,y+1)}. \tag{5.8}$$

Beispiel 5.1:   Zweidimesionale Kreuzkorrelation und unterschiedliche Drei-Punkt-Estimatoren zur Bestimmung des Geschwindigkeitsvektors

Zwei Intensitätsmatrizen eines Interrogationsbereiches sind als die folgenden Acht-Bit-Grauwertbilder gegeben. Ein Pixel entspricht einer Fläche von $0{,}495\mu$m$\times$ $0{,}495\mu$m in der Messebene. Der Zeitabstand zwischen den zwei Aufnahmen ist $100\,\mu$s. Bestimme den Geschwindigkeitsvektor für den gegebenen Interrogationsbereich! Vergleiche die unterschiedlichen Drei-Punkt-Estimatoren!

Die im Bild 5.2 gezeigten Acht-Bit-Grauwertaufnahmen entsprechen den fol-

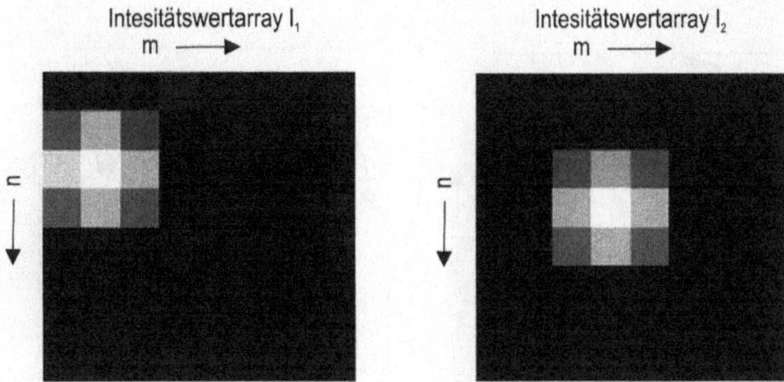

Bild 5.2: Grauwertaufnahmen des Interrogationsbereichs

genden Intensitätsmatrizen:

$$
I_1(i,j) =
\begin{bmatrix}
12 & 1 & 5 & 50 & 5 & 3 & 8 & 5 \\
110 & 176 & 100 & 4 & 5 & 3 & 8 & 16 \\
200 & 255 & 180 & 0 & 5 & 3 & 8 & 5 \\
120 & 180 & 115 & 10 & 5 & 3 & 8 & 16 \\
2 & 6 & 12 & 30 & 5 & 3 & 8 & 13 \\
2 & 6 & 12 & 10 & 5 & 3 & 8 & 12 \\
2 & 6 & 12 & 7 & 5 & 3 & 8 & 1 \\
2 & 6 & 12 & 30 & 5 & 3 & 8 & 0
\end{bmatrix}
$$

$$
I_2(i,j) =
\begin{bmatrix}
12 & 20 & 10 & 13 & 5 & 3 & 8 & 6 \\
10 & 13 & 12 & 10 & 5 & 3 & 8 & 8 \\
10 & 12 & 110 & 169 & 115 & 3 & 8 & 13 \\
11 & 13 & 180 & 255 & 190 & 3 & 8 & 1 \\
2 & 6 & 120 & 180 & 123 & 4 & 8 & 6 \\
2 & 6 & 2 & 10 & 6 & 3 & 8 & 8 \\
2 & 6 & 5 & 3 & 5 & 3 & 8 & 6 \\
2 & 6 & 5 & 10 & 5 & 3 & 8 & 2
\end{bmatrix}
$$

Aus (5.2) ergibt sich die Korrelationsmatrix:

$$
R(m,n) = \mathrm{FFT}^{-1}\{\mathrm{FFT}[I_1(i,j)] \times \overline{\mathrm{FFT}[I_2(i,j)]}\} =
$$

$$
=
\begin{bmatrix}
0{,}6810 & 1{,}3961 & 1{,}8410 & 1{,}4011 & 0{,}6456 & 0{,}2323 & 0{,}2252 & 0{,}2692 \\
0{,}7512 & 1{,}7928 & \boxed{2{,}5209} & 1{,}9072 & 0{,}8333 & 0{,}2191 & 0{,}2050 & 0{,}2032 \\
0{,}6132 & 1{,}3485 & 1{,}8290 & 1{,}4138 & 0{,}6481 & 0{,}2149 & 0{,}1844 & 0{,}2134 \\
0{,}4279 & 0{,}6497 & 0{,}7126 & 0{,}5741 & 0{,}3284 & 0{,}2086 & 0{,}1879 & 0{,}2605 \\
0{,}3274 & 0{,}3026 & 0{,}1957 & 0{,}1585 & 0{,}1634 & 0{,}1791 & 0{,}1799 & 0{,}2503 \\
0{,}2941 & 0{,}2983 & 0{,}2206 & 0{,}1637 & 0{,}1645 & 0{,}1802 & 0{,}1808 & 0{,}2159 \\
0{,}3400 & 0{,}3426 & 0{,}2470 & 0{,}1943 & 0{,}1954 & 0{,}2075 & 0{,}2009 & 0{,}2579 \\
0{,}4844 & 0{,}7064 & 0{,}7603 & 0{,}5886 & 0{,}3469 & 0{,}2377 & 0{,}2272 & 0{,}3008
\end{bmatrix}
\times 10^5
$$

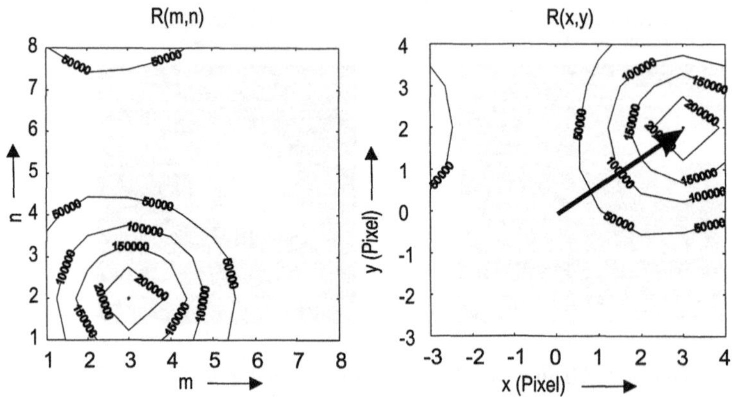

Bild 5.3: Matrizen $R(m,n)$ und $R(x,y)$

Nach der Verschiebung des Koordinatenursprungs zum Zentrum der Matrix (Kreuzung der zwei Linien) ergibt sich die Korrelationsmatrix:

$$\frac{R(x,y)}{10^5} = \left[\begin{array}{cccc|cccc} 0{,}1634 & 0{,}1791 & 0{,}1799 & 0{,}2503 & 0{,}3274 & 0{,}3026 & 0{,}1957 & 0{,}1585 \\ 0{,}1645 & 0{,}1802 & 0{,}1808 & 0{,}2159 & 0{,}2941 & 0{,}2983 & 0{,}2206 & 0{,}1637 \\ 0{,}1954 & 0{,}2075 & 0{,}2009 & 0{,}2579 & 0{,}3400 & 0{,}3426 & 0{,}2470 & 0{,}1943 \\ 0{,}3469 & 0{,}2377 & 0{,}2272 & 0{,}3008 & 0{,}4844 & 0{,}7064 & 0{,}7603 & 0{,}5886 \\ \hline 0{,}6456 & 0{,}2323 & 0{,}2252 & 0{,}2692 & 0{,}6810 & 1{,}3961 & 1{,}8410 & 1{,}4011 \\ 0{,}8333 & 0{,}2191 & 0{,}2050 & 0{,}2032 & 0{,}7512 & 1{,}7928 & \boxed{2{,}5209} & 1{,}9072 \\ 0{,}6481 & 0{,}2149 & 0{,}1844 & 0{,}2134 & 0{,}6132 & 1{,}3485 & 1{,}8290 & 1{,}4138 \\ 0{,}3284 & 0{,}2086 & 0{,}1879 & 0{,}2605 & 0{,}4279 & 0{,}6497 & 0{,}7126 & 0{,}5741 \end{array} \right]$$

In den oben gelisteten Korrelationsmatrizen werden die Spitzen (der maximale Wert) eingerahmt. Die Position der Spitze ist $(x_{max}; y_{max}) = (7; 6)$. Diese Position kann durch verschiedene Drei-Punkten-Estimatoren verfeinert werden:

- Mittelpunkt-Estimator nach (5.4): $(x_0; y_0) = (7{,}0184; 5{,}9981)$
- Parabelförmiger Estimator nach (5.6): $(x_0; y_0) = (7{,}0442; 5{,}9958)$
- Gaußscher Estimator nach (5.8): $(x_0; y_0) = (7{,}0499; 5{,}9949)$

Die Umrissdiagramme im Bild 5.3 illustrieren die graphischen Formen der Matrizen $R(m,n)$ und $R(x,y)$.

Mit dem Gaußschen Estimator ist der Verschiebungsvektor (der Pfeil im rechten Bild): $(\Delta x; \Delta y) = (x_0 - 4; y_0 - 4) = (3{,}0499; 1{,}9949)$ Pixel. Die Geschwindigkeitskomponenten des Interrogationsbereichs sind:

$$u = \frac{\Delta x}{\Delta t} = \frac{3{,}0499 \times 0{,}495 \times 10^{-6}}{100 \times 10^{-6}} = 0{,}0151\,\text{m/s} = 15{,}1\,\text{mm/s},$$

$$v = \frac{\Delta y}{\Delta t} = \frac{1{,}9949 \times 0{,}495 \times 10^{-6}}{100 \times 10^{-6}} = 0{,}00099\,\text{m/s} = 9{,}9\,\text{mm/s}.$$

Die mittlere Geschwindigkeit des Interrogationsbereichs ist daher:

$$\bar{u} = \sqrt{u^2 + v^2} = 0{,}0181\,\text{m/s} = 18{,}1\,\text{mm/s}.$$

Die Ergebnisse in diesem Beispiel können mit Hilfe von MATLAB erhalten werden. Das Einlesen der Intensitätswerte aus einem Bitmap-Bild erfolgt durch:

```
I1=imread('A','bmp'); I2=imread('B','bmp');
```

Die Korrelationsmatrix wird durch eine Funktion aufgerufen:

```
Rmn=abs(xcorrf2(I1,I2,breite));
```

Dabei ist `breite=8` die Größe des Interrogationsbereichs. Die Funktion `xcorrf2()` ist definiert als:

```
function c = xcorrf2(I1,I2,breite)
    % FFT der ersten Matrix
    at = fft2(I1,breite,breite);
    % FFT der zweiten Matrix
    bt = fft2(I2,breite,breite);
    % komplexe Konjugierung
    bt = conj(bt);
    % Matrix-Multiplikation
    ct = at.*bt;
    % inverse FFT
    c = ifft2(ct,breite,breite);
```

Die Koordinatenverschiebung der Korrelationsmatrix wird durch:

```
%1. Viertel der Matrix
 Rxy(1:breite/2,1:breite/2)=Rmn(breite/2+1:breite,breite/2+1:breite);
%2. Viertel der Matrix
 Rxy(breite/2+1:breite,breite/2+1:breite)=Rmn(1:breite/2,1:breite/2);
%3. Viertel der Matrix
 Rxy(breite/2+1:breite,1:breite/2)=Rmn(1:breite/2,breite/2+1:breite);
%4. Viertel der Matrix
 Rxy(1:breite/2,breite/2+1:breite)=Rmn(breite/2+1:breite,1:breite/2);
```

realisiert. Die Suche nach der Spitze der reorganisierten Korrelationsmatrix erfolgt durch:

```
[max_reihe,y_position]=max(Rxy);
[maximum,x_position]=max(max_reihe); x=x_position;
y=y_position(x);
```

Die Abschätzung der Sub-Pixel-Position x0, y0 mit der gefundenen Position x,y, den Daten aus der Matrix `Rxy` und einem der drei Estimatoren ist einfach und wird hier nicht aufgelistet. Der letzte Schritt ist die Verschiebung des Ursprungs für den korrekten Verschiebungsvektor:

```
deltax=x0-breite/2; deltay=y0-breite/2
```

5.3.2   Besonderheiten der Mikro-PIV

Volumenbeleuchtung

Der wesentliche Unterschied zwischen der Mikro-PIV und der konventionellen PIV liegt in der Beleuchtung. Während in der konventionellen PIV die Beleuchtung der Messebene mit einem flachen Laserblatt realisiert wird, gibt es wegen der kleinen Geometrie der mikrofluidischen Komponente bei der Mikro-PIV nur Volumenbeleuchtung.

Gegenüber der Lichtwellenlänge kleine Partikeln

Das erste Problem der Mikro-PIV ist die relativ kleine Partikelgröße gegenüber der Wellenlänge. Ein kleines Partikel verursacht daher einen Beugungseffekt, der die Tiefenschärfe beeinträchtigt. Das Abbild des Partikels ist nicht das Partikel allein, sondern das von dem Partikel verursachte Beugungsbild. Das zweidimensionale Beugungsbild $I^*(u^*, v^*)$ kann mit den dimensionslosen Koordinaten:

$$z^* = 2\pi \frac{z}{\lambda} \left(\frac{a}{f} \right)^2$$

$$r^* = 2\pi \frac{r}{\lambda} \left(\frac{a}{f} \right)^2 \tag{5.9}$$

dargestellt werden. Dabei sind a, r, z und f im Bild 5.4a beschrieben, und λ ist die Lichtwellenlänge. Innerhalb des geometrischen Schattens $|z^*/r^*| < 1$ wird das Beugungsbild nach[99]:

$$I(z^*, r^*) = I_0 \left(\frac{2}{z^*} \right)^2 \left[U_1^2(z^*, r^*) + U_2^2(z^*, r^*) \right] \tag{5.10}$$

berechnet. Außerhalb des geometrischen Schattens $|z^*/r^*| > 1$ wird das Beugungsbild nach:

$$I^*(z^*, r^*) = \frac{I(z^*, r^*)}{I_0} = \left(\frac{2}{z^*} \right)^2 \left\{ 1 + V_0^2(z^*, r^*) + V_1^2(z^*, r^*) - 2V_0(z^*, r^*) \right.$$

$$\left. \cos \left[\frac{1}{2} \left(z^* + \frac{r^{*2}}{z^*} \right) \right] - 2V_1(z^*, r^*) \sin \left[\frac{1}{2} \left(z^* + \frac{r^{*2}}{z^*} \right) \right] \right\} \tag{5.11}$$

berechnet. Dabei sind $U_n(z^*, r^*)$ und $V_n(z^*, r^*)$ die Lommel-Funktionen, die mit Hilfe der Bessel-Funktion erster Gattung $J_\nu(x)$ beschrieben werden:

$$U_n(z^*, r^*) = \sum_{s=0}^{\infty} (-1)^s \left(\frac{z^*}{r^*} \right)^{n+2s} J_{n+2s}(r^*)$$

$$V_n(z^*, r^*) = \sum_{s=0}^{\infty} (-1)^s \left(\frac{z^*}{r^*} \right)^{n+2s} J_{n+2s}(r^*). \tag{5.12}$$

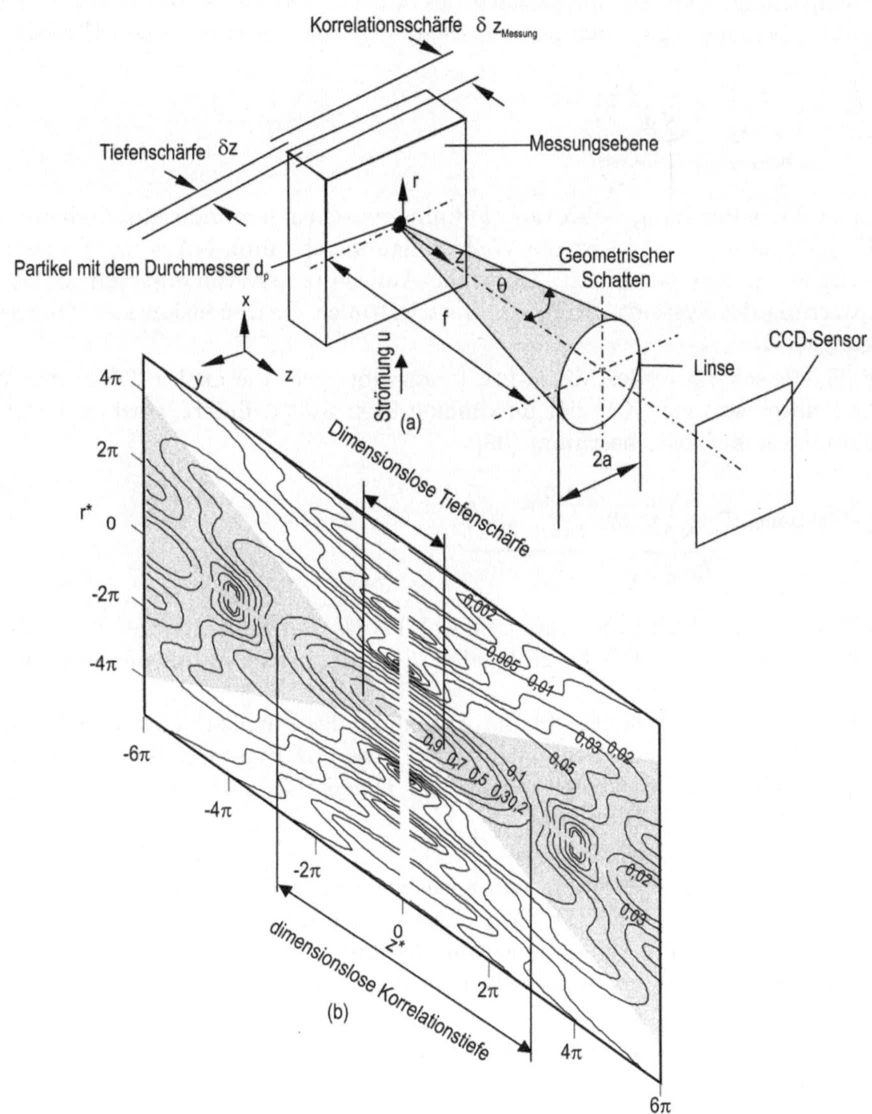

Bild 5.4: Tiefenschärfe und Korrelationsschärfe einer Mikro-PIV-Messung: (a) Geometrische Parameter der Messung, (b) Intensitätsbild $I^*(z^*, r^*)$ in der normalisierten $z^* r^*$-Ebene.

Bild 5.4b stellt die relative Intensitätsfunktion $I^*(z^*, r^*)$ dar. Die Genauigkeit des Messergebnisses hängt von der Tiefenschärfe des optischen Systems ab. Die Tiefenschärfe eines Mikro-PIV-Systems ergibt sich aus den Beugungs- und geometrischen Effekten [53]:

$$\Delta z = \underbrace{\frac{n\lambda_0}{\mathrm{NA}^2}}_{\text{Beugung}} + \underbrace{\frac{n\Delta x}{\mathrm{NA} \cdot M}}_{\text{Geometrie}} . \tag{5.13}$$

Dabei ist n der Brechungsindex des Mediums zwischen dem mikrofluidischen System und der Objektivlinse, $\lambda_0 = n\lambda$ ist die Wellenlänge im Vakuum, $\mathrm{NA} = na/f = n\sin\theta$ ist die numerische Apertur der Linse, Δx ist die Auflösung der Kamera, und M ist die totale Vergrößerung des Systems. Bild 5.4b illustriert auch die dimensionslose Tiefenschärfe im Beugungsbild.

Die Tiefenschärfe in der Mikro-PIV beschreibt nicht die exakte Dicke der Messebene. Ist ein Schwellwert von 10 % der maximalen Intensität definiert, wird eine größere Dicke, die Korrelationsschärfe, bestimmt [99]:

$$\Delta z_{\text{Messung}} = \underbrace{\frac{3n\lambda_0}{\mathrm{NA}^2}}_{\text{Beugung}} + \underbrace{\frac{2{,}16 d_\mathrm{p}}{tan\theta} + d_\mathrm{p}}_{\text{Geometrie}} . \tag{5.14}$$

Gleichung (5.14) nimmt an, dass das Abbild des Partikels genügend von der Kamera aufgelöst ist $(d_\mathrm{p} > \Delta x/M)$. Es gibt daher zwei Möglichkeiten für die optische Messung:

- *Breite Tiefenschärfe* erlaubt die Aufnahme des Partikelbildes über die ganze Tiefe des Strömungsfeldes. Der Nachteil ist, dass das Ergebnis der Mittelwert über die ganze Tiefe ist. Der Vorteil der breiten Tiefenschärfe ist die scharfe Aufnahme aller Partikeln auf dem Bild [22].

- *Kurze Tiefenschärfe* bildet dem Laserblatt nach. Das optische System definiert die Tiefe des Messbereiches. Der Vorteil ist die relativ gute Tiefengenauigkeit. Der Nachteil ist der größere Rauschpegel im Ergebnis, weil die Partikeln außerhalb des Fokusbereiches auch im Bild erscheinen und als Rauschsignale wirken.

Beispiel 5.2:   Tiefenschärfe und Korrelationsschärfe der Mikro-PIV-Messung

Die Mikro-PIV-Messung hat ein Mikroskop mit der numerischen Apertur von NA= 0,45 und einem Vergrößerungsfaktor von $M = 20$. Die Ojektivlinse ist in einem Fluid $(n = 1{,}33)$ eingetaucht. Die Mikro-PIV-Messung benutzt einen grünen Laser mit der Wellenlänge von 532 nm und Spurenpartikeln von 0,5 μm-Durchmesser. Ein Pixel des CCD-Sensors ist 10 μm × 10μm groß. Bestimme die Tiefenschärfe und die Korrelationstiefe des Systems.

Zuerst wird der Öffnungswinkel θ der Objektivlinse bestimmt (Bild 5.4a):

$$\mathrm{NA} = n\sin\theta \rightarrow \theta = \arcsin(\mathrm{NA}/n) = \arcsin(0{,}45/1{,}33) \approx 20°.$$

Die Tiefenschärfe ist nach (5.13):

$$\Delta z = \frac{n\lambda_0}{\mathrm{NA}^2} + \frac{n\Delta x}{\mathrm{NA} \cdot M} = \frac{1{,}33 \times 532 \times 10^{-9}}{0{,}45^2} + \frac{1{,}33 \times 10 \times 10^{-6}}{0{,}45 * 20} \approx 5 \times 10^{-6}\,\mathrm{m} = 5\,\mu\mathrm{m}.$$

Die Korrelationstiefe ist nach (5.14)

$$\Delta z_{\text{Messung}} = \frac{3n\lambda_0}{\mathrm{NA}^2} + \frac{2{,}16 d_{\mathrm{p}}}{tan\theta} + d_{\mathrm{p}} =$$

$$= \frac{3 \times 1{,}33 \times 532 \times 10^{-9}}{0{,}45^2} + \frac{2{,}16 \times 0{,}5 \times 10^{-6}}{\tan 20^\circ} + 0{,}5 \times 10^{-6} \approx 14\,\mu\mathrm{m}.$$

Aus diesem Beispiel ist ersichtlich, dass die Mikro-PIV-Messung die Geschwindigkeit in der Tiefenachse über $14\,\mu\mathrm{m}$ mittelt. Die Tiefenauflösung der Mikro-PIV-Messung in diesem Fall ist daher auch $14\,\mu\mathrm{m}$.

Fehler durch Brownsche Molekularbewegung

Wenn ein kugelförmiges Spurenpartikel angenommen wird, kann die Zeitkonstante τ_{p} der Sprunganwort des Partikels auf eine Geschwindigkeitsänderung mit dem Stokesschen Strömungswiderstandsmodell berechnet werden [115]:

$$\tau_{\mathrm{p}} = \frac{D_{\mathrm{p}}^2 \rho_{\mathrm{p}}}{18\mu}. \tag{5.15}$$

Dabei sind D_{p} und ρ_{p} der Durchmesser und die Dichte des Partikels. Je kleiner die Partikel, desto schneller ist die Brownsche Bewegung, die den Diffusionseffekt verursacht.

Der Diffusionskoeffizient hängt von dem Partikeldurchmesser D_{p} und der Viskosität des Fluids μ ab [27]:

$$D = \frac{k_{\mathrm{B}} T}{3\pi\mu D_{\mathrm{p}}}, \tag{5.16}$$

wobei $k_{\mathrm{B}} = 1{,}3805 \times 10^{-23}$ J/K die Boltzmann-Konstante ist. In einem Zeitabstand von Δt legt das Partikel durch Diffusion einen Weg von:

$$\Delta x_{\text{Diffusion}} = \sqrt{2D\Delta t}. \tag{5.17}$$

zurück. In der gleichen Zeit bewegt sich eine Strömung mit der Geschwindigkeit u:

$$\Delta x_{\text{Strömung}} = u\Delta t. \tag{5.18}$$

So verursacht die Diffusion einen relativen Fehler von:

$$\varepsilon_{\mathrm{F}} = \frac{\Delta x_{\text{Diffusion}}}{\Delta x_{\text{Strömung}}} = \frac{\sqrt{2D\Delta t}}{u\Delta t} = \frac{1}{u}\sqrt{\frac{2D}{\Delta t}}. \tag{5.19}$$

Es ist aus (5.19) ersichtlich, dass ein längerer Zeitabstand zwischen den Mikro-PIV-Aufnahmen den Brownschen Fehler verringert. Der Fehler ist auch geringer für eine größere Strömungsgeschwindigkeit. Darüberhinaus kann der Brownsche Fehler durch die Berechnung des Mittelwertes aus mehreren Messungen verringert werden. Der Mittelwert aus N Messungen ergibt eine statistische Verringerung des Brownschen Fehlers von $\sqrt{N}$.

Beispiel 5.3:   Fehler durch Brownsche Bewegung der Spurenpartikeln

Es wird angenommen, dass die PIV-Messung bei Raumtemperatur von 25 °C für Wasserströmung durchgeführt wird. (a) Ist der Zeitabstand von 100 µs lang genug, damit die Partikeln genügend Zeit haben, auf Beschleunigungen in der Strömung zu reagieren? (b) Was ist der relative Fehler der Brownsche Bewegung? (c) Wie groß ist der Fehler, wenn das Ergebnis über 10 Messungen gemittelt wird?

(a) Es werden für Wasser eine Viskosität von $\mu = 1{,}002 \times 10^{-3}$ Pa.s und eine Dichte von $\rho = 1000\,\text{kg/m}^3$ angenommen. Polystyrene-Partikeln haben eine Dichte von $\rho_\text{p} = 1100\,\text{kg/m}^3$ und einen Durchmesser von $d_\text{p} = 0{,}5\,\mu$m. Nach (5.15) ergibt sich die Zeitkonstante der Geschwindigkeitssprungantwort:

$$\tau_\text{p} = d_\text{p}^2 \rho_\text{p}/18\mu = (0{,}5 \times 10^{-6})^2 \times 1100/(18 \times 1{,}002 \times 10^{-3}) \approx 15 \times 10^{-9}\,\text{s} = 15\,\text{ns}.$$

Damit ist der Zeitabstand zwischen zwei Aufnahmen genügend groß.

(b) Der Diffusionskoeffizient des Partikels ist nach (5.15):

$$D = \frac{k_\text{B}T}{3\pi\mu d_\text{p}} = \frac{1{,}3805 \times 10^{-23} \times (273 + 25)}{3\pi \times 1{,}002 \times 10^{-3} \times 0{,}5 \times 10^{-6}} = 0{,}26 \times 10^{-9}\,\text{m}^2/\text{s}.$$

Mit der gemessenen Geschwindigkeit von 0,018 1 m/s ist der relative Fehler durch Brownsche Bewegung in einer Messung (5.18):

$$\varepsilon_\text{F} = \frac{1}{u}\sqrt{\frac{2D}{\Delta t}} = \frac{1}{0{,}0181}\sqrt{\frac{2 \times 0{,}26 \times 10^{-9}}{100 \times 10^{-6}}} = 0{,}126 = 12{,}6\,\%.$$

(c) Mit der Mittelung durch $N = 10$ Messungen kann der Fehler auf:

$$\bar{\varepsilon}_\text{F} = \varepsilon/\sqrt{N} = 12{,}6\%/\sqrt{10} = 4\,\%.$$

veringert werden.

5.3.3   Messaufbau zur Diagnostik mikrofluidischer Systeme

Der prinzipielle Messaufbau zur Diagnostik mikrofluidischer System ist im Bild 5.5 dargestellt. Das System besteht aus 4 wesentlichen Komponenten: das Laserbeleuchtungssytem, das Epi-fluoreszierende Mikroskopsystem, die CCD-Kamera und nicht zuletzt die fluoreszierende Spurenpartikeln. Im folgenden werden die Komponenten eines typischen Mikro-PIV-Systems vorgestellt.

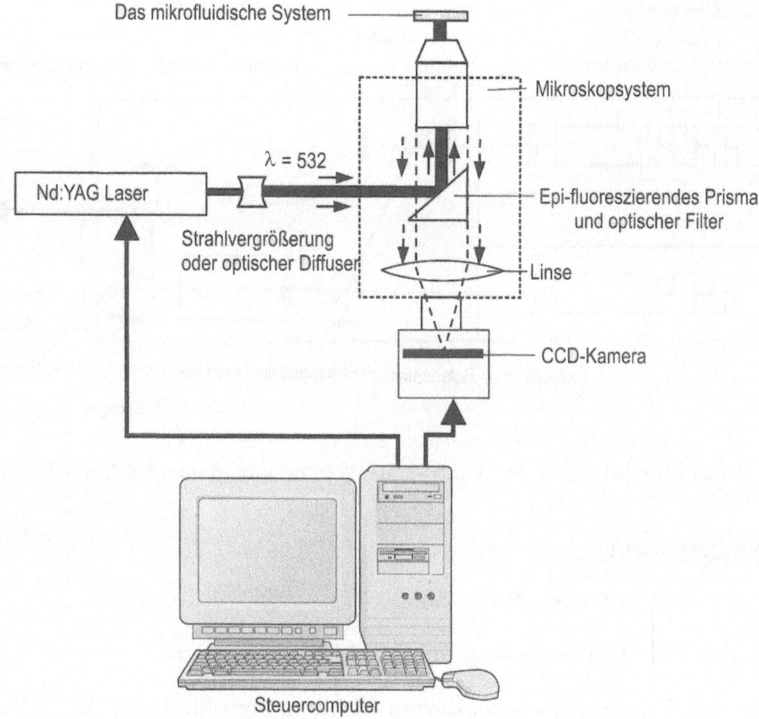

Bild 5.5: Messaufbau zur Diagnostik mikrofluidischer Systeme

Das Beleuchtungssystem

Das Beleuchtungssystem liefert einen grünen Laser der Wellenlänge 532-nm, die durch die Halbierung der originellen infraroten Wellenlänge von 1064 nm erreicht wird. Der Laser ist ein Doppelpuls-ND:YAG-Laser (ND:YAG, *Neodym-Yttrium-Aluminium-Granat*). Die Erregung erfolgt durch eine Blitzlampe. Die Benutzung der Qualitätsschalter (Q-Schalter) erlaubt die genaue Auslösung des Laserpulses. Das Lasersystem ist im Bild 5.6 dargestellt. Ein Laserpuls hat eine maximale Energie von 160 mJ. Die Auslösersignale der zwei Laserquellen werden von einer Timer-Karte im Computer geliefert, Bild 5.5. Für die Messung können drei Betriebsarten realisiert werden:

- Ein Laserpuls in einer Aufnahme,
- Zwei Laserpulse in einer Aufnahme,
- Zwei Laserpulse in zwei Aufnahmen.

Die zwei letzteren Betriebsarten werden in Mikro-PIV-Messungen benutzt. Dabei wird der Zeitabstand zwischen den Pulsen zwischen 0 und 10 ms durch den Computer genau gesteuert.

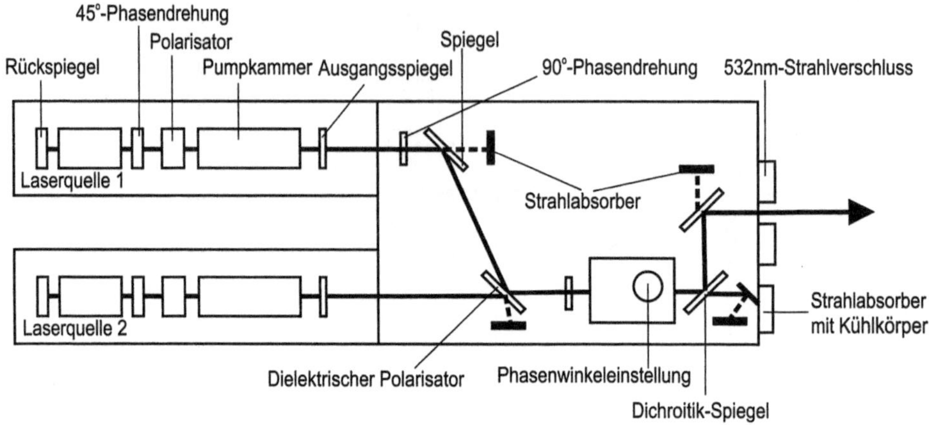

Bild 5.6: Bestrahlungssystem des Mikro-PIV-Systems mit einem Nd:YAG-Lasersystem

Das Mikroskopsystem

Das Mikroskopsystem hat zwei Aufgaben:

- Führung des 532-nm-Lasers zum mikrofluidischen System,

- Empfang und Führung des reflektierten Lichts in einer anderen Wellenlänge von der Messebene zu dem CCD-Sensor (CCD, *coupled charge device*) der Kamera.

Das Mikroskop im Bild 5.5 ist ein Nikon-Mikroskop mit einem nach oben gerichteten Objektiv (Modell ECLIPSE TE2000-S). Das mikrofluidische System wird von unten beobachtet, damit gibt es genug Platz für Versuchsanordnungen.

Um den 532-nm-Laser zu dem mikrofluidischen und das reflektierte Licht in einer anderen Wellenlänge zu dem CCD-Sensor zu führen, wird ein Epi-Fluoreszierungs-Attachment benötigt. Dieses Attachment besteht aus drei Komponenten: ein Erregungsfilter, ein Emissionsfilter und ein Dichroitik-Spiegel, Bild 5.5. Die zwei Filter sind Band-Pass-Filter, die nur eine bestimmte Wellenlänge durchlassen. Der Dichroitik-Spiegel reflektiert den Erregungsstrahl zu dem Messobjekt, während der von dem Messobjekt kommende Emissionsstrahl zu dem CCD-Sensor durchgelassen wird. Dieses Attachment erlaubt Messungen mit sehr geringen Rauschpegeln.

Die Kamera

Eine spezielle CCD-Kamera wird für die schnelle Aufnahme der zwei Strömungsbilder in der Mikro-PIV benutzt. Das System im Bild 5.5 benutzt ein Interline-CCD-Sensor (Sony ICX 084) mit einer Auflösung von 640 Pixel × 480 Pixel. In einem Interline-CCD-Sensor wird für jedes Sensorpixel ein zusätzlicher Transferspeicher integriert. Nach der ersten Aufnahme kann die Ladung aus dem Sensorpixel sofort zum Transferspeicher übertragen werden, so dass das aktive Sensorpixel für die nächste Aufnahme zur Verfügung steht. Die Transferzeit des ganzen Pixelarrays des oben genannten CCD-Sensors beträgt etwa

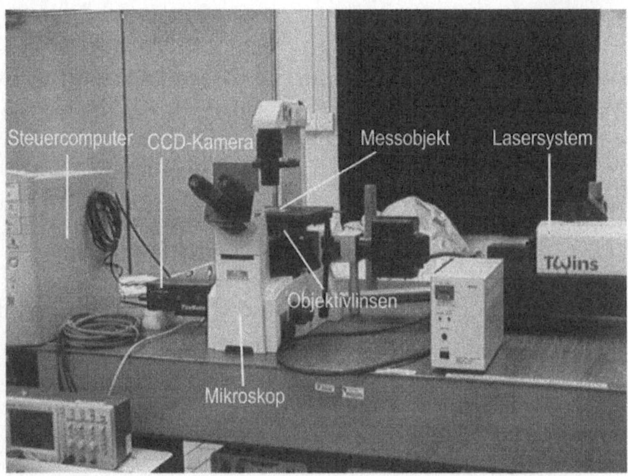

Bild 5.7: Die Anordnung des Mikro-PIV-Systems

300 ns. Das heißt, ein Zeitabstand zwischen den zwei Aufnahmen von mehr als 300 ns kann sowohl für die Kamera als auch für das Lasersystem realisiert und synchronisiert werden.

Fluoreszierende Spurenpartikeln

Die fluoreszierenden Spurenpartikeln sind ein wichtiger Teil des Mikro-PIV-Systems. Für die Ergebnisse in den nächsten Abschnitten wurden Polystyrene-Partikeln der Firma Duke Scientific benutzt, sie sind in unterschiedlichen Größen erhältlich. Die Partikeln werden mit einer speziellen fluoreszierenden Farbe beschichtet, die sich mit einer grünen Wellenlänge von 540 nm erregen lässt und eine rote Wellenlänge von 610 nm ausstrahlt. Zwei Attachments werden im Mikro-PIV-System benutzt:

- Ein Erregungsfilter für $540 \pm 12{,}5$ nm, ein Dichroitic-Spiegel mit dem Grenzwert von 565 nm, und ein Emissionsfilter für 605 ± 27.5 nm,

- Ein Erregungsfilter für $510 - 560$ nm, ein Dichroitic-Spiegel mit dem Grenzwert von 575 nm, und ein Emissionsfilter für 610 nm,

Wegen des kleinen Filterbandes ermöglicht das letztere eine höhere Selektivität und logischerweise ein besseres Signal-Rausch-Verhältnis. Bild 5.7 zeigt die Anordnung des Mikro-PIV-Systems.

5.3.4 Verbesserung der Mikro-PIV-Messung

Das Konzept zur Auswertung der Mikro-PIV-Messungen wurde im Beispiel 5.1 verdeutlicht. Die Mittelung einer bestimmten Anzahl von PIV-Ergebnissen kann den Brownschen Fehler verringern. Diese Technik wurde im Beispiel 5.3 diskutiert. Im folgenden werden spezielle Techniken zur Verbesserung der Mikro-PIV-Messungen behandelt.

Entfernung des Hintergrunds

Der Hintergrund in einem Mikro-PIV-Bild kann durch den Durchschnittswert vieler Bilder ermittelt werden. Während das Strömungsfeld durch die stochastische Verteilung der Partikeln entfernt wird, bleibt der Hintergrund auf dem Bild:

$$\bar{I}(i,j) = \frac{1}{N} \sum_{k=1}^{N} I_k(i,j).$$
(5.20)

Die Entfernung des Hintergrund erfolgt durch die Substraktion des Hintergrundbildes $\bar{I}(i,j)$ von dem eigentlichen Bild:

$$I(i,j) = I(i,j) - \bar{I}(i,j).$$
(5.21)

Verbesserung der Partikeldichte

In vielen Fällen ist die Partikeldichte (Die Anzahl der Partikeln in einer Bildflächeneinheit) nicht hoch genug für ein genaues Ergebnis. Eine Methode zur Verbesserung der Partikeldichte ist die Überschneidung der Aufnahmepaare. Der Überscheidungsalgorithmus ist:

$$I_0(i,j) = max[I_k(i,j)]_{k=1}^{N}.$$
(5.22)

Verringerung des Rauschens in der Korrelationsmatrix

Rauschen kann falsche Spitzen in der Korrelationsmatrix $R(m,n)$ in (5.1) oder (5.2) verursachen. Ähnlich wie die Methode zur Verringerung des Brownschen Fehlers können die Korrelationsmatrizen mehrerer Messungen gemittelt werden, um eine eindeutige Korrelationsspitze zu bilden:

$$\bar{R}(m,n) = \frac{1}{N} \sum_{k=1}^{N} R_k(m,n).$$
(5.23)

5.4   Messbeispiele

5.4.1   Strömung in einem Mikrodosierer

Das im Abschnitt 5.3.3 beschriebenen Mikro-PIV-System wurde für die Messung des Strömungsfelds in einem Mikrodosierer benutzt. Mikrodosierer werden zur Lieferung präziser Fluidmengen gebraucht. Einer der vielen Mikrodosierertypen ist ein In-Kanal-Mikrodosierer [99]. Das ist eine passive Komponente, die einfach in einem Kanalsystem implementiert werden kann. Das Arbeitsprinzip des In-Kanal-Mikrodosierers wird im Bild 5.8a beschrieben.

Ein In-Kanal-Mikrodosierer ist ein Messkanal, der von einem Kapillarenventil und einem Blasenaktuator begrenzt ist. Das Kapillarenventil benutzt die Oberflächenspannung am Kanalübergang, um das Fluid vor dem Eintritt in den kleineren Kanal zu halten. Die Dosierung beginnt mit der Füllung des Messkanales mit dem Fluid. Ein Blasenaktuator

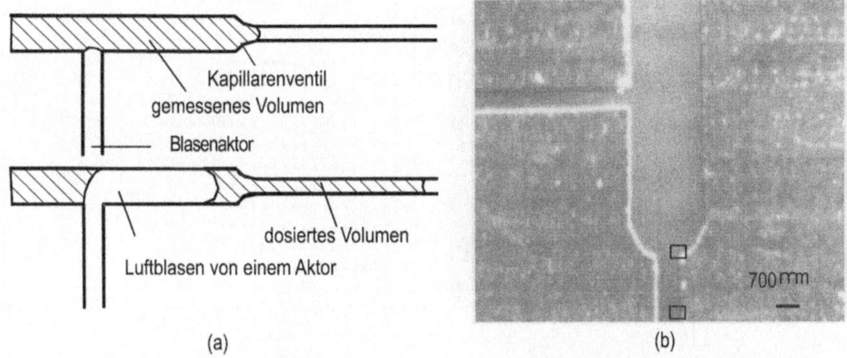

Bild 5.8: Mikrodosierer (a) Arbeitsprinzip, (b) Mikrokanal

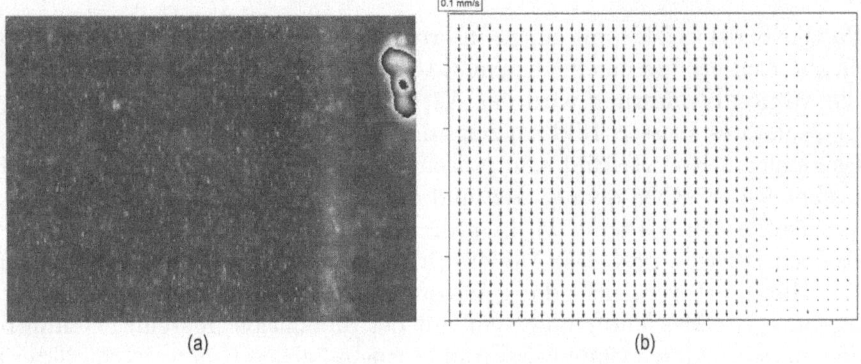

Bild 5.9: Messergebnis im geraden Mikrokanal (a) Partikelbild, (b) Ausgewertetes Strömungsfeld

drückt das Fluid in den Messkanal. Der Messkanal wird so lange gefüllt, bis das Fluid
das Kapillarventil erreicht.

Bild 5.8b zeigt die Kanalstrukturen eines In-Kanal-Mikrodosierers. Die Mikrokanäle
werden in die Kupferschicht einer Leiterplatte geätzt. Die Strukturübertragung erfolgt
durch die Belichtung mit einer flexiblen Maske, die mit einem hochauflösenden Laserdrucker hergestellt wird. Die Kanalbreiten der zwei Kapillaren sind $1700\,\mu m$ und $700\,\mu m$.
Die Kanaltiefe entspricht der $40\,\mu m$-Dicke der Kupferschicht. Das Kanalsystem wird mit
einer Glasscheibe durch Kleben abgedeckt. Die Glasscheibe ermöglicht den optischen Zugang für die Mikro-PIV-Messung. Die Untersuchungsbereiche werden auch im Bild 5.8b
gezeigt.

Zur Messung werden fluoreszierende Spurenpartikeln mit einem Durchmesser von $1\,\mu m$
benötigt. Die Messung benutzt ein Objektiv mit 20×-Vergrößerung, was einen Messbe-
reich von $240\,\mu m \times 320\,\mu m$ erlaubt. Der CCD-Sensor hat eine Fläche von $6,3\,mm \times 4,8\,mm$.
Die Größe eines Pixels ist daher ca. $0,495\,\mu m \times 0,495\,\mu m$. Zwei 30-mJ-Pulse mit einem
Zeitabstand von $450\,ms$ werden als Beleuchtung benutzt. Die Auswertung der aufgenom-

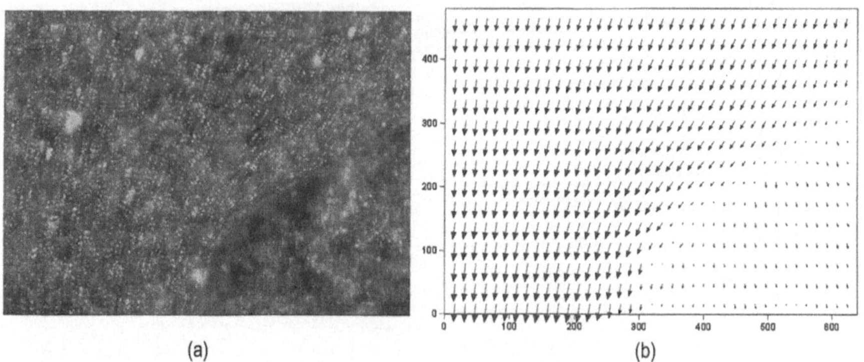

Bild 5.10: Messergebnis am Übergangsbereich (a) Partikelbild, (b) Ausgewertetes Strömungsfeld

menen Partikelbilder erfolgt mit einem Interrogationsbereich von 32 pixel × 32 pixel. Der
ganze Messbereich wird in einem 16 pixel × 16 pixel-Gitter geteilt.

Für die Mikro-PIV-Messung wird der Aktuatorkanal gesperrt. Das Messfluid ist mit
Partikeln gemischtes Wasser. Bild 5.9 zeigt das Messergebnis für die Strömung nahe der
Wand des kleineren Kanals. Bild 5.10 präsentiert das Ergebnis des Strömungsfeldes am
Übergangsbereich zwischen dem großen und dem kleinen Kanal.

Zur Verifikation der Messung wird ein dreidimensionales numerisches Modell des Mi-
krokanalsystems ausgewertet. Das Modell wird mit Hilfe von ANSYS-FLOTRAN berechnet,
Bild 5.11a. Bild 5.11b vergleicht das gemessene Geschwindigkeitsprofil mit dem numerischen Ergebnis. Die Messung stimmt gut mit der Simulation überein. Es kann beobachtet werden, dass das Geschwindigkeitsprofil in einem flachen Kanal ein charakteristisches
plattes Profil hat. Die Grenzschicht der Strömung von 50 µm ist in der Größenordnung
der Kanaltiefe von 40 µm.

Bild 5.12 vergleicht das Messergebnis mit der Simulation am Übergangsbereich zwischen dem großen und dem kleinen Kanalabschnitt. Die Beschleunigung des Fluids und
der Spurenpartikeln am Übergang kann deutlich betrachtet werden. Der Vergleich zeigt
auch hier eine gute Übereinstimmung zwischen der Simulation und der Messung.

5.4.2 Strömung in einem Tesla-Ventil

Mikroventile sind wichtige Komponenten in einem integrierten mikrofluidischen System.
Ein Tesla-Ventil ist eine gleichrichtende fluidische Komponente, die keine beweglichen
Teile hat. Das Ventilkonzept basiert auf der Strömungsrestriktionseigenschaft einer spe-
ziellen Kanalstruktur (Bild 3.9). Dieses Ventilkonzept wurde 1920 von Tesla erfunden.
Im Mikrobereich haben Tesla-Ventile den Vorteil der einfachen Implementierung. Die
Abwesenheit von beweglichen Teilen verbessert auch die Zuverlässigkeit gegenüber Ver-
stopfungen. Die Leistung eines Tesla-Ventils wird durch die *Diodizität* charakterisiert.
Die Diodizität ist das Verhältnis der Druckabfälle in vorwärts und rückwärts Richtung.

Das zur Messung benutzte Tesla-Ventil wird aus SU-8 auf einem PMMA-Substrat
hergestellt, Bild 3.9. Die Kanalbreite ist 100 µm und die Kanaltiefe ist 90 µm. Auf die

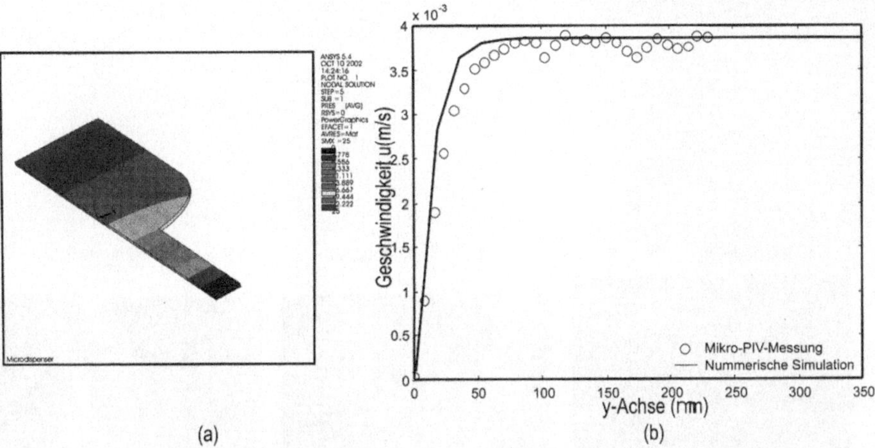

(a)   (b)

Bild 5.11: Vergleich zwischen der Simulation und der Messung (a) Simulationsergebnis, (b)
          Geschwindigkeitsprofil

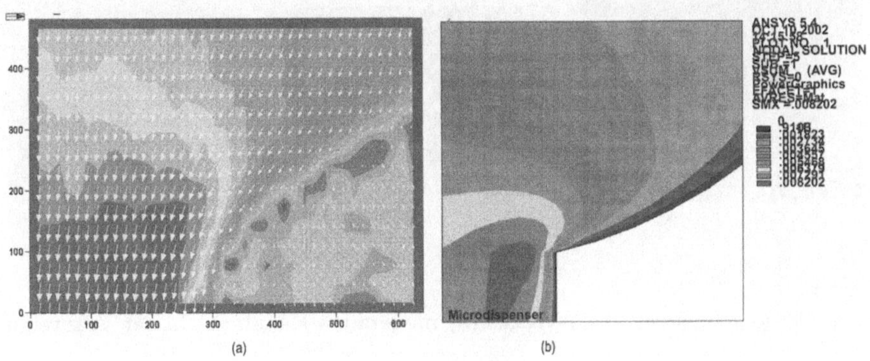

(a)   (b)

Bild 5.12: Vergleich zwischen der Simulation und der Messung am Übergangsbereich: (a) Si-
          mulationsergebnis, (b) Geschwindigkeitsprofil

SU-8-Schicht wird eine dünne Glasscheibe geklebt. Sie dient als optischer Zugang. Das
Messfluid ist Wasser mit 1-μm fluoreszierenden Partikeln. Bild 5.13 zeigt den Vergleich
zwischen den numerischen und den experimentellen Ergebnissen. Gute Übereinstimmung
kann auch in diesem Beispiel festgestellt werden.

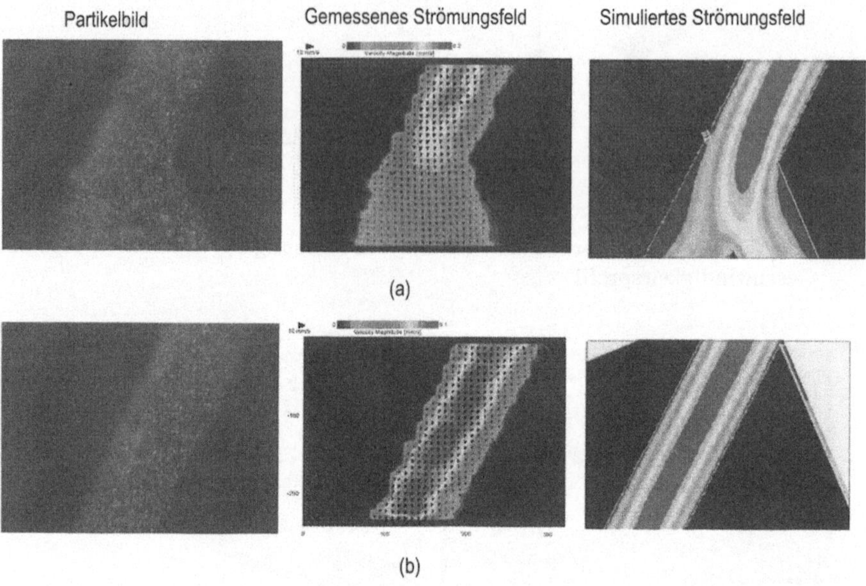

Bild 5.13: Messergebnis des Tesla-Ventils (a) im geraden Kanal, (b) In der Verzweigung

6 Enwurfsbeispiel 1: Ultraschall-Mikropumpe

6.1 Einführung

Mikropumpen gehören zu den wichtigsten mikrofluidischen Komponenten. Mikropumpen können durch ihre Aktuatoren und Pumpenkonzepte gegliedert werden [99]. Mögliche Aktuatorenprinzipien sind:

- piezoelektrische Bimorph-Aktoren (balkenförmig, diskförmig),
- pneumatische Aktuatoren mit externer Druckversorgung,
- thermopneumatische Aktuatoren mit integrierten Heizern,
- thermomechanische Aktuatoren (Bimorph-Schichten und Formgedächtnis-Legierungen) und
- elektrostatische Aktuatoren.

Diese Aktuatoren können in unterschiedlichen Pumpenkonzepten eingesetzt werden [99]:

- Oszillierende Membranen mit gleichrichtenden Komponenten wie Ventilen, Diffusor/ Düse-Strukturen und Tesla-Strukturen,
- Peristaltische Bewegung vieler Pumpenmembranen,
- Elektrohydrodynamische Pumpen und
- Elektrokinetische Pumpen (Abschnitt 2.3.1).

Wie bereits bei den Skalierungsgesetzen analysiert wurde, nimmt der Druckabfall mit der Miniaturiserung zu (2.29). Die viskose Haftkraft an den Kanalwänden bringt erhebliche Probleme für druckgetriebene Pumpenkonzepte mit sich. Mit den sogenannten »aktiven« Kanälen kann dieses Problem überwunden werden. Elektrohydrodynamische Pumpen mit Potenzialwellen sind ein Beispiel für die »aktiven« Kanäle [99]. Dieser Abschnitt beschreibt den Entwurf, die Herstellung und die Charakterisierung eines anderen »aktiven« Kanaltyps: die Ultraschallpumpe.

6.1.1 Flexible Plattenwellen als Aktuatorenkonzept

Das Untraschallfeld wird durch eine flexible Plattenwelle (FPW) erzeugt. Die Plattenwelle wird in den »aktiven« Kanalwänden erzeugt und verursacht die sogenannte akustische Strömung [16, 77, 96]. Wenn sich eine flexible Plattenwelle in einer dünnen Membran ausbreitet, existiert im Umfeld der Membran ein sich bewegendes akustisches Feld mit hoher Intensität im Fluid. Dieses sich bewegende akustische Feld verursacht eine Strömung in die Richtung der Wellenausbreitung. Wegen der viskosen Verluste nimmt die Strömungsgeschwindigkeit in Richtung zum Kanalinneren ab. Weil die Verringerung der Geschwindigkeit eine Exponentialfunktion darstellt (Abschnitte 6.1.2 und 6.1.3), existiert nur eine Strömungschicht über der Membran. Die Physik der akustischen Strömung wird im Abschnitt 6.1.2 durch numerische Simulationen näher erläutert.

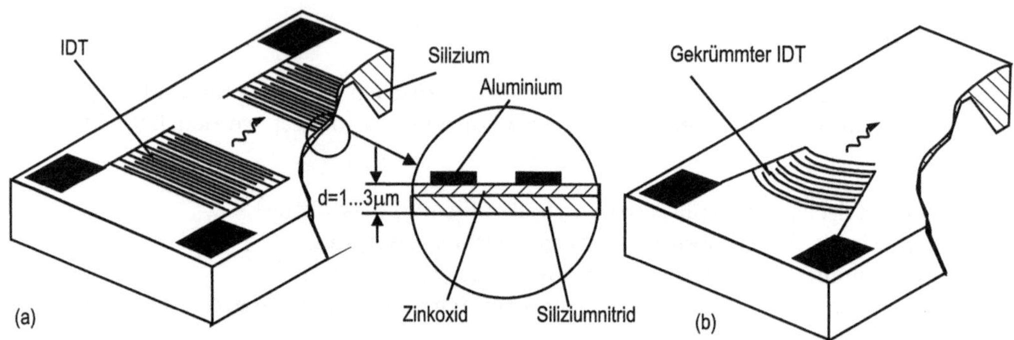

Bild 6.1: Der Aufbau einer FPW-Komponente: (a) mit geraden Elektroden, (b) mit gekrümmten Elektroden zur Fokussierung der akustischen Strömung

Bild 6.1a beschreibt den Aufbau einer konventionellen FPW-Komponente. Die dünne Membran besteht aus Siliziumnitrid, Zinkoxid als piezoelektrisches Material und Aluminium als Elektrodenmaterial. Die typische Dicke der Membran ist etwa 1 bis 3 µm. Eine typische Wellenfrequenz von 3 MHz verursacht eine Plattenwellenlänge von etwa 100 µm. Die Elektrodenkämme, auch als IDTs (interdigitated transducers) bezeichnet, bestehen aus Elektroden, die in Wellenlängenabständen geordnet sind. Diese Elektroden befinden sich auf der piezoelektrischen Zinkoxid-Schicht. Daher verursacht eine an den Elektroden anliegende Erregerspannung die Wellenbewegung in der Membran. FPW-Komponenten wurden ursprünglich als Sensoren benutzt [149]. Im Bild 6.1a wirkt eine IDT-Struktur als Aktuator. Die andere IDT-Struktur dient als Sensor für die Plattenwelle. Eine kleine Änderung der Membrandicke oder der Masse durch Ablagerungen kann zur Verschiebung der Wellenfrequenz führen. Diese Eigenschaft kann für verschiedene Sensoranwendungen ausgenutzt werden.

Bild 6.1b zeigt eine andere Variante der FPW-Komponente. Die gekrümmten Elektroden wirken als Fokussierungslinse für die Wellenausbreitung. Durch diese Anordnung werden die Wellenamplitude und damit auch die Geschwindigkeit der akustischen Strömung verstärkt.

Weil es in diesem Pumpenkonzept keine bewegliche Teile gibt, ist die akustische Strömung für Anwendungen mit empfindlichen Teilchen wie Lösungen mit DNAs oder anderen biologischen Proben besonders geeignet. FPW-Komponenten wurden für den Transport der DNA-Moleküle mit 4400 Basispaaren benutzt. Die nachfolgenden Elektrophorese-Analysen zeigten keine Schädigung der DNA-Moleküle [89]. Darüberhinaus verursacht dieses Pumpenkonzept keine erhöhten Temperaturen, die biologische Proben thermisch schädigen könnten.

6.1.2   Bidirektionale und Unidirektionale Strömung

In den konventionellen FPW-Komponenten werden die Elektroden in Wellenlängenabständen λ angeordnet. Die Gegenelektroden sind mit einem Abstand von $\lambda/2$ zur ersten Elektrode angeordnet. An den Elektroden werden gegenphasige sinusförmige Spannungen angelegt. Mit einer Phasenverschiebung von 180° und der Wellenzahl $k = 2\pi/\lambda$ kann

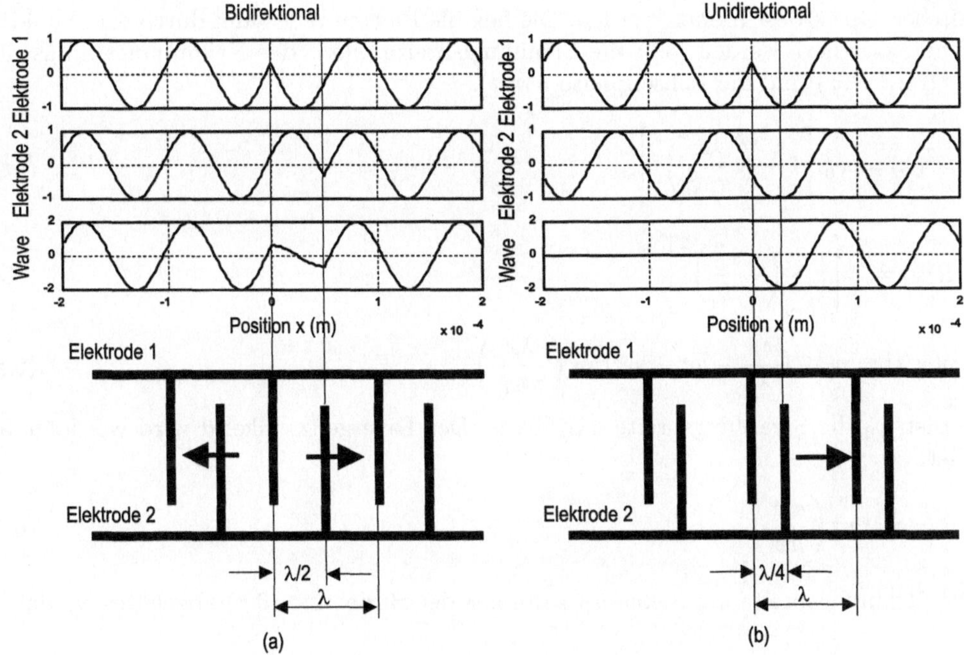

Bild 6.2: Unterschiedliche Pumpenmode: (a) bidirektional, (b) unidirektional

die resultierende Welle wie folgt beschrieben werden:

$$A(x,t) = \frac{A_0}{2} \left\{ \sin\left(2\pi f t - k|x|\right) + \sin\left[2\pi f(t - \frac{1}{2f}) - k|x - \frac{\lambda}{2}|\right] \right\}. \tag{6.1}$$

Damit breitet sich die entstehende Plattenwelle in beide Richtungen aus, Bild 6.2a. Die akustische Strömung breitet sich auch in zwei Richtungen aus. Dieser Typ der FPW-Pumpe wird *bidirektionale Ultraschallpumpe* genannt.

In einer unidirektionalen FPW-Komponente werden die Gegenelektroden mit einem Abstand von $\lambda/4$ voneinander geordnet. Die Phasenverschiebung der Erregersignale ist dann 90°. Die Superposition der entstehenden Wellen bewirkt, dass die Plattenwelle sich nur in eine Richtung ausbreitet, Bild 6.2b:

$$A(x,t) = \frac{A_0}{2} \left\{ \sin\left(2\pi f t - k|x|\right) + \sin\left[2\pi f(t - \frac{1}{4f}) - k|x - \frac{\lambda}{4}|\right] \right\}. \tag{6.2}$$

Dieser Typ der FPW-Pumpe wird *unidirektionale Ultraschallpumpe* genannt.

6.1.3   Fokussierende Strömung

Bild 6.1b beschreibt den Aufbau einer FPW-Komponente für die Strömungsfokussierung. Die Fokussierung der akustischen Energie kann durch die Gaußsche Strahlungstheorie der klassischen Optik beschrieben werden. Die flexible Plattenwelle kann durch drei Funktionen charakterisiert werden [89]: die Strahlungsbreite $w(x)$, der Krümmungsradius der Wellenfront $R(x)$ und die Achsenphase $\eta(x,t)$.

$$w^2(x) = w_0^2 \left[1 + \left(\frac{\lambda x}{\pi w_0^2} \right)^2 \right], \tag{6.3}$$

$$R(x) = x \left[1 + \left(\frac{\pi w_0^2}{\lambda x} \right)^2 \right], \tag{6.4}$$

$$\eta(x,t) = \eta_0 + \frac{2\pi x}{\lambda} - \omega t - \arctan\left(\frac{\lambda x}{\pi w_0^2} \right). \tag{6.5}$$

Dabei ist w_0 die Strahlungsbreite am Fokus. Der Divergenzwinkel θ wird wie folgt berechnet:

$$\theta = \arctan\left(\frac{dw}{dx} \right). \tag{6.6}$$

Die Strahlungsbreite am Fokus w_0 kann aus der Beziehung (6.5) abgeleitet werden:

$$w_0 = \frac{\lambda}{\pi \tan(\theta)}. \tag{6.7}$$

Der Abstand vom Fokus x_0, wo $(w = 2w_0)$ wird als Tiefenschärfe definiert. Die Fokussierungstiefe kann aus (6.3) und (6.7) berechnet werden:

$$x_0 = \frac{\pi w_0^2}{\lambda} = \frac{\lambda}{\pi \tan^2 \theta}. \tag{6.8}$$

Bild 6.3 zeigt die grafische Form der Gaußschen Strahlung und die dazu gehörenden Parameter w_0, x_0 und θ.

In den folgenden Abschnitten werden die zwei im Bild 6.1 dargestellten FPW-Komponenten systematisch untersucht und optimiert. Die numerische Simulation liefert einen Einblick in die physikalische Funktionsweise der Komponente sowie ihre Optimierung. Nach dem Entwurf und der Optimierung werden die Komponente hergestellt and charakterisiert. In-situ Messungen werden durch integrierte Strömungssensoren realisiert.

6.1.4 Analytische Modelle für die akustische Strömung

Die analytische Lösung für akustische Strömungen kann aus dem Erhaltungssatz der Momente, der Navier-Stokes-Gleichung (2.90), abgeleitet werden [95]. Die Näherungslösung für die Geschwindigkeit u_i und den Druck p kann durch eine Taylor-Reihe beschrieben werden:

$$\begin{aligned} p &= p_0 + p_1 + p_2 + ..., \\ u &= u_0 + u_1 + u_2 + ... \end{aligned} \tag{6.9}$$

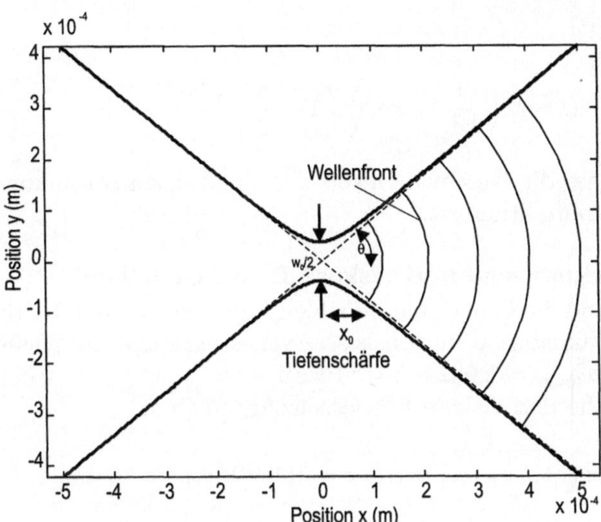

Bild 6.3: Die Gaußsche Welle am Fokus der fokussierenden flexiblen Plattenwelle

Der Index 0 beschreibt den statischen Term. Indizes n beschreiben den n-ten Term der Lösung. In einer Taylor-Reihe haben Terme mit höheren Ordnungen geringere Amplituden. Die Terme der ersten Ordnung sind Lösungen der linearisierten Navier-Stokes-Gleichung und können als eine Funktion der Zeit $\exp(j2\pi ft)$ beschrieben werden. Wegen der Terme zweiter Ordnung in der Navier-Stokes-Gleichung haben die Terme zweiter Ordnung zwei Komponenten: eine zeitunabhängige und eine zeitabhängige Komponente mit der doppelten Frequenz $2f$. Die zeitunabhängige Komponente repräsentiert die akustische Strömung. Die zeitabhängige Komponente verschwindet nach der Integration über die Zeit. Die Lösung für u_1 hat zwei Terme. Der erste Term ist eine exponentielle Funktion $\exp\left(\frac{-z}{\delta_a}\right)$ und beschreibt das akustische Abklingen. Der zweite Term ist die Funktion $\exp\left(-z\frac{1+j}{\delta_v}\right)$ und beschreibt die viskose Dämpfung. Die *akustische Evaneszenzlänge* wird wie folgt berechnet:

$$\delta_a = \lambda/(2\pi\sqrt{1 - u_p/u_s}) \tag{6.10}$$

mit u_p der Phasengeschwindigkeit der Welle und u_s der Schallgeschwindigkeit. Die *viskose Evaneszenzlänge* δ_v berechnet sich aus:

$$\delta_v = \sqrt{2\mu/(2\pi f\rho)}. \tag{6.11}$$

Aus der Lösung der Geschwindigkeitskomponente der ersten Ordnung kann die Geschwindigkeitskomponente der zweiten Ordnung (die akustische Strömung) für $z \gg \delta_v$

berechnet werden [95]:

$$u_a = \frac{5}{4} \frac{(2\pi f A)^2}{c_\mathrm{p}} (k\delta_\mathrm{a})^3 \left(\frac{1}{k\delta_\mathrm{a}} + k\delta_\mathrm{v} \right) \left(1 - \frac{d_\mathrm{M}}{2\delta_\mathrm{a}} \right)^2 . \tag{6.12}$$

Es ist ersichtlich, dass die Geschwindigkeit der akustischen Strömung eine quadratische Funktion der Wellenamplitude ist.

Beispiel 6.1:   Akustische und viskose Evaneszenzlänge

Die Frequenz und die Länge einer flexiblen Plattenwelle sind 3 MHz und 100 µm. Bestimme die akustische und viskose Evaneszenslänge im Wasser ($\rho_\mathrm{Wasser} = 1000\,\mathrm{kg/m^3}$, $\mu_\mathrm{Wasser} = 1{,}002 \times 10^{-3}\,\mathrm{Pa.s}$)!

Die akustische und viskose Evaneszenzlängen sind:

$$\delta_\mathrm{a} = \lambda/(2\pi\sqrt{1 - c_\mathrm{p}/c_\mathrm{s}}) \approx \lambda/2\pi = 100/(2 \times \pi) \approx 16\,\mathrm{\mu m},$$

$$\delta_\mathrm{v} = \sqrt{2\mu/(2\pi f \rho)} = 0{,}32 \times 10^{-6}\,\mathrm{m} = 0{,}32\,\mathrm{\mu m}.$$

Diese Ergebnisse beudeuten eine schnell strömende Fluidschicht mit einer Dicke von 16 µm. Die maximale Geschwindigkeit befindet sich in einer Höhe von etwa 0,32 µm.

6.2   Numerische Simulation und Optimierung

Die numerische Simulation und Optimierung wird mit Hilfe eines kommerziellen CFD-Werkzeugs (*computational fluid dynamics*) der Firma CFDRC (CFD Research Corporation, USA) durchgeführt. Beispiel 6.2 demonstriert die Benutzung der konventionellen Werkzeuge zur Modellierung der akustischen Strömung.

Beispiel 6.2:   Benutzung der konventionellen CFD-Werkzeuge für die Simulation der akustischen Strömung

Die akustische Strömung wird durch eine flexible Plattenwelle verursacht. Die Frequenz und die Wellenlänge sind 3 MHz und 100 µm. Die Wellenamplitude ist 100 Å. Bestimme das korrekte Modell für die Simulation der Strömung!

Aus der Diskussion im Abschnitt 2.2.1 kann für die gegebenen Komponentenabmessungen und den normalen Arbeitsdruck das Kontinuum-Modell angenommen werden. Ein Punkt auf der Membran bewegt sich von einem zu dem anderen Maximum innerhalb einer halben Wellenperiode. Die maximale Geschwindigkeit der sich bewegenden Membran kann wie folgt abgeschätzt werden:

$$u_\mathrm{max} = \frac{2A}{T/2} = 4Af = 4 \times 100 \times 10^{-10} \times 3 \times 10^6 = 12 \times 10^{-2}\,\mathrm{m/s}.$$

Nimmt man die Wellenlänge $\lambda = 100\,\mathrm{\mu m}$ als charakteristische Länge, ist die Reynolds-Zahl für Wasser ($\rho_\mathrm{Wasser} = 1000\,\mathrm{kg/m^3}$, $\mu_\mathrm{Wasser} = 1{,}002 \times 10^{-3}\,\mathrm{Pa.s}$)

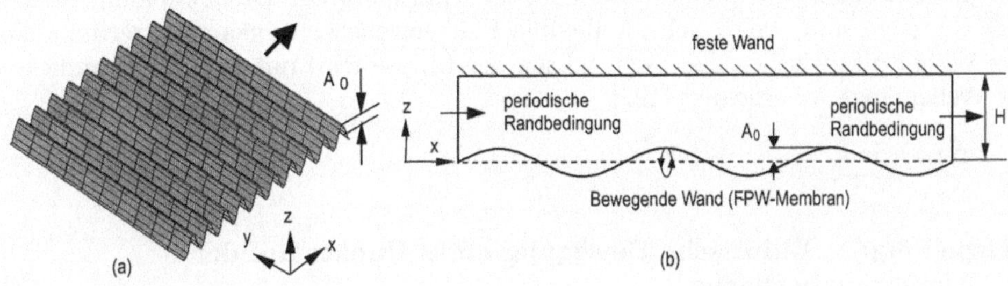

Bild 6.4: Das Modell der konventionellen FPW-Komponente mit geraden Elektroden: (a) Modell der Membran, (b) Zweidimensionales Modell

in diesem Fall:

$$\mathrm{Re}_{\mathrm{Wasser}} = \frac{\rho_{\mathrm{Wasser}} u_{\mathrm{max}} \lambda}{\mu_{\mathrm{Wasser}}} = \frac{1000 \times 12 \times 10^{-2} \times 100 \times 10^{-6}}{1{,}002 \times 10^{-3}} = 12.$$

Die Reynolds-Zahl für Luft ($\rho_{\mathrm{Luft}} = 1{,}2929\,\mathrm{kg/m^3}$, $\mu_{\mathrm{Luft}} = 17{,}2 \times 10^{-6}\,\mathrm{Pa.s}$) ist:

$$\mathrm{Re}_{\mathrm{Luft}} = \frac{\rho_{\mathrm{Luft}} u_{\mathrm{max}} \lambda}{\mu_{\mathrm{Luft}}} = \frac{1{,}2929 \times 12 \times 10^{-2} \times 100 \times 10^{-6}}{17{,}2 \times 10^{-6}} = 0{,}9.$$

Es ist ersichtlich, dass die akustische Strömung des Wassers und der Luft mit einem laminaren Modell simuliert werden kann.

Modellbeschreibung für FPW-Komponenten mit geraden Elektroden

Bild 6.4 beschreibt das Modell einer konventionellen FPW-Komponente mit geraden Elektroden. Die Wellenbewegung wird in einer FORTRAN-Routine geschrieben. Das Vernetzungsmodell wird in der gleichen Routine modifiziert. Die FORTRAN-Routine wird dann kompiliert und mit dem kommerziellen CFD-Solver verbunden. Die transiente Simulation aktualisiert die Position jedes Knotens nach jedem Zeitschritt. Es wird angenommen, dass die Verschiebungen der Knoten $\Delta x(z)$, $\Delta y(z)$ und $\Delta z(z)$ von der sich bewegenden Membran zu der festen Wand linear abnehmen:

$$\Delta x(z) = \frac{\Delta x_0 \cdot z}{-H},$$
$$\Delta y(z) = \frac{\Delta y_0 \cdot z}{-H}, \tag{6.13}$$
$$\Delta z(z) = \frac{\Delta z_0 \cdot z}{-H},$$

Dabei ist H die Kanalhöhe. Die Berechnung der Verschiebungen an der Membranoberfläche Δx_0, Δy_0 und Δz_0 wird im folgenden beschrieben.

Ein fester Punkt auf der Membran bewegt sich auf einer elliptischen Bahn, wenn sich die Plattenwelle in der Membran ausbreitet, Bild 6.4b. Die Drehbewegung ist entgegen dem Uhrzeigersinn, wenn sich die flexible Plattenwelle von links nach rechts ausbreitet. Das Verhältnis zwischen den zwei Achsen der Ellipse wird mit der Membrandicke d und der Wellenlänge λ berechnet [122]:

$$\frac{\Delta x_0}{\Delta z_0} = \frac{\pi d}{\lambda}. \tag{6.14}$$

Beispiel 6.3:   Elliptische Bewegung eines Punkts auf der Membranoberfläche

Eine flexible Plattenwelle mit einer Wellenlänge von 100 μm breitet sich auf einer 3-μm-dicken Membran aus. Berechne das Verhältnis zwischen der horizontalen und der vertikalen Breite der elliptischen Bahn eines festen Punktes auf der Membran!

Das Verhältnis ist:

$$\frac{\Delta x_0}{\Delta z_0} = \frac{\pi d}{\lambda} = \frac{\pi \times 3 \times 10^{-6}}{100 \times 10^{-6}} = 0{,}093.$$

Die Verschiebungen eines Punktes auf der Membranoberfläche werden mit der Wellengleichung berechnet:

$$\Delta z_0 = A(t)\sin(\omega t - kx), \tag{6.15}$$

$$\Delta x_0 = A(t)\frac{\pi d}{\lambda}\cos(\omega t - kx). \tag{6.16}$$

$$\Delta y_0 = 0. \tag{6.17}$$

Dabei ist A die Wellenamplitude, $\omega = 2\pi f$ ist die Kreisfrequenz der Welle, und $k = 2\pi/\lambda$ ist die Wellenzahl. Die Achsen x, y und z sind im Bild 6.4 definiert. Für die Anfangsbedingung der Wellenamplitude wird die exponentielle Form angenommen:

$$A(t) = A_0 \left(1 - \exp\frac{-t}{\tau} \right). \tag{6.18}$$

Dabei ist A_0 die maximale Wellenamplitude und die Zeitkonstante wird als $\tau = T = 1/f$ angenommen. Das Modell wird in der FORTRAN-Routine wie folgt implementiert.

```
SUBROUTINE ugrid
C*********************************************************************
C Diese Routine erlaubt die Aktualisierung der Knotenpunkte eines
C Modells. Diese Routine wird in den Solver eingebuden und wird C
C nur aufgerufen, wenn der Befehl UMOV ON in der Sektion GEOMETRY
C der \acro{CFDRC}-Eingabedatei angegeben ist(siehe die n"achste
Liste). C C Die Position der Knoten wird in jedem Zeitschritt mit
set_xyz() C aktualisiert. Die aktuelle Zeit wird mit get_time()
"ubernommen.
```

```fortran
C*********************************************************************
C Lesen der Standardbibliotheken
      IMPLICIT DOUBLE PRECISION (A-H,O-Z)
      INCLUDE 'mzpar.inc'
      INCLUDE 'arrays.inc'
C Erkl"arung der Knoten Koordinaten (100x10x30 Matrix)
      LOGICAL errory, errorx, errorz
      DIMENSION y(101,11,31)
      DIMENSION x(101,11,31)
      DIMENSION z(101,11,31)
C Erkl"arung der lokalen Variablen f"ur diese Routine
      DATA icall /0/
      DATA l,m,n,lp1,mp1,np1,m_t,m_b,t /9*0/
      DATA ixc,iyc,izc,iu,iv,iw,ip, idt /8*0/
      DATA x /34441*0.0/
      DATA y /34441*0.0/
      DATA z /34441*0.0/
      DATA E, W, A,xx, yy, zz /6*0.0/
C "Ubernahme der Variablenindices mit dem ersten Routineaufruf
      IF(icall.eq.0) THEN
         call get_var_index('XC',ixc)
         call get_var_index('YC',iyc)
         call get_var_index('ZC',izc)
         call get_var_index('U',iu)
         call get_var_index('V',iv)
         call get_var_index('W',iw)
         call get_var_index('P',ip)
         call get_cells(l,l,m,n)
         lp1 = l + 1
         mp1 = m + 1
         np1 = n + 1
         W = 8.0 * ATAN(1.0)
         E = 1.e-6
         icall = 1
      ENDIF
C "Ubernahme der Parameter von der \acro{CFDRC}-Eingabedatei
      freq = RUSER(90)
      amp  = RUSER(91)
      xlen = RUSER(92)
      height = RUSER(93)
      wlen = RUSER(94)
      h = RUSER(95)
      alpha = RUSER(96)
      viscos = RUSER (97)
      istop = RUSER(98)
      wnum = 1.0/wlen
C Aktuellen Zeitschritt lesen
      call get_time(t,idt)
C Berechnung der Wellenamplitude
```

```
      A=amp*(1-exp(-t*freq)) C
"Ubernahme der aktuellen Knotenpositionen
      DO i = 1, lp1
        DO j = 1, mp1
           DO k = 1, np1
              call get_value_one_corner(ixc,1,i,j,k,xx,error)
              call get_value_one_corner(iyc,1,i,j,k,yy,error)
              call get_value_one_corner(izc,1,i,j,k,zz,error)

              deltax = 0.5*h*A*wnum*W*COS(W*(freq*t-wnum*xx))
              deltay = 0
              deltaz = A*SIN(W*(freq*t-wnum*xx))
              ratio = (height-zz)/height
C Berechnung der Koordinatenverschiebungen
              diffx = deltax*ratio
              diffy = deltay*ratio
              diffz = deltaz*ratio
              x(i,j,k) = xx+ diffx
              y(i,j,k) = yy+ diffy
              z(i,j,k) = zz+ diffz
           ENDDO
        ENDDO
      ENDDO
C Knotenpositionen aktualisieren
      call set_xyz(ixc,1,x,101,11,31,errorx)
      call set_xyz(iyc,1,y,101,11,31,errory)
      call set_xyz(izc,1,z,101,11,31,errorz)
      IF(errorx) THEN
        print *, "Fehler bei der Aktualisierung der x-Koordinate"
      ENDIF
      IF(errory) THEN
        print *, "Fehler bei der Aktualisierung der y-Koordinate"
      ENDIF
      if(errorz) then
        print *, "Fehler bei der Aktualisierung der x-Koordinate"
      ENIF
      RETURN
      END
```

Die oben aufgelistet Routine wird kompiliert und mit dem CFDRC-Löser gebunden. Die
Eingabedatei des CFDRC-Lösers sieht wie folgt aus.

```
TITLE 'Konventionale FPW-Komponente mit geraden Elektroden'
* MODEL MODEL
* PARAMETERS
  integer numinx=100, numiny=10, numinz=30, nmxp1=numinx+1, nmyp1=numiny+1
  real wp=500e-6, wm=-500e-6, w1p=853.55e-6, w1m=-853.55e-6, height=500e-6, alpha=2.5
END INTERNAL
  RUSER(90) =   3e6
  RUSER(91) =   100e-10
```

```
  RUSER(92) = 1000e-6
  RUSER(93) = height
  RUSER(94) = 100e-6
  RUSER(95) = 3e-6
  RUSER(96) = alpha
  RUSER(97) = 0.8e-3
  RUSER(98) = nmxp1
END
* GEOMETRY
  GRID 3D BFC
  L numinx; M numiny; N numinz
* Membranoberfl"ache
  ILINE    1 1 1 LP1 (wm, wm, 0) (wp, wm, 0)
  ILINE    MP1 1 1 LP1 (wm, wp, 0) (wp, wp, 0)
  JLINE    1 1 1 MP1 (wm, wm, 0) (wm, wp, 0)
  JLINE    LP1 1 1 MP1 (wp, wm, 0) (wp, wp, 0)
* Feste Wand
  ILINE    1 NP1 1 LP1 (w1m, w1m, height) (w1p, w1m, height)
  ILINE    MP1 NP1 1 LP1 (w1m, w1p, height) (w1p, w1p, height)
  JLINE    1 NP1 1 MP1 (w1m, w1m, height) (w1m, w1p, height)
  JLINE    LP1 NP1 1 MP1 (w1p, w1m, height) (w1p, w1p, height)
* Kantenlinien des 3-D Modells
  KLINE    1 1 1 NP1 (wm, wm, 0) (w1m, w1m, height) alpha
  KLINE    LP1 1 1 NP1 (wp, wm, 0) (w1p, w1m, height) alpha
  KLINE    LP1 MP1 1 NP1 (wp, wp, 0) (w1p, w1p, height) alpha
  KLINE    1 MP1 1 NP1 (wm, wp, 0) (w1m, w1p, height) alpha
  FILVOL 1 LP1 1 MP1 1 NP1
  TOLERANCE 1.0e-10
END PROBLEM_TYPE
  SOLVE FLOW UMOVE
  UNSTEADY TF = 273.306e-8 DT = 3.333e-8 STEPS = 70
END PROPERTIES
  DENSITY CONSTANT 1000
  VISCOSITY CONSTANT_DYNAMIC 0.8e-3
END MODELS END
*** Randbedingungen ***
BOUNDARY_CONDITIONS
    WALL numinx numinx 1 numiny 1 numinz
    U=0 V=0
    WALL 1 1 1 numiny 1 numinz
    U=0 V=0
    WALL 1 numinx numiny numiny 1 numinz
    U=0 V=0
    WALL 1 numinx 1 1 1 numinz
    U=0 V=0
    MOVING_WALL 1 numinx 1 numiny 1 1
    U=0 V=0
    WALL 1 numinx 1 numiny numinz numinz
    U=0 V=0
```

```
END INITIAL_CONDITIONS
* Anfangsbedingungen
U = 0 V = 0 P = 0 END ****************Solve ********************
SOLUTION_CONTROL
  ALGORITHM SIMPLEC
  S_SCHEME UPWIND ALL
  T_SCHEME EULER
  ITERATIONS 50
  C_ITERATIONS 2
  SOLVER WHOLE_I U V W
  SOLVER WHOLE_I PP
  SOLVER WHOLE_J U V W
  SOLVER WHOLE_J PP
  S_ITERATIONS 5 U V W
  S_ITERATIONS 30 PP
  INERTIAL_FACTOR 0.3 U V W
  RELAX 1 RHO T VIS
  RELAX 0.6 P
  MINVAL -1e+20 U V W
  MINVAL -1e+20 P
  MINVAL 1e-06 RHO
  MINVAL 1e-10 T VIS
  MAXVAL 1e+20 U V W

  MAXVAL 1e+20 P RHO
  MAXVAL 5000 T
  MAXVAL 1e+20 VIS
END OUTPUT
  PLOT3D ON FORMATTED
  SCALAR_FILE 1 RHO P T VIS
  DIAGNOSTICS OFF
  UNIQUE_NAME ON
END
```

6.2.1   Modellbeschreibung für fokussierende FPW-Komponenten

Bild 6.5 beschreibt das Modell einer fokussierenden FPW-Komponente mit gekrümmten Elektroden. Die Parameter des Wellenstrahlungsmodells wurden bereits im Abschnitt 6.1.1 erläutert. Das Modell wird in einem Polarkoordinatensystem aufgebaut. Die Verschiebungen auf der Membranoberfläche der z-Achse Δz_0, der radialen Achse Δr_0 und des Drehwinkels φ_0 werden wie folgt berechnet.

$$\Delta z_0 = A(r,t)\sin(\omega t - kr), \tag{6.19}$$

$$\Delta r_0 = A(r,t)\frac{\pi d}{\lambda}\cos(\omega t - kr), \tag{6.20}$$

$$\Delta \varphi_0 = 0. \tag{6.21}$$

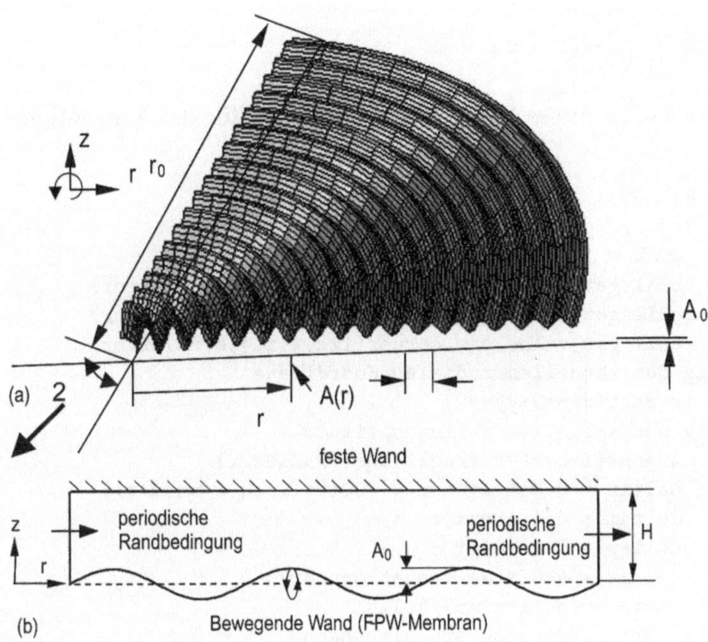

Bild 6.5: Das Modell einer fokussierenden FPW-Komponente mit geraden Elektroden: (a) Modell der Membran, (b) Zweidimensionales Modell

Die Wellenamplitude wird mit der mittleren akustischen Leistung der Welle $P_{\text{akustisch}}$ berechnet [96]:

$$A = \frac{1}{\omega}\sqrt{\frac{2P_{\text{akustisch}}}{\rho_{\text{M}} w u_{\text{p}}}}.$$

(6.22)

Dabei ist ρ_{M} die Dichte der Membran, w ist die Breite der akustischen Strahlung, u_{p} ist die Geschwindigkeit der flexiblen Plattenwelle in der Membran. Die Breite w kann mit der Gleichung (6.3) berechnet werden. Aus Bild 6.3 ergibt sich jedoch, dass für große Radien die Wellenstrahlungsbreite als

$$w = 2\theta r$$

(6.23)

angenommen werden kann. Aus (6.22) und (6.23) gilt dann für die Anordnung im Bild 6.5:

$$A(r) = A_0\sqrt{\frac{r_0}{r}}.$$

(6.24)

Die Wellenamplitude kann dann für das Modell als eine Funktion der Zeit t und der radialen Koordinate r beschrieben werden:

$$A(r,t) = A_0 \sqrt{\frac{r_0}{r}} (1 - \exp \frac{-t}{\tau}). \tag{6.25}$$

Die Implementation dieses Modells ist ähnlich wie für das konventionelle Modell:

```
...
    DO i = 1, lp1
       DO j = 1, mp1
          DO k = 1, np1
          call get_value_one_corner(ixc,1,i,j,k,xx,error)
          call get_value_one_corner(iyc,1,i,j,k,yy,error)
          call get_value_one_corner(izc,1,i,j,k,zz,error)
C Berechnung der aktuellen radialen Koordinate
          r=sqrt(xx**2+yy**2)
C Berechnung der aktuellen Wellenamplitude
          A=amp*(1-exp(-t*freq))*sqrt(radius/r)
          deltar = 0.5*h*A*wnum*W*COS(W*(freq*t+wnum*r))
          deltax = deltar*xx/r
          deltay = deltar*yy/r
          deltaz = A*SIN(W*(freq*t+wnum*r))
          ratio = (height-zz)/height
C Berechnung der Koordinatenverschiebungen
          diffx = deltax*ratio
          diffy = deltay*ratio
          diffz = deltaz*ratio
          x(i,j,k) = xx+ diffx
          y(i,j,k) = yy+ diffy
          z(i,j,k) = zz+ diffz
          ENDDO
       ENDDO
    ENDDO
C Zuweisung der aktuellen Koordinaten
    call set_xyz(ixc,1,x,171,16,21,errorx)
    call set_xyz(iyc,1,y,171,16,21,errory)
    call set_xyz(izc,1,z,171,16,21,errorz)
...
```

Die CFDRC-Eingabedatei der fokussierenden FPW-Komponente ist ähnlich wie die der konventionellen FPW-Komponente. Es wird mit einem Volumen modelliert. Die Volumenflächen werden wie folgt aufgebaut:

```
... GEOMETRY
  GRID 3D BFC
  L numinx; M numiny; N numinz
  ILINE    1 1 1 LP1 (lc1, wm1, 0) (lc, wm, 0)
  ILINE    MP1 1 1 LP1 (lc1, wp1, 0) (lc, wp, 0)
  JARC     1 1 1 MP1 (0, 0, 0) (lc1, wm1, 0) (lc1, wp1, 0) (0, 0, 1)
```

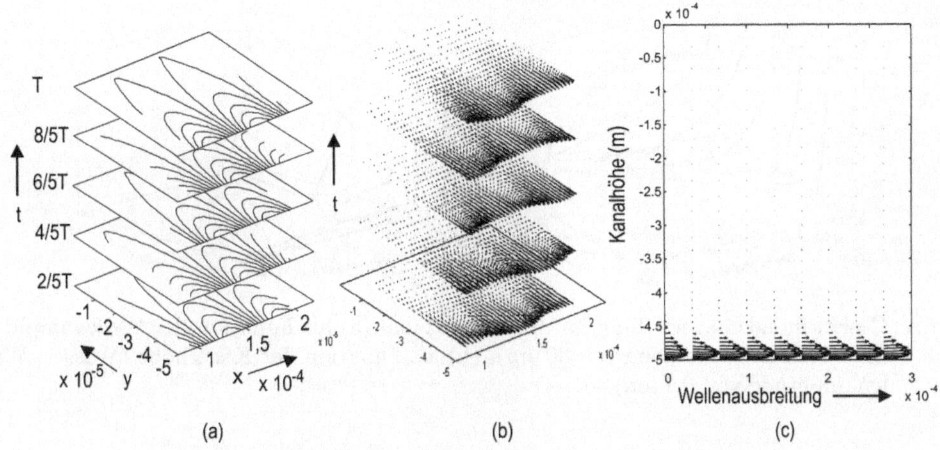

Bild 6.6: Simulationsergebnisse: (a) Transiente Ergebnisse des Druckfeldes, (b) Transiente Ergebnisse des Geschwindigkeitsfeldes, (c) Die resultierende akustische Strömung wird durch das Zeitintegral über eine Wellenperiode berechnet.

```
JARC    LP1 1 1 MP1 (0, 0, 0) (1c, wm, 0) (1c, wp, 0) (0, 0, 1)
PROJECT_K 1 LP1 1 MP1 1 NP1 0 0 100e-6 alpha
FILVOL 1 LP1 1 MP1 1 NP1
...
```

6.2.2 Simulationsergebnisse für Ultraschallpumpen mit geraden Elektroden

Die Optimierung der Ultraschallpumpe wird für Wasser durchgeführt. Die Ergebnisse der Geschwindigkeit und des Druckes werden in jedem Zeitschritt abgelegt. Bild 6.6a stellt das sich bewegende Druckfeld dar. Die Flächendarstellung weist auf eine Niederdrucksektion und eine Hochdrucksektion hin. Dieses Druckfeld im Wasser wird durch die Plattenwelle verursacht. Das sich ausbreitende und oszillierende Druckfeld führt zu einem zeitabhängigen Geschwindigkeitsfeld, Bild 6.6b.

Auf dem ersten Blick stehen die Geschwindigkeitsvektoren senkrecht zu der Membran. Die akustisch verursachte Geschwindigkeit kann als eine polynomiale Funktion der Wellenamplitude beschrieben werden (Abschnitt 6.12). Die Komponenten höherer Ordnungen sind sehr klein. Es kann daher angenommen werden, dass die Geschwindigkeit nur aus Komponenten der ersten Ordnung und der zweiten Ordnung besteht. Die Komponenten der ersten Ordnung sind größer als die der zweiten Ordnung. Deshalb macht das im Bild 6.6b gezeigte Geschwindigkeitsfeld den Eindruck, dass das Fluid nur auf und ab geht.

Erst ein Zeitintegral über eine Wellenperiode enthüllt das zeitgemittelte Geschwindigkeitsfeld, Bild 6.6c. Ein MATLAB-Programm übernimmt die Auswertung des zeitgemittelten Geschwindigkeitsfeldes. Durch das Zeitintegral verschwindet die Geschwindigkeitskomponente der ersten Ordnung. Die Komponenten der zweiten Ordnung bleiben im zeitgemittelten Geschwindikeitsfeld. Dieses zeitgemittelte Geschwindigkeitsfeld stellt den Effekt der akustischen Strömung dar. Die simulierte akustische Strömung hat die

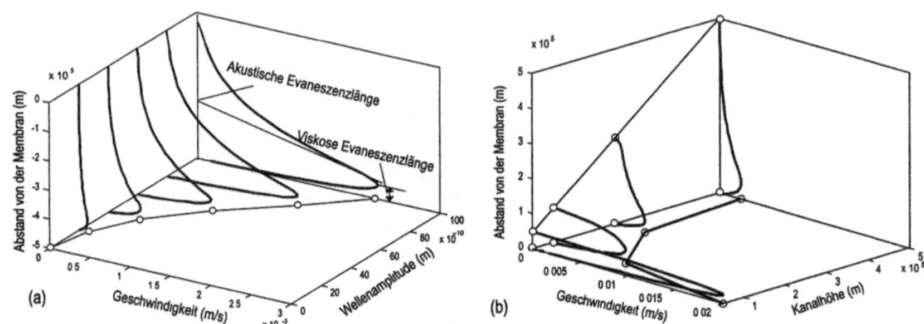

Bild 6.7: Geschwindigkeitsverteilung im Strömungskanal (a) als Funktion der Wellenamplituden (Wasser, Kanalhöhe von 50 µm), (b) als Funktion der Kanalhöhe (Wasser, Wellenamplitude von 0.1 nm)

gleiche Richtung wie die Wellenausbreitung. Es ist auch ersichtlich, dass nur eine dünne Strömungsschicht von etwa 40 µm existiert. Im folgenden werden die Einflüsse der
Entwurfsparameter auf dieses Geschwindigkeitsfeld näher untersucht.

Bild 6.7a vergleicht die Geschwindigkeitsprofile der akustischen Strömung mit unterschiedlichen Wellenamplituden. Die maximale Geschwindigkeit ist eine quadratische
Funktion der Wellenamplituden. Es ist ein direkter Beweis, dass dieses Geschwindigkeitsfeld das Ergebnis der Geschwindigkeitskomponenten zweiter Ordnung ist.

Die Geschwindigkeitsprofile der akustischen Strömung mit unterschiedlichen Kanalhöhen werden im Bild 6.7b dargestellt. Es ist deutlich, dass die maximale Geschwindigkeit
sich nicht ändert, wenn die Kanalhöhe größer als die akustische Evaneszenzlänge ist.
Der Volumendurchfluss der Pumpe berechnet sich aus dem zeitgemittelten Geschwindigkeitsprofil $u(y)$:

$$\dot{Q} = w \int_{0}^{h} u(y)dy. \tag{6.26}$$

Bild 6.8a zeigt den Einfluss der Wellenamplitude auf den Volumendurchfluss. Die quadratische Beziehung der maximalen Geschwindigkeit im Bild 6.7 wird hier deutlich.

Bild 6.8b zeigt den Einfluss der Kanalhöhe auf den Volumendurchfluss. Es ist deutlich, dass der Volumendurchfluss mit der Abnahme der Kanalhöhe schnell zunimmt. Die
Durchflussmenge ändert sich nicht bei einer Kanalhöhe größer als die akustische Evaneszenzlänge.

In Kanälen mit kleineren Höhen ist das Geschwindigkeitsprofil wie in konventionellen
druckgetriebenen Strömungen fast parabolisch. Die maximale Geschwindigkeit in diesen flachen Kanälen nimmt mit der Abnahme der Kanalhöhe schnell zu. Der Volumendurchfluss nimmt jedoch nicht so schnell zu, weil der Volumendurchfluss proportional
zur Geschindigkeit und der Kanalhöhe ist. Vergleicht man einen 5 µm-Kanal mit einem
50 µm-Kanal, ist die maximale Geschwindigkeit 10-mal größer (Bild 6.7). Der Volumendurchfluss ist aber nur 2-mal größer (Bild 6.8b).

Wie bereits im Bild 6.7 beobachtet werden kann, ist das Geschwindigkeitsprofil qua-

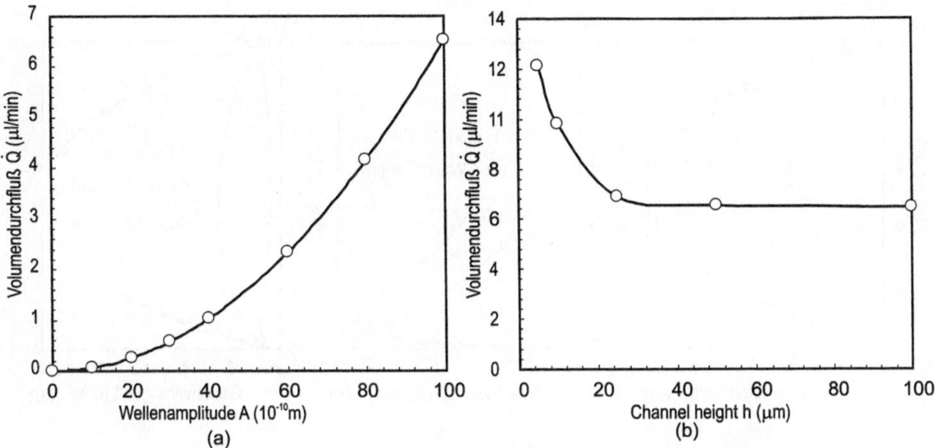

Bild 6.8: Volumendurchfluss als Funktion (a) der Wellenamplitude (Kanalquerschnitt von 3 mm × 50 µm) und (b) der Kanalhöhe (Wellenamplitude von 0,1 nm)

dratisch, wenn die Kanalhöhe kleiner als die akustische Evaneszenzlänge ist. Bild 6.9a vergleicht das Geschwindigkeitsprofil der akustischen Strömung (die Kreise) mit dem idealen Geschwindigkeitsprofil einer druckgetriebenen Strömung (Abschnitt 2.2.4):

$$u(y) = 4u_{\text{max}} \left[- \left(\frac{y}{H} \right)^2 + \frac{y}{H} \right]. \tag{6.27}$$

Dabei ist u_{max} die maximale Geschwindigkeit und h ist die Kanalhöhe. Der entsprechende Druckgradient wird aus der Erhaltungsgleichung der Impulse (2.90) abgeleitet:

$$\frac{\mathrm{d}p}{\mathrm{d}x} = \frac{\Delta p}{L} = \mu \frac{\mathrm{d}^2 u}{\mathrm{d}y^2} = -8\mu \frac{u_{\text{max}}}{H^2}. \tag{6.28}$$

Beispiel 6.4 zeigt, wie hoch der Druckunterschied für die gleiche viskose Strömung sein kann.

Die Pumpenleistung kann durch das Anlegen eines Druckes gegen die Strömungsrichtung oder die Wellenausbreitungsrichtung ausgewertet werden. Sie wird durch die zwei Faktoren Durchflussmenge und Gegendruck bestimmt. Im allgemeinen nimmt die Durchflussmenge mit kleinen Kanalhöhen zu. Die geringe Kanalhöhe verursacht auch einen großen fluidischen Widerstand. Daher haben Ultraschallpumpen mit geringen Kanalhöhen eine bessere Pumpenleistung.

Beispiel 6.4:   Equivalenter Druckgradient für akustische Strömung

Bestimme den Druckgradienten für die äquivalente Strömung mit der maximalen Geschwindigkeit von 20 mm/s. Als Flüssigkeit wird Wasser mit der Viskosität von $1{,}002 \times 10^{-3}$ Pa.s angenommen. Die Kanalhöhe ist 5 µm.

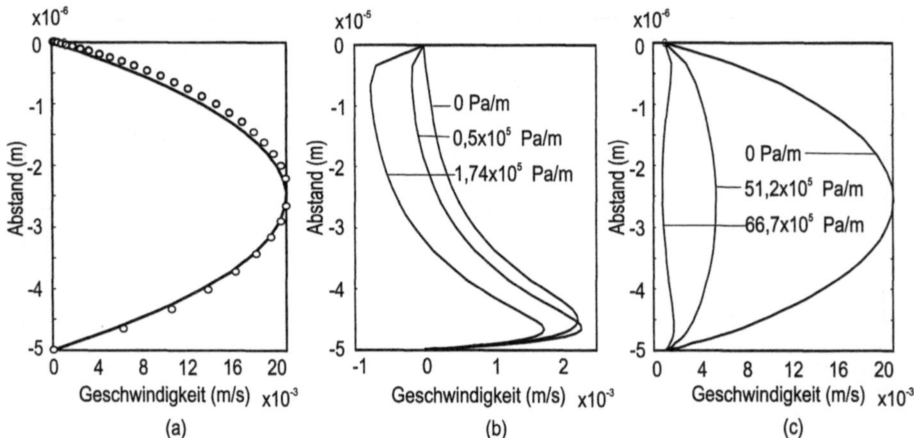

Bild 6.9: (a) Geschwindigkeitsprofil in einem Mikrokanal mit 5 µm Höhe. Die Kreise repräsentieren die Werte der akustischen Strömung, die Linie ist das entsprechende Profil der druckgetriebenen Strömung. Die Membran ist an der Stelle $H = -5 \times 10^{-6}$m; Geschwindigkeitsprofil mit Drucklast: (b) In einem 50 µm Kanal; (c) In einem 5 µm Kanal

Der äquivalente Druckgradient längs der Strömungsrichtung ist nach (6.28):

$$\frac{dp}{dx} = \frac{\Delta p}{L} = -8\mu\frac{u_{max}}{H^2} = -8 \times 1,002 \times 10^{-3} \times \frac{2 \times 10^{-2}}{(5 \times 10^{-6})^2} = 64.128 \times 10^5 \text{ Pa/m.}$$

Ein 1 cm-langer Kanal braucht einen Druckabfall von:

$$\Delta p = 64.128 \times 10^5 \text{Pa/m} \times 1 \times 10^{-2}\text{m} = 0,64 \times 10^5 \text{ Pa} = 640 \text{ mbar.}$$

Wenn ein Druck gegen die akustische Strömung angelegt wird, ist die Strömung im Kanal eine Kombination der akustischen Strömung und der druckgetriebenen Strömung. Die Bilder 6.9b und c zeigen die Simulationsergebnisse für diesen Fall.

In Kanälen mit Höhen größer als die Evaneszenzlänge hat das Geschwindigkeitsprofil zwei Komponenten. In Membrannähe wird die Strömung von der akustischen Strömung dominiert. Über der Evaneszenzlänge nimmt der Einfluss der akustischen Strömung ab. In diesem Bereich des Kanals fließt das Fluid in die Gegenrichtung, Bild 6.9b.

Bild 6.9c zeigt die Ergebnisse der Ultraschallpumpe mit einer Kanalhöhe von 5 µm. Weil die Kanalhöhe kleiner als die Evaneszenzlänge ist, gibt es im Geschwindigkeitsprofil keine deutlichen Einflussbereiche. Der Übergang von einer ultraschalldominierten zu einer druckdominierten Strömung kann deutlich beobachtet werden.

Die Pumpenleistung wird durch das Durchflussmengen-Gegendruck-Diagramm charakterisiert. Wie oben diskutiert wurde, können Ultraschallpumpen mit geringen Kanalhöhen (weniger als die akustische Evaneszenzlänge) eine hohe Durchflussmenge liefern. Darüberhinaus nimmt der fluidische Widerstand mit geringeren Kanalhöhen zu. Das heißt, dass

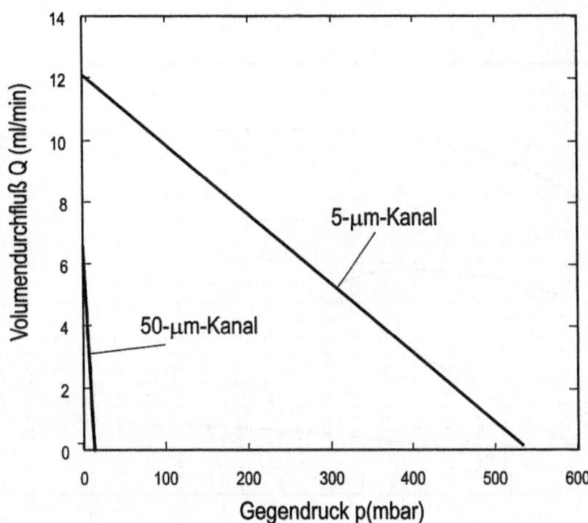

Bild 6.10: Volumendurchfluss als Funktion des Gegendrucks

eine flache Ultraschallpumpe eine bessere Pumpenleistung liefert. Bild 6.10 vergleicht das Durchflussmengen-Gegendruck-Diagramm von Ultraschallpumpen mit unterschiedlichen Kanalhöhen. Für die Erzeugung des Null-Durchflusses gegen eine akustische Strömung mit 10-nm Wellenamplitude in einem 5-µm Kanal ist ein Druckgradient von 67 bar/m erforderlich . Dieser Druckgradient ist etwa 50-mal größer als der Gradient eines 50-µm-Kanals.

Nach dem Einlauf der Strömung von einer »aktiven« Sektion mit flexiblen Plattenwellen in eine »passive« Sektion wandelt sich die akustische Strömung in die druckgetriebene Strömung um. Bild 6.11 zeigt das Simulationsergebnis für diese Situation. Es kann eine Einlauflänge von etwa 40 µm für eine Kanalhöhe von 50 µm beobachtet werden. Beispiel 6.5 vergleicht dieses Ergebnis mit der Abschätzung der Einlauflänge aus Abschnitt 2.2.4.

Beispiel 6.5:   **Einlauflänge der akustischen Strömung**

Bestimme die Einlauflänge in einem 50-µm-hohen Kanal. Die Durchschnittsgeschwindigkeit der akustischen Strömung ist etwa 5 mm/s. Für die Berechnung wird Wasser mit einer Viskosität von $1{,}002 \times 10^{-3}$ Pa.s und einer Dichte vom 1000 kg/s angenommen.

Die Reynolds-Zahl für diesen Fall ist:

$$\mathrm{Re} = \frac{\rho_{\mathrm{Wasser}} u h}{\mu_{\mathrm{Wasser}}} = \frac{1000 \times 5 \times 10^{-3} \times 50 \times 10^{-6}}{1.002 \times 10^{-3}} = 0{,}25.$$

Die Einlauflänge wird aus (2.98) bestimmt:

$$L_{\mathrm{Einlauf}} \approx D_{\mathrm{h}} \left(\frac{0{,}6}{1 + 0{,}035\mathrm{Re}} + 0{,}056\mathrm{Re} \right) =$$

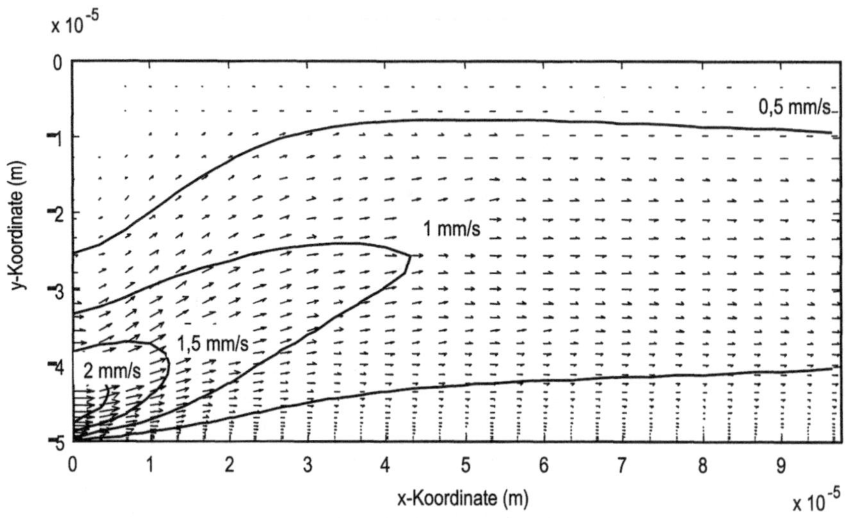

Bild 6.11: Einlauf einer akustischen Strömung in die »passive« Kanalsektion (50-µm-Kanalhöhe, 0,1 nm Wellenamplitude in der »aktiven« Sektion)

$$= 50\mu\mathrm{m}\frac{0{,}6}{1 + 0{,}035 \times 0{,}25} + 0{,}056 \times 0{,}25 = 30\,\mu\mathrm{m}.$$

Die Abschätzung stimmt gut mit der Simulation überein (Bild 6.11).

6.2.3 Simulationsergebnisse für fokussierende Ultraschallpumpen

Bild 6.12 zeigt Simulationsergebnisse der fokussierenden Ultraschallpumpe. Obwohl der Krümmungsradius der Wellenfront sich nach (6.4) ändert, wird im Modell ein konstanter Krümmungsradius angenommen. Diese Annahme ist durch die geometrische Anordnung der Elektroden gerechtfertigt. In der gefertigten FPW-Komponente werden die Elektroden mit gleichem Krümmungsradius entworfen. Weil sich die Elektroden sehr nahe zu dem Fokus befinden, wird ein konstanter Krümmungsradius angenommen. Darüberhinaus nähert sich die Wellenamplitude einen unendlich großen Wert ($A \to \infty$) wenn $r \to 0$. Daher wird nur im Bereich $100\mu\mathrm{m} \leq r \leq r_0$ simuliert, wobei r_0 der Radius des äußeren Elektrodenpaares ist. Die Berechnung des zeitgemittelten Geschwindigkeitsfelds ist ähnlich wie für FPW-Pumpen mit geraden Elektroden. Der Fokussierungseffekt kann im Bild 6.12 deutlich betrachtet werden.

6.2.4 Simulationsergebnisse mit Wärmekopplung

Akustische Strömung ist eine Form des Massentransports. Wenn der Massentransport in einem Temperaturfeld existiert, gibt es auch den Wärmetransport. Wird die Energieerhaltungsgleichung (2.91) zusammen mit der Massenerhaltungsgleichung (2.89) und der Momentenerhaltungsgleichung (2.90) gelöst, ergibt sich die Lösung des Wärmetransportes.

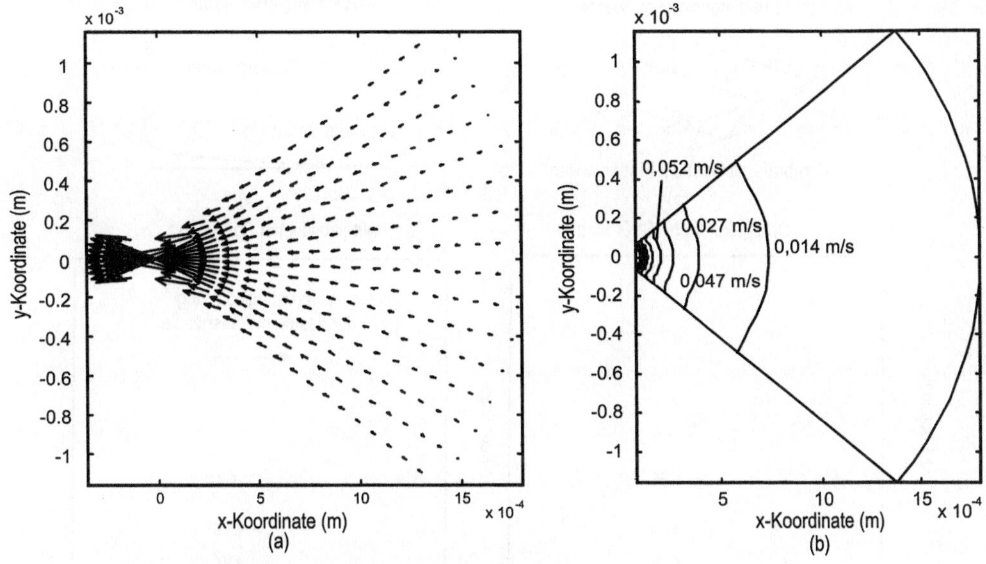

Bild 6.12: Strömungsfeld auf einer fokussierenden Ultraschallpumpe (a) Geschwindigkeitsvektoren, (b) Konturlinien der Geschwindigkeit auf der x-y-Ebene

Die Zeitkonstante der Sprungsantwort auf die Temperaturänderung des Modells ist in der Größenordnung von einigen Millisekunden. Diese Zeitkonstante (weniger als 1 kHz) ist viel langsamer als die Änderung der Geschwindigkeitskomponente der ersten Ordnung (3 MHz). Der Unterschied von drei Größenordnungen verursacht ein technisches Problem für die gekoppelte Simulation. Die Berechnung der Anfangsbedingung nach der Gleichung (6.18) ist zu schnell für das Temperaturfeld, um nachzukommen. Transiente Simulationen über tausende Wellenperioden würden benötigt, damit ein thermisches Gleichgewicht erreicht werden kann. Dieser Prozess ist zeitaufwendig und nicht praktisch. Für die in diesem Abschnitt vorgestellten Ergebnisse werden zuerst statische Simulationen durch geführt (Bild 6.13). Das Temperaturfeld der statischen Simulation wird als Anfangsbedingung für die gekoppelte Simulation genommen.

Bild 6.13a zeigt ein thermisch gekoppeltes Modell mit einem Heizer auf der Membran. Alle anderen Seiten dieses Modells sind feste Wände. Aus diesem Grund ergibt sich eine Rückströmung über der akustischen Strömung. Der Einfluss dieses Geschwindigkeitsprofils auf das Temperaturfeld wird im Bild 6.13c und Bild 6.13d deutlich gezeigt. Das Temperaturprofil ist symmetrisch, wenn es keine Strömung gibt. Wenn eine Strömung existiert (Bild 6.13b), wird das Temperaturfeld entsprechend verschoben (Bild 6.13d). Bild 6.14a zeigt die Temperaturverteilung entlang der Strömungsrichtung in den zwei Fällen: ohne und mit akustischer Strömung. Es ist deutlich, dass die Verschiebung des Temperaturprofils repräsentativ für die akustische Strömung ist und für die Detektion dieser Strömung benutzt werden kann. Das elektrokalorische Konzept kann für die Detektion in der Ultraschallpumpe implementiert werden. Ein Heizer und zwei Temperatursensoren

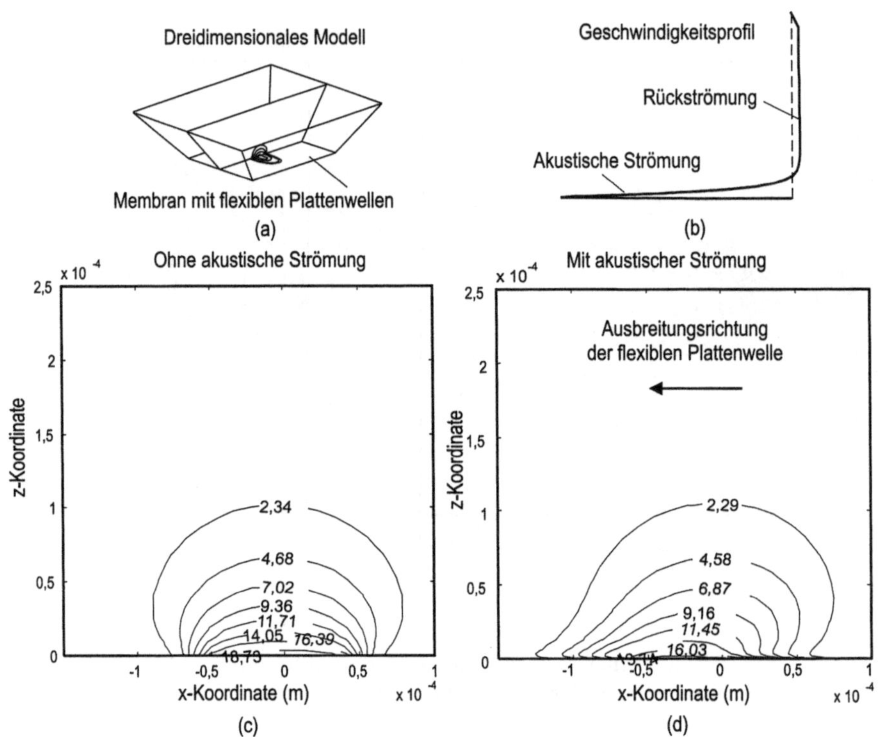

Bild 6.13: Gekoppelte thermisch-fluiddynamische Simulation: (a) Das dreidimensionale Modell, (b) Das Geschwindigkeitsprofil im Modell, (c) Temperaturverteilung über einem Heizer ohne eine Strömung, (d) Temperaturverteilung über einem Heizer mit akustischer Strömung

werden auf der flexiblen Membran integriert. Der Temperaturunterschied zwischen den zwei Stellen vor und nach dem Heizer wird für die Strömungsmessung ausgewertet. In den folgenden Abschnitten 6.1.3 und 6.1.4 werden die Herstellung und die Charakterisierung dieses Strömungssensors diskutiert.

Akustische Strömung verursacht einen sehr schwachen erzwungenen Wärmeverlust, weil die zeitgemittelte Durchflussmenge relativ klein ist. Mit gewöhnlichen Wellenamplituden von 0 bis 10 nm ergibt sich eine sehr schwache erzwungene Kühlung. Ein deutlicher Kühlungseffekt kann erst mit einer Wellenamplitude von 100 nm beobachtet werden. Bild 6.14b vergleicht den erzwungenen Wärmeverlust:

$$P_{\text{erzwungen}}(\dot{Q}) = P(\dot{Q}) - P_0 \tag{6.29}$$

zwischen der akustischen Strömung und der druckgetriebenen Strömung gleicher Durchflussmenge. P_0 ist der Verlust durch Wärmeleitung in einem ruhenden Fluid. Mit einer Kanalhöhe von 5μm ist die akustische Strömung effektiver für den Wärmetransport als die druckgetriebene Strömung. Der Grund liegt in den starken Geschwindigkeitskomponenten der ersten Ordnung. Wenn die Kanalhöhe kleiner als die akustische Evaneszenzlänge

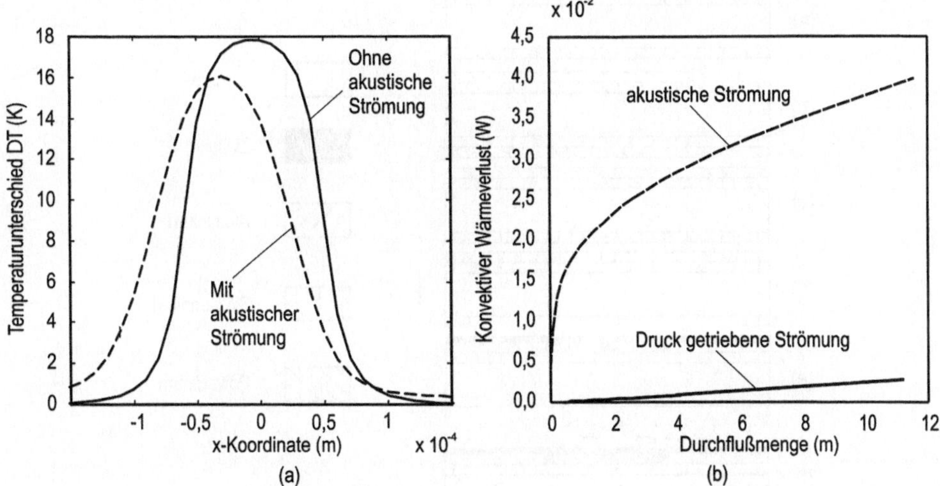

Bild 6.14: Einfluss der akustischen Strömung (a) auf die Temperaturverteilung in Strömungsrichtung (b) auf den konvektiven Wärmeverlust (3 µm Kanalbreite, 5 µm Kanalhöhe, 100 µm Heizerlänge, der Verlust durch Wärmeleitung ist $P_0 = 0.9\text{W}$)

ist, wird die Wärme direkt von dem Heizer zu der festen Wand auf der Gegenseite durch die Geschwindigkeitskomponenten der ersten Ordnung geliefert. Das heißt, in diesem Fall dominiert der erzwungene Wärmeverlust durch die Geschwindigkeitskomponenten der ersten Ordnung zur Gegenseite über den Verlust durch die akustische Strömung in die Wellenausbreitungsrichtung.

6.3   Herstellungstechnologie

Die Herstellungsschritte der Ultraschallpumpe sind im Bild 6.15 dargestellt. Als Substratmaterial wird ein Siliziumwafer mit <100>-Orientierung benutzt. Eine dicke Nitridschicht mit einem geringen residualen Stress wird zuerst auf beiden Seiten des Siliziumwafers abgeschieden. Der Abscheidungsprozess erfolgt durch LPCVD (*low pressure chemical vapour deposition*), Bild 6.15a.

Im nächsten Schritt wird Polysilizium abgeschieden, Bild 6.15b. Polysilizium wird für das Masse-Potenzial des Erregungssignals und die Thermoelemente des Strömungssensors benötigt. Für Ultraschallpumpen mit Strömungssensoren wird die Polysiliziumschicht naßchemisch geätzt, um die Hälfte der Thermoelemente und den Heizer zu formen (Bild 6.15c). Danach wird die Nitridschicht der Rückseite mittels Trockenätzen geöffnet. Dieser Schritt bereitet das naßchemische Ätzen des Siliziums für die Freilegung der Nitridmembran vor, Bild 6.15d.

Das piezoelektrische Material wird mit der physikalischen Abscheidung des Zinkoxids gebildet. Die Abscheidung erfolgt durch RF (*radio frequency*) Magnetron-Sputtern, Bild 6.15e. Die Dicke der Zinkoxidschicht beträgt etwa 1,5 µm. Im Falle der Integration der Strömungssensoren werden Kontaktfenster in der Zinkoxidschicht geöffnet. Die Kontakt-

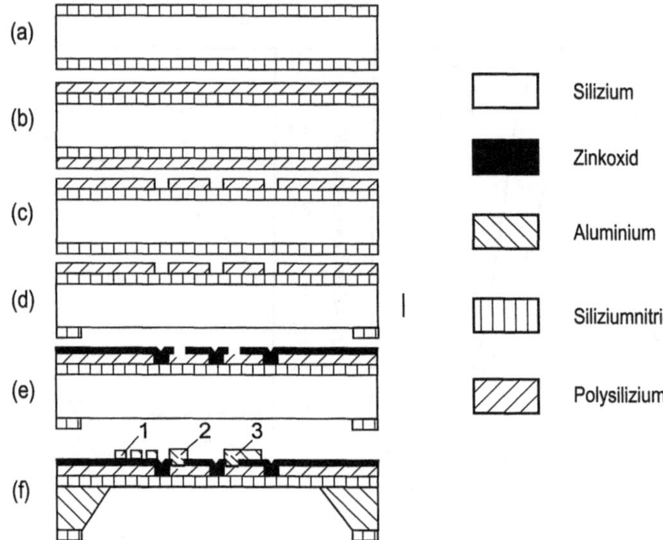

Bild 6.15: Hestellungsprozeßschritte für eine Ultraschallpumpe mit integrierten Durchflusssensoren: (a) Abscheidung der Siliziumnitridschicht, (b) Abscheidung der Polysiliziumschicht, (c) Strukturierung der Polysiliziumschicht, (d) Öffnung der Nitridschicht
auf der Rückseite, (e) Abscheidung der Zinkoxidschicht und Öffnung der Kontak-
te zu der Polysiliziumschicht, (f) Abscheidung der Aluminiumschicht mit Lift-Off-
Technik (1:IDT, 2: Thermoelemente, 3: Heizer)

fenster ermöglichen die Bildung der späteren Aluminium-Polysilizium-Thermoelemente
und den elektrischen Kontakt zum Heizer.

Im nächsten Schritt wird Aluminium durch das Lift-Off-Verfahren strukturiert, Bild
6.15f. Die Aluminiumschicht ist etwa 250 nm dick. Die Aluminiumstrukturen bilden die
Elektroden zur Erzeugung der flexiblen Plattenwelle und die andere Hälfte der Thermoelemente sowie die elektrische Leitung zu diesen Elementen. Bild 6.16 zeigt das Ergebnis
der Topographiemessung einer 5 µm × 5 µm-Aluminiumfläche. Es ist bemerkenswert, dass
die Oberflächenrauheit von etwa 50 nm fünffach größer als die normale Plattenwellenam-
plitude (10 nm) ist. Im letzten Schritt wird die vordere Seite des Wafers abgedeckt. Die
Rückseite wird in KOH naßchemisch geätzt.

Der prinzipielle Aufbau des integrierten Strömungssensors ist im Bild 6.17a dargestellt. Dieser Entwurf berücksichtigt den Drift-Effekt der Strömungssensoren mit Ther-
moelementen. In bisherigen Arbeiten liegen die Thermoelemente parallel zur Strömung.
Dadurch befindet sich der kalte Übergang der Thermoelemente auf dem Weg des Wärmetransportes. Dieses Konzept führt zur Aufwärmung des kalten Übergangs und zum
Drift-Effekt des Sensorsignals. Mit dem neuen Konzept im Bild 6.17a befindet sich der
kalte Übergang außerhalb des Temperaturfeldes und wird auf der Temperatur des Si-
liziumsubstrates gehalten. Bild 6.17b zeigt die fertiggestellte Ultraschallpumpe mit integrierten Strömungssensoren. Die Pumpe hat gerade Elektroden and arbeitet in der
bidirektionalen Betriebsart.

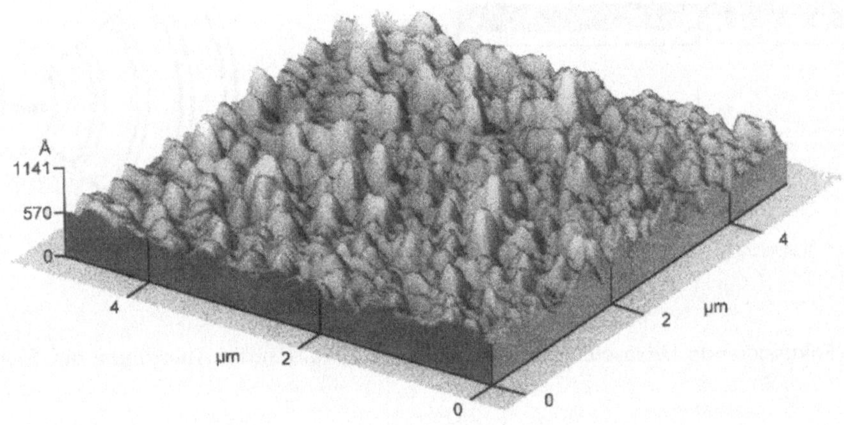

Bild 6.16: Mit Rasterkraft-Mikroskopie gemessene Oberflächentopographie (5µm × 5µm Aluminiumfläche)

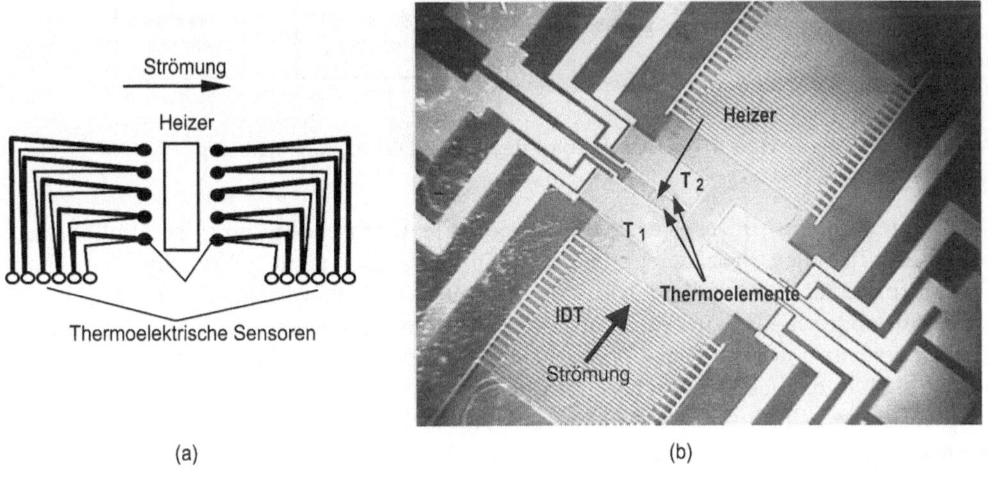

Bild 6.17: Ultraschallpumpe mit integrierten Strömungssensoren: (a) prinzipieller Aufbau, (b) gefertigte Ultraschallpumpe

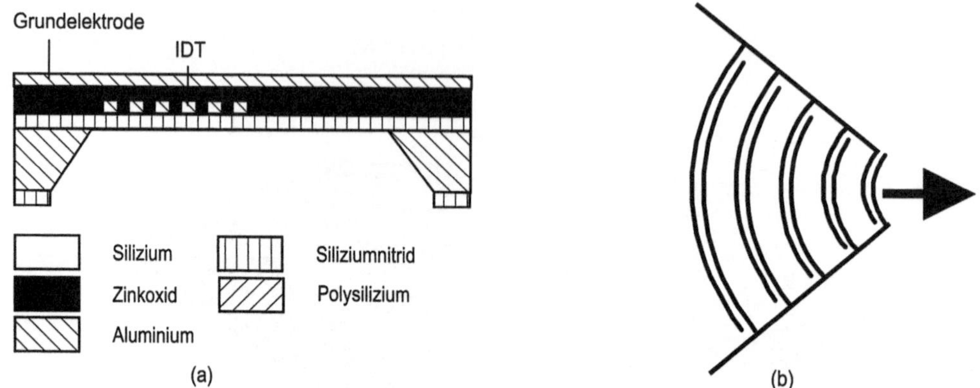

Bild 6.18: Fokussierende Ultraschallpumpe: (a) der Aufbau, (b) die Anordnung der Elektroden

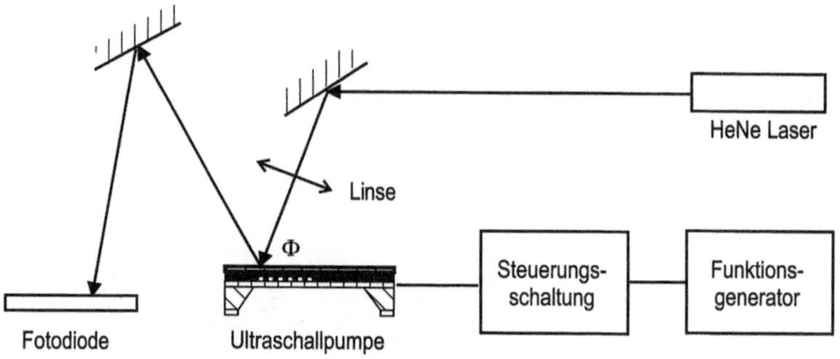

Bild 6.19: Der Aufbau der Laser-Diffraktions-Messung

Der Herstellungsprozess für die fokussierende Ultraschallpumpe ist ähnlich zu dem oben beschriebenen Prozess. Wenn ein Strömungssensor nicht gebraucht wird, kann die Polysiliziumschicht wegfallen. Die Aluminiumelektroden werden direkt auf der Nitrid-membran abgeschieden und strukturiert. Die Aluminiumelektrode für das Massepotenzial wird erst am Ende über der Zinkoxidschicht abgeschieden. Dieser Herstellungsprozess wird in [149] genauer beschrieben. Bild 6.18a stellt den generellen Aufbau der fokussie-renden Ultraschallpumpe dar. Die Elektroden werden im $\lambda/2$-Abstand angeordnet. Diese Anordnung erlaubt die unidirektionale Fokussierung der akustischen Strömung, wie bereits im Abschnitt 6.1.1 diskutiert wurde.

6.4   Experimentelle Ergebnisse

6.4.1   Charakterisierung der Wellenamplitude

Die Wellenamplitude wird mit der Laser-Diffraktionstechnik gemessen. Bild 6.19 beschreibt den Messaufbau für die Charakterisierung der Wellenamplitude. Eine HeNe-

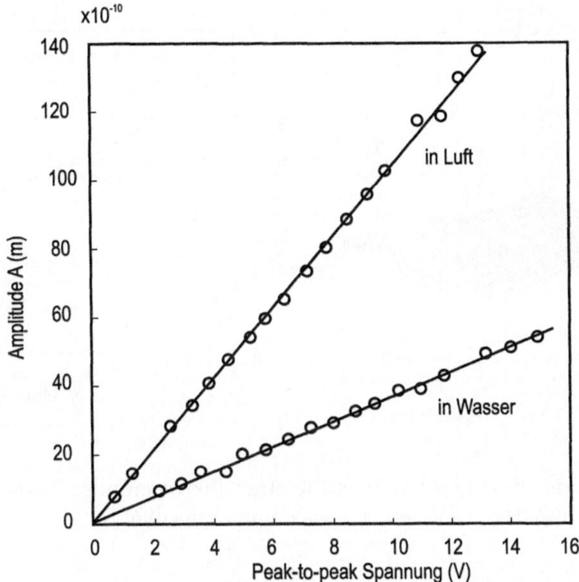

Bild 6.20: Amplituden der flexiblen Plattenwelle in Luft und Wasser (f=7,39 MHz, Ultraschall-pumpe mit parallelen Elektroden)[95]

Laserquelle mit einer optischen Wellenlänge von 632,8 nm wird für die Messung benutzt. Der Laserstrahl wird auf der Membranoberfläche fokussiert. Durch eine Linse kann der Durchmesser des einfallenden Strahls von 1,5 mm auf 500 µm verringert werden. Weil der Durchmesser des Laserstrahls größer als die Länge der flexiblen Plattenwelle ist, ergibt sich ein Diffraktionsmuster des reflektierten Strahls. Die maximale Wellenamplitude A_0 kann aus der Intensität der ersten Reflexe ausgewertet werden:

$$A_0 = \frac{\lambda_{\mathrm{op}}}{2\pi \cos \Phi} \sqrt{\frac{I}{I_0}}. \tag{6.30}$$

Dabei ist λ_{op} die Wellenlänge des Lasers, I_0 und I sind die Intensitäten des einfallenden Strahls und des reflektierten Strahls und Φ ist der Einfallswinkel des Laserstrahls.

Bild 6.20 zeigt Messergebnisse von Moroney [95]. Zwischen der Erregerspannung und der Wellenamplitude kann eine lineare Beziehung beobachtet werden. Dieses Ergebnis stimmt mit dem erwarteten Verhalten der piezoelektrischen Aktuatoren überein.

Die Ergebnisse der fokussierenden Ultraschallpumpe sind im Bild 6.21 dargestellt. Die zweidimensionale Abtastung der Wellenamplitude erfolgt durch ein programmierbares Positioniersystem. Die obere Seite der Membran kann nicht für die Messung benutzt werden, weil die Elektrodenstrukturen den Laserstrahl zerstreuen und das Diffraktions-muster beeinflussen. Für die Messung wird die untere Seite der Membran (Bild 6.18) mit einer 250-nm-Aluminiumschicht gesputtert. Wegen der relativ flachen Oberfläche und der guten Reflexionseigenschaft wird diese Fläche für die Messung benutzt. Das von der Gaußschen Strahlungstheorie erwartete fokussierende Wellenfeld kann deutlich beobach-

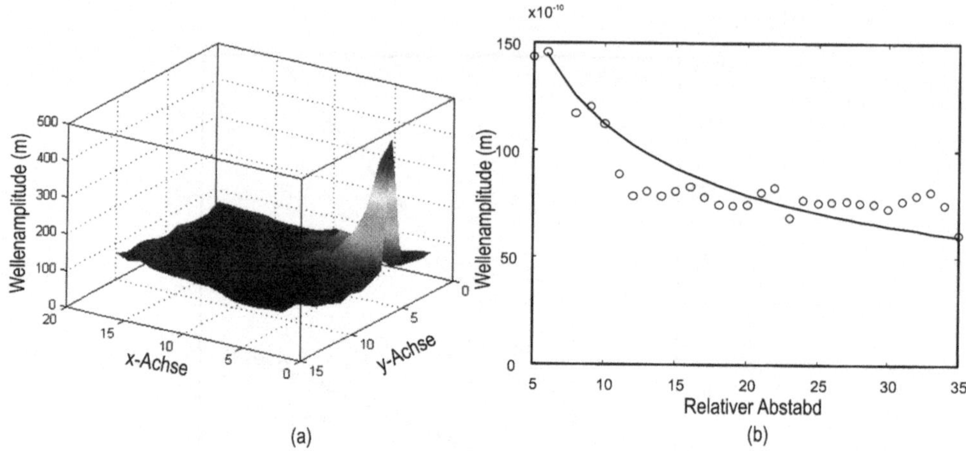

Bild 6.21: Amplituden der flexiblen Plattenwelle einer fokussierenden Ultraschallpumpe in
   Luft ($f = 3,39\,\text{MHz}$, $12\,\text{V}$ zero-to-peak Spannung)[95]

tet werden, Bild 6.21a. Die Verstärkung der Wellenamplitude nach (6.24) wird mit dieser
Messung bestätigt, Bild 6.21b.

6.4.2   Charakteristik der Ultraschall-Mikropumpen

Polystyrene-Partikeln (Duke Scientific) mit $2\,\mu\text{m}$ Durchmesser werden im Wasser ge-
mischt. Die spezifische Dichte des Teilchens gegenüber Wasser ist 1,05, so können die
Teilchen frei im Wasser schweben. Die Bewegung der Teilchen wird mit einem optischen
Mikroskop beobachtet. Das Mikroskopobjektiv hat einen Vergösserungsfaktor von 40. Ei-
ne CCD-Kamera nimmt die Bewegung auf und speichert sie auf einem Videoband. Die
Geschwindigkeit wird später manuell von dem Videoband ausgewertet.

Die im Bild 6.22 dargestellten Ergebnisse wurden von Ultraschallpumpen mit Kanal-
höhe von $15\,\mu\text{m}$ und $500\,\mu\text{m}$ aufgenommen. Die $15\,\mu\text{m}$-Kanalhöhe wird von einer auf der
vorderen Seite strukturierten SU-8 Schicht definiert. Die $500\,\mu\text{m}$-Kanalhöhe wird einfach
von dem von der Rückseite im Silizium geätzten Kanal bestimmt, Bild 6.15f und Bild
6.18a. Diese Ergebnisse bestätigen, dass die Strömungsgeschwindigkeit eine quadratische
Funktion der Wellenamplitude ist, und dass eine Kanalhöhe kleiner als die akustische
Evaneszenzlänge zu einer höheren Geschwindigkeit führt.

Im nächsten Experiment wird der Strömungssensor charakterisiert. Die Messungen
werden in der Luft durchgeführt. Der Strömungssenor arbeitet in zwei Betriebsarten: die
Hitzfilm-Betriebsart und die elektrokalorische Betriebsart.

In der Hitzfilm-Betriebsart wird der Heizer mit einer konstanten Leistung versorgt.
Die Kühlung des Heizers durch die erzwungene Konvektion sagt etwas über die Strömungsgeschwindigkeit aus. Der Kühlungseffekt ist im Bild 6.22b deutlich zu erkennen.
Die Ausgangsspannung in diesem Diagramm ist proportional zu der Heizertemperatur,
während die Erregerspannung die Wellenamplitude repräsentiert.

In der elektrokalorischen Betriebsart wird der Spannungsunterschied der zwei Tempe-

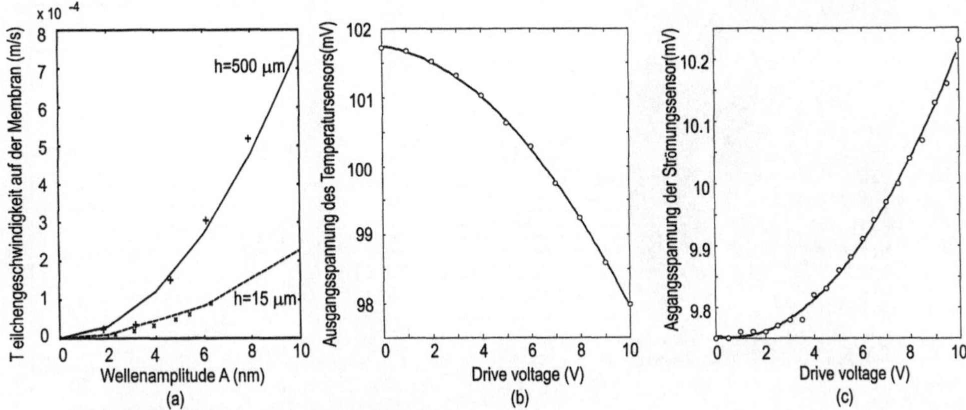

Bild 6.22: Charakterisierung der FPW-Pumpe mit integrierten Strömungssensoren: (a) Partikelgeschwindigkeit auf der Membran, (b) Kühlung des Heizers bei einer konstanten Heizleistung von 8,4 mW (c) Ausgangsspannung des Strömungssensors als Funktion der Erregerspannung (3,1 mW Heizleistung)

ratursensoren stromabwärts und stromaufwärts ausgewertet. Weil der Spannungsunterschied proportional zur Strömungsgeschwindigkeit und die Erregerspannung zur Wellenamplitude sind, kann die quadratische Beziehung zwischen der Strömungsgeschwindigkeit und der Wellenamplitude im Bild 6.22c deutlich beobachtet werden.

Die Messung der fokussierenden Ultraschallpumpe wird auf der gleichen Weise durchgeführt. Für das ganze Geschwindigkeitsfeld wird die PIV-Methode angewendet. Es wird eine zweidimensionale Kreuzkorrelation der Bilder auf dem Videoband durchgeführt. Mit der bekannten Aufzeichungsfrequenz von 30 Hz ist die Verzögerung zwischen zwei aufeinderfolgenden Aufzeichnungen 1/30 Sekunde. Das Geschwindigkeitsfeld berechnet sich aus dem Ergebnis der zweidimensionalen Kreuzkorrelation und der Zeitverzögerung. Bild 6.23 zeigt das aufgezeichnete Strömungsfeld und das ausgewertete Geschwindigkeitsfeld. Der Fokussierungseffekt kann deutlich beobachtet werden. Mit einer Erregerspannung (*zero-to-peak*)von 12 V und einer Frequenz von 3,79 MHz ist die maximale Geschwindigkeit in Fokusnähe etwa 1,15 mm/s.

Die Geschwindigkeitsverteilung entlang der radialen Richtung wird im Bild 6.23c dargestellt. Die Zunahme der Strömungsgeschwindigkeit wird auch hier bestätigt.

6.5 Schlussfolgerung

Dieses Kapitel beschreibt den Entwurf, die Herstellung und die Charakterisierung von Ultraschallpumpen. In den analytischen und numerischen Modellen werden die Wellenamplituden und die Kanalhöhe als Optimierungsparameter herausgearbeitet. Simulationsegebnisse und Messungen führen zu zwei Rückschlüssen:

- Die Geschwindigkeit der akustischen Strömung ist eine quadratische Funktion der Wellenamplitude.

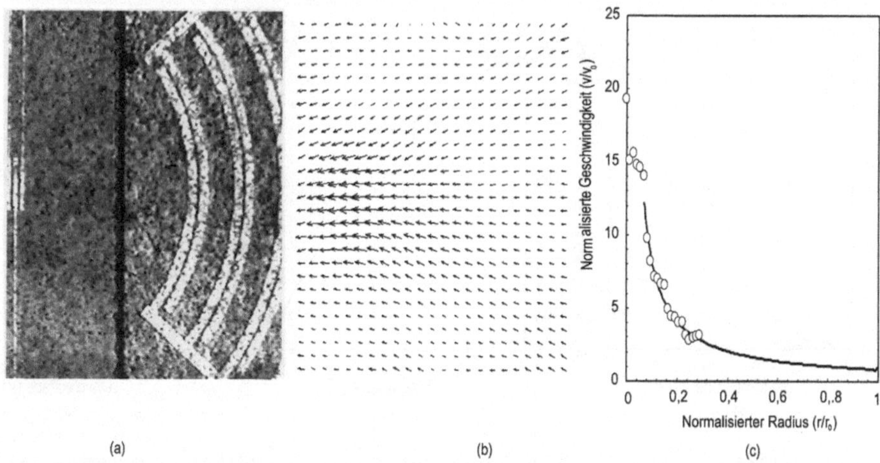

(a)   (b)   (c)

Bild 6.23: MicroPIV-Messung der fokussierenden Ultraschallpumpe: (a) Das Meßbild, (b) Geschwindigkeitsfeld auf der Membran, (c) Geschwindigkeitsverteilung in radialer Richtung

- Die Strömungsgschwindigkeit nimmt mit der Abnahme der Kanalhöhe jenseits der akustischen Evaneszezlänge zu.

Integrierte Strömungsensoren sind in der Lage, die akustische Strömung zu detektieren. Die Ultraschallpumpe und der integrierte Strömungssensor ermöglichen eine Regelung der Strömungsgeschwindigkeit. Beide in diesem Abschnitt vorgestellte Typen der Ultraschallpumpen haben ihre potenziellen Anwendungen in biochemischen Analysesystemen.

7 Entwurfsbeispiel 2: Polymere Mikropumpe

7.1 Einführung

7.1.1 Mikropumpen mit Klappenventilen

Die in diesem Kapitel behandelten Mikropumpen gehören zur Familie der oszillierenden Pumpen mit gleichrichtenden Komponenten (Abschnitt 6.1). Die gleichrichtenden Komponenten sind in diesem Fall Klappenventile. Dieser Abschnitt gibt einen kurzen Überblick über den Stand der Technik der Mikropumpen mit Klappenventilen.

Das Pumpenkonzept mit Klappenventilen ist in der Makrowelt am häufigsten anzutreffen. Wegen der relativ einfachen Arbeitsweise ist dieses Konzept auch für die Mikrofluidik attraktiv, vor allem für Anwendungen mit Fluidmengen im Mikroliterbereich. Im allgemeinen besteht dieser Pumpentyp aus einem Aktuator, einer Pumpenmembran, einer Pumpenkammer und zwei Klappenventilen. Die Optimierung von Mikropumpen mit Klappenventilen wird im Abschnitt 7.2 diskutiert. Der Entwicklungstrend dieses Pumpentyps weist jedoch auf die folgenden Entwurfsregeln:

- Minimierung des Öffnungsdrucks des Klappenventils durch eine weiche Ventilfeder oder Materialien mit einem geringen Elastizitätsmodul,
- Maximierung des Pumpenhubs durch starke Aktuatoren oder eine weiche Pumpenmembran,
- Minimierung des Totvolumens in der Pumpe,
- Maximierung des Pumpendrucks mit schnellen und starken Aktuatoren.

Die wichtigste Komponente einer Mikropumpe ist ein Mikroventil. Im allgemeinen werden Mikroventile in aktive und passive Typen gegliedert. Klappenventile gehören zu den passiven Typen. Klappenventile können nach ihrem Material oder ihren Formen [129] systematisiert werden. Bild 7.1 zeigt einige typische Mikroklappenventile aus Silizium. Mit diesen Mikroventilen wurden zahlreiche Mikropumpen entwickelt.

Eine der ersten Mikropumpen aus Silizium wurde mit dem Ventil nach Bild 7.1a hergestellt [73]. Die Klappenventile sind dabei ringförmige Membranen, die relativ steif sind und sehr große Flächen beanspruchen. Die großen Ventile verursachen große Totvolumina und Pumpenabmessungen. Ringförmige Klappenventile wurden in Mikropumpen mit piezoelektrischen [73] und mit thermopneumatischen [112] Aktuatoren implementiert.

Eine Lösung für das Problem der steifen Mikroventile ist ein Entwurf mit scheibenförmigen Ventilen [130]. Die Ventilscheibe hängt an vier dünnen Balken aus Polysilizium. Die Mikropumpe in [130] benutzt einen externen Piezostapelaktuator, der einen großen Pumpendruck liefern kann. Eine weitere Lösung mit weichen Ventilfedern wurde in [155] angeboten. Diese Mikropumpe hat balkenförmige Klappenventile. Die Federkonstante kann durch die Balkenlänge und Balkendicke angepasst werden. Mikropumpen mit balkenförmigen Klappenventilen aus Silizium wurden mit elektrostatischen [155] oder piezoelektrischen [63] Aktuatoren realisiert.

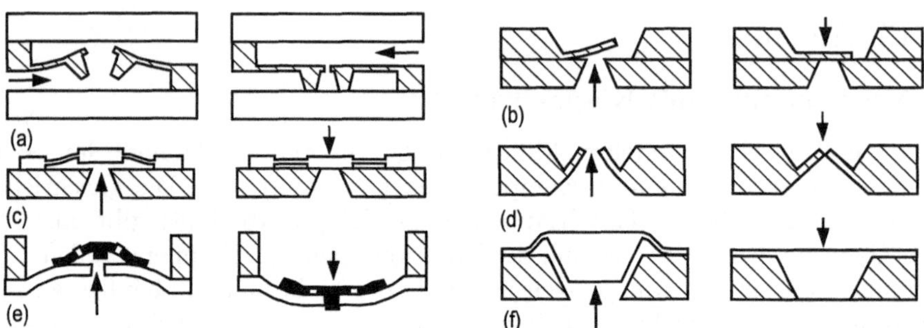

Bild 7.1: Mikroklappenventile unterschiedlicher Form: (a) ringförmig, (b) balkenförmig, (c) scheibenförmig, (d) V-förmig, (e) membranförmig, (f) schwimmerförmig

Weil Silizium ein sprödes Material mit einem relativ hohen Elastizitätsmodul ($\sim$ 200 GPa) ist, können weiche Klappenventile aus anderen weicheren Werkstoffen hergestellt werden, z.B. aus Polymeren mit Elastizitätsmodule in der Größenordnung von 1 bis 10 GPa. Scheibenförmige Mikroventile aus Polyimide oder Parylene wurden in [116, 124, 90] eingesetzt. Membranförmige Ventile aus Polyester wurden auch in polymeren Mikropumpen verwendet [14].

Eine weitere Optimierungsmaßnahme für eine Mikropumpe mit Klappenventilen ist die Verwendung von Polymeren wie Polyimide [124] oder Silikongummi [89] als Werkstoffe für die Pumpenmembran. Die weiche Membran ermöglicht einen großen Pumpenhub bei einem relativ geringen Antriebsdruck.

Ein kleines Totvolumen ist in der Mikropumpe erwünscht, weil im Fall eines Luftbläschens die fluidische Kapazität klein gehalten wird und keinen wesentlichen Einfluss auf die Pumpwirkung hat (Beispiel 4.7, Abschnitt 4.3.3). Weitere Entwicklungen der in [73] vorgestellten Mikropumpe führen zu einer selbstsaugenden Pumpe, die unempfindlich gegenüber Luftbläschen ist [79].

Die in diesem Kapitel vorgestellte Mikropumpe folgt den aufgelisteten Optimierungsaspekten. Wegen den niedrigeren Elastizitätsmoduln werden polymere Werkstoffe zur Herstellung der Pumpenelemente verwendet. Der folgende Abschnitt listet weitere Gründe für die Verwendung von Polymeren auf. Um ein kleines Totvolumen zu erhalten, werden die Klappenventile unter der Pumpenmembran integriert. Eine spezielle Montagetechnik soll die Pumpenkammer so klein wie möglich halten und demzufolge das Totvolumen minimieren.

7.1.2   Polymere als Materialien für Mikropumpen

Anwendungen für die biochemische Analytik sind ein wesentlicher Antrieb für den Zuwachs der Mikrofluidik. Sogenannte Lab on Chips wurden auf Silizium und Glas implementiert. Die dazugehörenden Technologien sind meist sehr komplex und teuer. Die hohen Kosten der Siliziumtechnologie sind nur einer der vielen Nachteile. Wegen der Verunreinigungsgefahr werden mikrofluidische Analysesysteme oft nur einmal benutzt. Im Vergleich zu einem mikroelektronischen Chip sind mikrofluidische Systeme viel größer und beanspruchen mehr Substratfläche. Diese Gründe verursachen einen hohen Preis für mikrofluidische Systeme aus Silizium.

Die Herstellung von polymeren mikrofluidischen Systemen führt zu einer potenzielle Lösung des Kostenproblems. Darüberhinaus haben polymere Systeme im Vergleich zu Siliziumsystemen eine bessere Biokompatibilität. Polymere mikrofluidische Systeme wurden bereits zur automatischen Erkennung der Genotypen mit Reinigungs-, Verstärkungs- und Hybridisierungsprozessen implementiert [3]. Polymere Blutanalysekassetten sind kommerzielle Produkte [54]. Polymere Analysekassetten zur automatischen Erkennung von Krankheitserregern wurden bereits demonstriert [138].

Jüngste Entwicklungen von polymeren mikrofluidischen Systemen weisen auf den Trend der kostengünstigen Einwegsysteme hin, die nicht auf der Siliziumtechnologie basieren. Die wichtigsten polymeren Techniken zur Herstellung dieser Systeme wurden im Abschnitt 3.3 diskutiert. Wegen der relativ großen Abmessung besteht die grundlegende Herangehensweise bei der Herstellung einer polymeren Mikropumpe in der Kombination der Fotolithographie mit kostengünstigeren Techniken. So werden kritische Elemente wie Klappenventile mit der Fotolithographie der dicken Resiste hergestellt, während größere Elemente wie Einlass/Auslasslöcher und Mikrokanäle mit der Laserabtragungstechnik realisiert werden.

In den bisherigen polymeren Systemen wurden nur passive Elemente wie Mikrokanäle oder Mikromischer implementiert. Die Lieferung der Probenflüssigkeiten und Reagenzen erfolgt durch externe Spritzen- oder Vakuumpumpen. Die externen Geräte führen zu großen Abmessungen der Analysesysteme. Mit der Integration von aktiven Komponenten wie Mikropumpen in solche Systeme sind Handheld-Geräte für Untersuchungen vor Ort möglich.

7.2   Optimierung und Simulation

7.2.1   Aufbau der polymeren Mikropumpe

Der schematische Aufbau der polymeren Mikropumpe und wichtige Dimensionen werden im Bild 7.2 dargestellt. Mit Ausnahme der Ein- und Auslasskapillaren aus rostfreiem Stahl und der piezoelektrischen Aktuatorscheibe aus Bronze besteht der Pumpkörper aus drei polymeren Materialien: PMMA, SU-8 und Kleber. Die Pumpe wird durch die Kleberschichten zusammengehalten.

Die Kleberschicht wird von einem kommerziellen Kleberband geschnitten und hat eine konstante Dicke von 50 µm. Die Klappenventile werden mit zwei identischen SU-8-Teilen konstruiert. Jedes SU-8-Teil hat eine Ventilklappe mit einem Auflagering und ein als Abstandhalter wirkendes Loch. Die kreisförmige Ventilklappe wird an Federbalken aufgehängt. Die Federkonstante der Ventilklappe kann durch den Entwurf der Federbalken eingestellt werden. Der SU-8-Teil wird mit dem Aufschleudern von zwei 100 µm-dicken SU-8-Schichten und einem Zwei-Masken-Lithografieprozess hergestellt. Wegen des 100 µm-dicken Auflageringes und der nur 50 µm-dicken Kleberschicht wird die Ventilklappe im Ruhezustand vorgespannt, Bild 7.2.

Der SU-8-Kleber-Verbund wird von zwei Seiten mit zwei PMMA-Teilen gehalten. Die

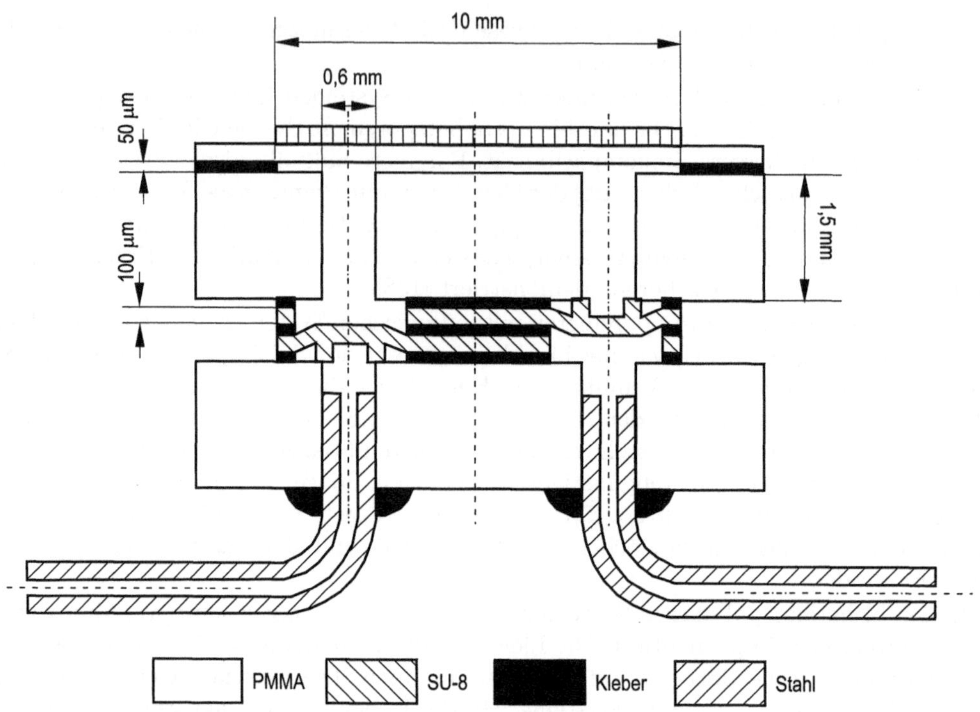

Bild 7.2: Aufbau der polymeren Mikropumpen (schematische Darstellung)

PMMA-Teile werden mit einem Laserstrahl aus einer 1,5-mm-dicken PMMA-Platte geschnitten. Die Ein- und Auslasslöcher auf den PMMA-Teilen haben einen Durchmesser von 600 µm. Die kommerziell erhältliche piezoelektrische Bimorph-Scheibe wird auf der oberen Seite mit der gleichen 50 µm-dicken Kleberschicht angebracht. Die Kleberschicht wirkt als Abstandhalter für die Pumpenkammer.

Die mikrofluidische Kopplung zwischen der Mikropumpe und der Außenwelt erfolgt durch Kapillaren aus rostfreiem Stahl. Die Kapillaren haben Außendurchmesser von 600 µm. Die Kopplung erfolgt formschlüssig und stoffschlüssig.

7.2.2   Arbeitsweise der polymeren Mikropumpe

Bild 7.3 illustriert die Arbeitsweise der Mikropumpe. Beim Anlegen einer Wechselspannung verformt sich die piezoelektrische Bimorph-Scheibe. Abhängig von der Richtung der Membranbewegung entsteht ein Arbeitszyklus der Pumpe im Saughub oder im Druckhub (Bild 7.3). Das Kolben-Zylinder-Modell im Bild 7.4 wird benutzt, um die Arbeitsweise der Pumpe analytisch zu beschreiben. Für das Kontrollvolumen im Zylinder kann die Massenerhaltungsgleichung aufgestellt werden. Das Kontrollvolumen wird im Bild 7.4 mit der gestrichelten Linie eingerahmt. In der folgenden Analyse wird der Einlassdruck auf Null gesetzt $p_{ein} = 0$. Der Gegendruck kann mit dem Auslassdruck p_{aus} eingestellt

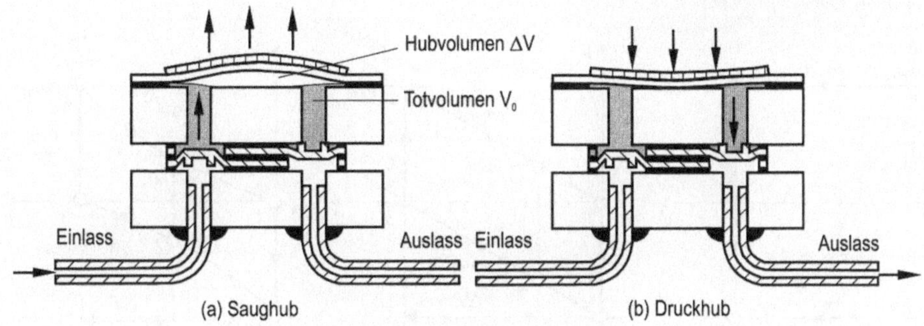

Bild 7.3: Arbeitszyklen der Mikropumpe: (a) Saughub, (b) Druckhub

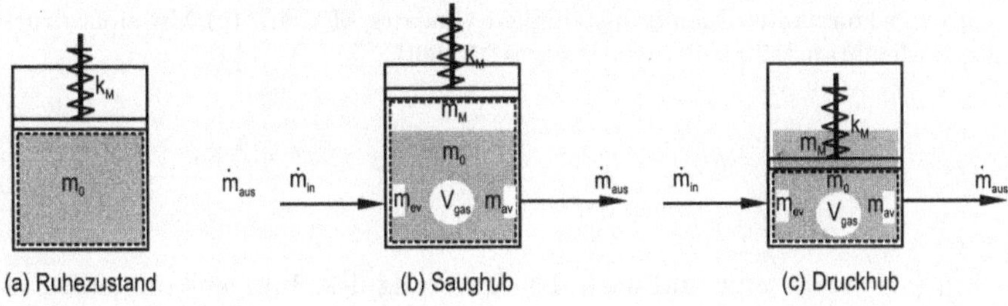

Bild 7.4: Kolben-Zylinder-Modell der Mikropumpe: (a) Ruhezustand (b) Saughub, (c) Druckhub

werden. Die Massenerhaltungsgleichung für das Kontrollvolumen lautet dann:

$$\frac{\mathrm{d}m}{\mathrm{d}t} = \dot{m}_{\text{ein}} - \dot{m}_{\text{aus}}. \tag{7.1}$$

Im Ruhezustand befinden sich in der Pumpkammer eine Flüssigkeitsmenge m_0. Im Falle
einer Gasblase mit dem Volumen V_{gas} ist die Anfangsmenge in der Pumpenkammer
$m_0 - \rho V_{\text{gas}}$. Wird die Massenverdrängung unter der Pumpenmembran m_M und dem
Ein- und Auslassventil $m_{\text{ev}}, m_{\text{av}}$ berücksichtigt, berechnet sich die gesamte Masse in der
Pumpenkammer aus:

$$m = m_0 + m_M - m_{\text{ev}} + m_{\text{av}} - \rho V_{\text{gas}}. \tag{7.2}$$

Außer der Anfangsmasse m_0 hängen alle Variablen der Gleichung (7.2) vom Kammerdruck p ab. Die Massenverdrängung unter der Pumpenmembran ist zusätzlich eine Funktion des Antriebsdrucks p_{antrieb}. Daher kann die Änderung der Masse in der Pumpenkammer wie folgt abgeleitet werden:

$$\frac{\mathrm{d}m}{\mathrm{d}t} = \frac{\partial m_M}{\partial p}\bigg|_{p_{\text{antrieb}}} \frac{\mathrm{d}p}{\mathrm{d}t} + \frac{\partial p_M}{\partial p_{\text{antrieb}}}\bigg|_{p} + \frac{\mathrm{d}p_{\text{antrieb}}}{\mathrm{d}t} + \frac{\partial m_{\text{av}}}{\partial p}\frac{\mathrm{d}p}{\mathrm{d}t} - \frac{\partial m_{\text{ev}}}{\partial p}\frac{\mathrm{d}p}{\mathrm{d}t} - \rho\frac{\partial V_{\text{gas}}}{\partial p}\frac{\mathrm{d}p}{\mathrm{d}t}. \tag{7.3}$$

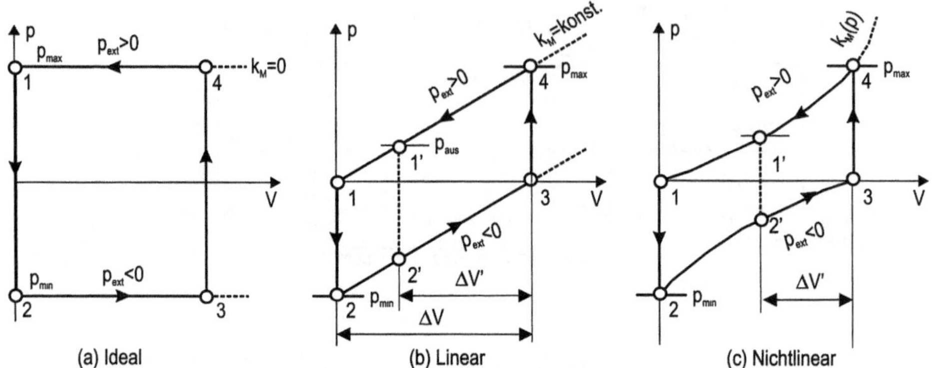

Bild 7.5: p-V-Diagramm des Pumpenkreisprozesses: (a) Ideal (ohne Membranrückwirkung) (b) Mit einer konstanten Membransteifigkeit (lineares Modell), (c) Mit einer druckabhängigen Membransteifigkeit (nichtlineares Modell)

Wird (7.3) in (7.1) eingesetzt und nach der Änderung des Pumpenkammerdrucks umgestellt, ergibt sich:

$$\frac{dp}{dt} = \frac{\dot{m}_{\text{ein}} - \dot{m}_{\text{aus}} - \left.\frac{\partial m_M}{\partial p_{\text{antrieb}}}\right|_p \frac{p_{\text{antrieb}}}{dt}}{\left.\frac{\partial m_M}{\partial p}\right|_p + \frac{\partial m_{\text{av}}}{\partial p} - \frac{\partial m_{\text{ev}}}{\partial p} - \rho\frac{\partial V_{\text{gas}}}{\partial p}}. \tag{7.4}$$

Bei einer positiven Druckänderung sind alle Terme im Nenner der Gleichung (7.4) positiv. Nach der Definition der fluidischen Kapazität im Abschnitt 4.3.1 können diese Terme durch die entsprechenden fluidischen Kapazitäten ersetzt werden. Darüberhinaus repräsentiert der Term $\partial m_M/\partial p_{\text{antrieb}}$ den inversen Wert der Steifigkeit k_M der Pumpenmembran, nämlich:

$$\frac{\partial m_M}{\partial p_{\text{antrieb}}} = \rho\frac{\partial V_M}{p_{\text{antrieb}}} = \rho\frac{1}{k_M} = \frac{\rho}{k_M}. \tag{7.5}$$

Gleichung (7.4) kann dann mit den Parametern k_M, C_M, C_{av}, C_{ev} und C_{gas} beschrieben werden:

$$\frac{dp}{dt} = \frac{\dot{m}_{\text{ein}} - \dot{m}_{\text{aus}} - \left.\frac{\rho}{k_M}\right|_p \frac{p_{\text{antrieb}}}{dt}}{C_M + C_{\text{av}} + C_{\text{ev}} + C_{\text{gas}}}. \tag{7.6}$$

Es ist zu bemerken, dass die Steifigkeit k_M der Membran nichtlinear und eine Funktion des Pumpkammerdrucks ist. Die folgende Darstellung der Pumpendynamik als Kreisprozess anhand eines p-V-Diagramms verdeutlicht diesen Punkt.

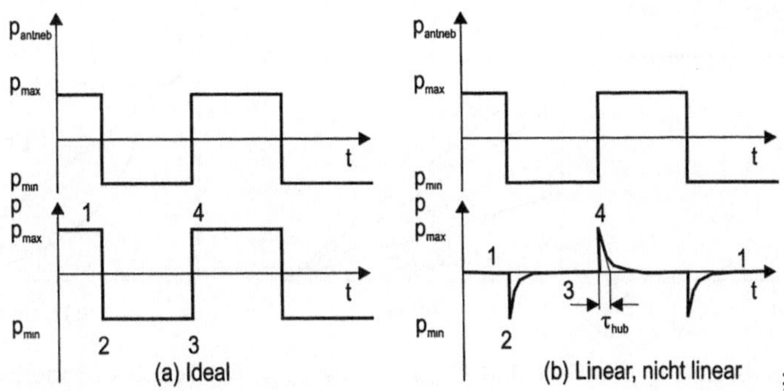

Bild 7.6: Zeitdiagramme des Antriebsdrucks p_{antrieb} und Pumpenkammerdrucks p: (a) Ideales Modell, (b) Reales Modell

Ideales Modell

Das p-V-Diagramm im Bild 7.5a beschreibt den Kreisprozess einer idealen Mikropumpe nach dem im Bild 7.4 beschriebenen Kolben-Zylinder-Modell. Die Steifigkeit der Pumpenmembran wird vernachlässigt. Die Pumpenmembran hat keine Rückwirkung auf den Hub.

Der Saugprozess startet vom Zustand 1 und endet beim Zustand 3. Der Prozess 1-2 erfolgt viel schneller als das Fluid in der Pumpenkammer reagieren kann und kann damit als adiabatisch angenommen werden. Weil die Steifigkeit der Pumpenmembran k_{M} als Null angenommen wird, bleibt der Pumpenkammerdruck konstant während des Prozesses 2-3. Der Druckverlauf erfolgt in einer ähnlichen Weise über die Zustände 3, 4 und 1.

Wird über den Prozesspfad integriert, ergibt sich die für die Pumpe die benötigte Arbeit:

$$W_{\text{Pumpe}} = \oint p\,dv = (p_{\text{max}} - p_{\text{min}})\Delta V. \tag{7.7}$$

Es wird aus dem Diagramm 7.5a deutlich, dass die Arbeit einen negativen Wert annimmt. Das bedeutet, dass die Pumpe eine externe Arbeit benötigt, um die Fluidmenge ΔV zu fördern. Diese Fluidmenge wird von einem Gegendruck nicht beeinträchtigt (Bild 7.7a).

Lineares Modell

Das im Bild 7.5b dargestellte Modell berücksichtigt die Steifigkeit der Pumpenmembran. Anstatt einer Volumenänderung bei einem konstanten Druck folgen die Prozesse 2-3 und 4-1 der Federkennlinie der Pumpenmembran. Die Prozesse 1-2 und 3-4 werden in diesem Modell ebenfalls als adiabatisch angesehen. Die Prozesse 2-3 und 4-1 des Saughubs und des Druckhubs laufen ab, bis der Druckausgleich mit der Membransteifigkeit erfolgt. Bild 7.6 illustriert den Zeitverlauf der Druckwerte und die entsprechende Zustandspunkte. Angenommen, dass der Antriebsdruck p_{antrieb} des Druckhubs eine Verzögerungsfunktion

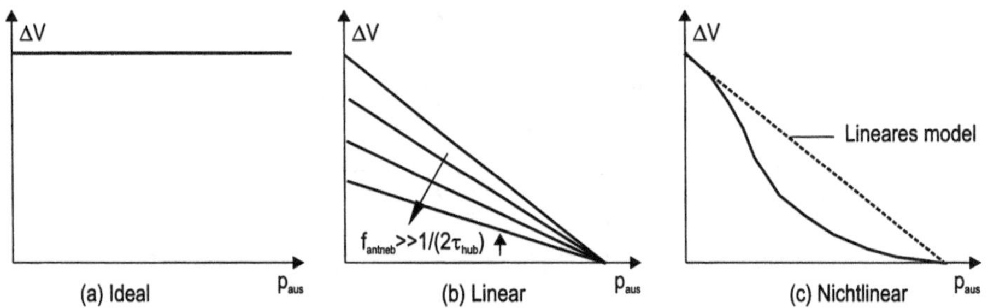

Bild 7.7: Hubvolumen ΔV gegenüber den Gegendruck p_aus: (a) Ideales Modell, (b) Lineares Modell, (c) Nichtlineares Modell

mit einer Zeitkonstante τ_antrieb ist

$$p_\text{antrieb} = p_\text{max} \left[1 - \exp\left(\frac{-t}{\tau_\text{antrieb}} \right) \right]. \tag{7.8}$$

Die Lösung der Gleichung (7.6) führt zu der Zeitfunktion des Pumpenkammerdruckes [120]:

$$p(t) = p_\text{max} \frac{\rho/k_\text{M}}{C_\text{M} + C_\text{av} + C_\text{gas}} \frac{1}{1 - \tau_\text{antrieb}/\tau_{hub}} \left[\exp\left(\frac{-t}{\tau_{hub}} \right) - \exp\left(\frac{-t}{\tau_\text{antrieb}} \right) \right]. \tag{7.9}$$

Die Zeitkonstante τ_hub (Bild 7.6b) kann mit den fluidischen Kapazitäten und dem fluidischen Widerstand des Klappenventils R_av berechnet werden (Abschnitt 4.3, Beispiel 4.7):

$$\tau_\text{hub} = R_\text{av}(C_\text{M} + C_\text{av} + C_\text{gas}). \tag{7.10}$$

Es wird angenommen, dass im Kreisprozess 1-2-3-4 der Gegendruck Null ist. Bei einem Gegendruck erfolgt der Druckausgleich des Druckhubs bereits zum Zustandpunkt 1'. Das führt zu dem Kreisprozess 1'-2'-3-4, der ein geringeres Hubvolumen $\Delta V' < \Delta V$ hat. Der Durchfluss nimmt daher mit dem Gegendruck linear ab. Die Bilder 7.7a und 7.7b vergleichen das Hubvolumen-Gegendruck-Verhalten des idealen und nichtlinearen Modells. Zusätzlich zu dem Gegendruck wird das Hubvolumen auch von der Antriebsfrequenz f_antrieb bestimmt. Wenn die Antriebsfrequenz zu schnell ist:

$$1/(2 f_\text{antrieb}) < \tau_\text{hub}, \tag{7.11}$$

kann der Ausgleichprozess den Punkt 1' nicht erreichen und daraus folgend ist das Hubvolumen kleiner (Bild 7.7b). Der maximale Gegendruck Bild 7.7b hängt nur von dem maximalen Antriebsdruck und der Leckrate der Klappenventile ab.

Nichtlineares Modell

Das nichtlineare Modell (Bild 7.5c) nimmt eine nichtlineare Steifikeit der Pumpenmembran an. Die Membran ist unter einer Vorspannung steifer. In diesem Modell verlaufen die Prozesse 2-3 und 4-1 nach der nichtlinearen Steifigkeitskennlinie der Pumpenmembran. Bei einem grösseren Druck ist die Pumpenmembran steifer. Das führt zu einer geringfügigen Zunahme der Auslenkung, Bild 7.5c.

Das nichtlineare Verhalten der Steifigkeitscharakteristik führt zu einem noch kleinerem Hubvolumen, wenn ein Gegendruck existiert. Bei einem grösseren Gegendruck weicht die nichtlineare von der linearen Kennlinie ab. Das erreichbare Hubvolumen ist im Vergleich zum linearen Modell kleiner. Das Hubvolumen nähert sich Null, wenn der Gegendruck den maximalen Wert erreicht, Bild 7.7c. Das folgende Beispiel illustriert dieses Verhalten.

Beispiel 7.1:   Nichtlineares Verhalten der Durchfluss-Gegendruck-Kennlinie

Die zu entwickelnde polymere Mikropumpe hat als Aktuator eine piezoelektrische Bimorph-Scheibe. Die Aktuatorscheibe kann durch eine 100-μm-dicke Bronzenscheibe modelliert werden. Die Scheibe hat einen Durchmesser von 10 mm. Der Elastizitätsmodul der Bronze ist 92 GPa. Die Pumpe arbeitet mit einer Frequenz von 10 Hz und hat einen maximalen Gegendruck von 12 kPa. Bestimme die Durchfluss-Gegendruck-Kennlinie der Pumpe nach dem nichtlinearen Modell!

Die Verformung der Pumpenmembran kann wie folgt berechnet werden [99, S. 462]:

$$d(r) = d_{\max} \left[1 - \left(\frac{r}{R} \right)^2 \right]^2 .$$

Dabei ist r die radiale Variable, R ist der Radius der Scheibe, $d_{\max}$ ist die maximale Auslenkung in der Membranmitte. Das maximale Hubvolumen kann dann wie folgt abgeschätzt werden:

$$\Delta V = 2 \times \int\limits_0^{2\pi} \int\limits_0^{R} d_{\max} \left[1 - \left(\frac{r}{R} \right)^2 \right]^2 r\, dr\, d\phi = \frac{2\pi}{3} d_{\max} R^2 .$$

Die nichtlineare Auslenkung einer kreisförmigen Scheibe mit einem festen Rahmen und einer Querkontraktionszahl $\nu = 0{,}25$ ist nach Timoshenko [144, S. 403]:

$$d_{\max} = 0{,}665 \sqrt[3]{\frac{pR}{Eh}} .$$

Dabei ist h die Dicke der Scheibe. Wird die maximale Auslenkung in die Glei-

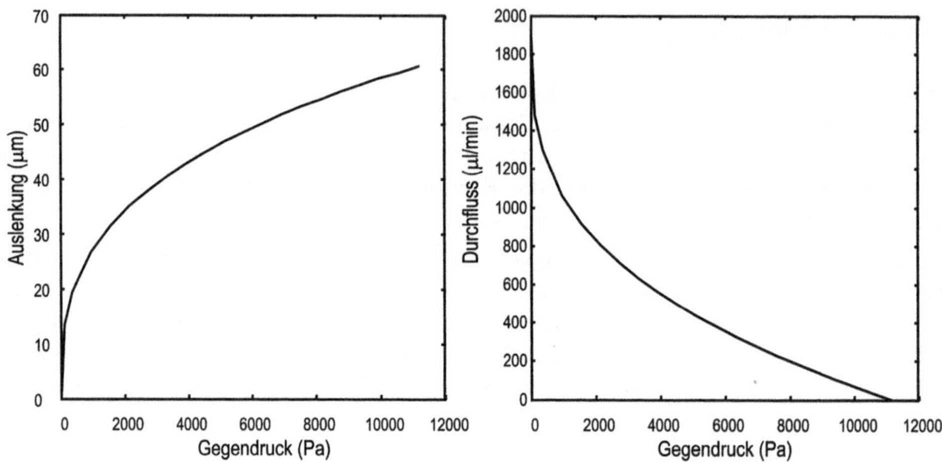

Bild 7.8: Nicht-lineare Kennlinien einer Mikropumpe

chung des Hubvolumens eingesetzt, ergibt sich die Beziehung:

$$\Delta V = 1{,}393 R^3 \sqrt[3]{\frac{R}{Eh}p}.$$

Mit dem bekannten maximalen Gegendruck $p_{\max}$ ergibt sich das Verdrängungsvolumen eines Pumpenhubs als Funktion des Gegendrucks p:

$$\Delta V_{\mathrm{hub}} = 1{,}393 R^3 \left(\sqrt[3]{\frac{R}{Eh}p_{\max}} - \sqrt[3]{\frac{R}{Eh}p} \right).$$

Bei einer Frequenz f erfolgt die Umrechnung des Verdrängungsvolumens in den Durchfluss in $\mu l/min$:

$$\Delta \dot{Q} = 1{,}393 R^3 \left(\sqrt[3]{\frac{R}{Eh}p_{\max}} - \sqrt[3]{\frac{R}{Eh}p} \right) f \times 60\,\mathrm{s/min} \times 10^9\,\mu l/m^3.$$

Die Ergebnisse der Auslenkungs-Gegendruck-Kennlinie und der Durchfluss-Gegendruck-Kennlinie sind im Bild 7.8 dargestellt. Das nichtlineare Verhalten der Steifigkeitskennlinie ist klar in die Durchfluss-Gegendruck-Kennlinie übertragen.

7.2.3   Arbeitskriterien einer Mikropumpe

Das erste Kriterium für eine gute Mikropumpe ist ein großes Kompressionsverhältnis ε_{K}, das als Verhältnis zwischen dem Hubvolumen ΔV der Pumpenmembran und dem Totvolumen V_0 definiert ist:

$$\varepsilon_{\mathrm{K}} = \frac{\Delta V}{V_0}. \tag{7.12}$$

Die oszillierende Bewegung der Pumpenmembran verursacht Druckspitzen in der Pumpenkammer. Diese Druckspitzen sollen in der Lage sein, die Klappenventile zu öffnen. Das heißt, der Druckunterschied Δp zwischen der Pumpenkammer und dem Eingang sowie dem Ausgang soll größer als der kritische Öffnungsdruck $\Delta p_{\text{krit.}}$ sein:

$$|\Delta p| > |\Delta p_{\text{krit.}}|. \tag{7.13}$$

Der kritische Öffnungsdruck hängt nicht nur von der Steifigkeit der Ventilfeder, sondern auch von der Benetzungsbedingung am Ein- und Auslass ab. Der Öffnungsdruck kann experimentell ermittelt oder durch die Berücksichtigung der Oberflächenspannung analytisch (Beispiel 7.2) berechnet werden.

Unter der Annahme eines ideal Gases ist das Kriterium für eine Gaspumpe [121]:

$$\varepsilon_K > \left(\frac{p_{\text{atm.}}}{p_{\text{atm.}} - |\Delta p_{\text{krit.}}|}\right)^{1/k} - 1. \tag{7.14}$$

Dabei ist $p_{\text{atm.}}$ der atmosphärische Druck, und k ist der Adiabatenkoeffizient des Gases ($k \approx 1{,}4$ für Luft). Ist der Öffnungsdruck $\Delta p_{\text{krit.}}$ klein gegenüber dem atmosphärischen Druck $p_{\text{atm.}}$, kann das Kriterium (7.14) wie folgt vereinfacht werden [120]:

$$\varepsilon_K > \frac{1}{k}\frac{|\Delta p_{\text{krit.}}|}{p_0}. \tag{7.15}$$

Für das Pumpen einer Flüssigkeit mit dem Kompressibilitätsfaktor γ gilt das Kriterium [120]:

$$\varepsilon_K > \gamma|\Delta p_{\text{krit.}}|. \tag{7.16}$$

Die Größenordnung des Kompressibilitätsfaktors von Füssigkeiten ist gegenüber dem kritschen Öffnungsdruck sehr klein. Daher ist das Kriterium (7.16) einfacher als (7.15) zu erfüllen. Das folgende Beispiel illustriert diesen Punkt.

Beispiel 7.2:   Abschätzung der Fähigkeit zur Förderung von Gasen

Die zu entwickelnde polymere Mikropumpen hat eine zylindrische Pumpenkammer. Der Durchmesser und die Höhe der Pumpenkammer sind 10 mm und 50 μm. Die Einlass- und Auslasslöcher unter den Klappenventilen haben einen Durchmesser von $600\,\mu m$. Die Pumpenmembran ist eine Piezobimorphscheibe mit dem gleichen Durchmesser wie die Pumpenkammer. Die maximale Auslenkung der Pumpenmembran ist $\pm 40\,\mu m$. Überprüfe die Fähigkeit der Mikropumpe zur Förderung von Wasser und Luft. Die Kompressibilität des Wassers ist $\gamma = 0{,}5 \times 10^{-8}\,\text{m}^2/\text{N}$. Die Oberflächenspannung des Wassers ist 72×10^{-3} N/m. Der Adiabatenkoeffizient von Luft ist 1,4.

Ähnlich wie im Beispiel 7.1 kann das maximale Hubvolumen wie folgt abgeschätzt werden:

$$\Delta V = 2 \times \int\limits_{0}^{2\pi} \int\limits_{0}^{R} d_{\max} \left[1 - \left(\frac{r}{R}\right)^2\right]^2 r\,dr\,d\phi = \frac{2\pi}{3} d_{\max} R^2 =$$

$$= \frac{2\pi}{3} 4 \times 10^{-5} \times (5 \times 10^{-3})^2 = 2{,}1 \times 10^{-9} \mathrm{m}^3$$

Das Totvolumen der zwei Löcher zur Pumpenkammer (Bild 7.2) ist:

$$V_{0,\text{Löcher}} = 2 H_{\text{Loch}} \pi R_{\text{Loch}}^2 = 2 \times 1{,}5 \times 10^{-3} \times \pi \times (6 \times 10^{-4})^2 = 3.4 \times 10^{-9}\,\mathrm{m}^3.$$

Dabei sind H_{Loch} und R_{Loch} die Höhe und der Radius des Ein/Auslassloches unter der Pumpenkammer. Unter Vernachlässigung des Totvolumens in den Klappenventilen wird das Totvolumen wie folgt abgeschätzt:

$$V_0 = V_{\text{ini.}} - \frac{\Delta V}{2} + V_{\text{Löcher}}.$$

Dabei ist $V_{\text{ini.}}$ das Anfangsvolumen der Pumpenkammer, die die Form eines Zylinders mit dem Radius R und der Höhe $H{=}50\ \mu$m hat:

$$V_0 = H\pi R^2 - \frac{2\pi}{3} d_{\max} R^2 + 2 H_{\text{Loch}} \pi R_{\text{Loch}}^2 =$$

$$= 5 \times 10^{-5} \times \pi \times (5 \times 10^{-3})^2 - 2{,}1 \times 10^{-9} + 3.4 \times 10^{-9} = 5.2 \times 10^{-9}\mathrm{m}^3.$$

Das Kompressionsverhältnis dieser Pumpe ist:

$$\varepsilon_{\text{K}} = \frac{\Delta V}{V_0} = \frac{2{,}1 \times 10^{-9}}{5.2 \times 10^{-9}} \approx 0{,}4.$$

In den nächsten Schritten soll der kritische Öffnungsdruck der Klappenventile abgeschätzt werden. Der kritische Öffnungsdruck hat mehrere Quellen: die Vorspannung, die atomare van-der-Waal-Kraft und die Kapillaritätskraft. Für den Betrieb unter feuchten Bedingungen spielt die Kapillaritätskraft die wichtigste Rolle. Die Oberflächenenergie des benetzten Einlassloches ist:

$$U = \sigma \pi d z.$$

Dabei ist d der Durchmesser des Einlasses, z ist der Spalt zwischen der Ventilklappe und dem Einlass.

Eine auf die Ventilklappe wirkende Öffnungskraft übt auf den Spalt eine Arbeit

$$W = \Delta p_{\text{krit.}} \frac{\pi d^2}{4} z.$$

aus. Diese Arbeit soll die Oberflächenenergie überwinden:

$$W = U \longrightarrow \Delta p_{\text{krit.}} \frac{\pi d^2}{4} z = \sigma \pi d z \longrightarrow \Delta p_{\text{krit.}} = \frac{4\sigma}{d}.$$

Mit einem Durchmesser des Einlassloches von $d = 600\,\mu\text{m}$ ist der kritische Öffnungsdruck:

$$\Delta p_{\text{krit.}} = \frac{4\sigma}{d} = \frac{4 \times 72 \times 10^{-3}}{600 \times 10^{-6}} = 480\,\text{Pa}.$$

Das Kriterium für die Förderung von Wasser ist einfach zu erreichen mit:

$$\varepsilon_{\text{K}} > \gamma |\Delta p_{\text{krit.}}| = 0{,}5 \times 10^{-8} \times 480 = 2{,}4 \times 10^{-6}.$$

Bei hohen Frequenzen kann eine adiabatische Zustandsänderung ($k = 1{,}4$) angenommen werden. Bei tiefen Frequenzen wird eine isotherme Zustandänderung angenommen und $k = 1$ wird in die Bedingung (7.15) eingesetzt:

$$\varepsilon_{\text{K}} > \frac{1}{k} \frac{|\Delta p_{\text{krit.}}|}{p_0} = \frac{480}{10^5} = 4{,}8 \times 10^{-4}.$$

Mit dem oben abgeschätzten Kompressionsverhältnis $\varepsilon_{\text{K}} = 0{,}4$ wäre die Pumpe in der Lage, Wasser und Luft zu fördern.

7.2.4 Simulation des Klappenventils

Die Simulation der Charakteristik des Klappenventils folgt der im Beispiel 4.4 beschriebenen sequentiellen Methode. Die Methode trennt die Struktur- und Fluidsimulation in zwei Schritte. Im ersten Schritt wird die Fluidsimulation durchgeführt. Mit den Ergebnissen aus der Fluidsimulation wird die Drucklast auf beiden Seiten der Ventilklappe berechnet. Die Drucklast wird für die analytische Berechnung der Klappenverschiebung in der Struktursimulation verwendet. Die zwei Schritte werden in einer äußeren Iterationsschleife implementiert. Die Konvergenzbedingung wird mit der Änderung der Klappenposition geprüft. In der Simulation wird eine Änderung von weniger als 1 nm angenommen. Der Entwurf mit drei oder vier Federbalken gewährleistet eine parallele Auslenkung der Ventilklappe aus der Einlassebene. Diese Charakteristik vereinfacht die gekoppelte Struktur-Fluid-Simulation. Anstatt die Struktursimulation durchzuführen, wird die einfache analytische Federbeziehung benutzt. Die Federkonstante wird zuerst aus einer einzigen Struktursimulation bestimmt. Bild 7.9 zeigt die drei verschiedene Klappenentwürfe und die entsprechende Ergebnisse der Struktursimulation. Die Federkonstanten der drei Ventilvarianten sind $k = 927\,\text{N/m}$, $k = 691\,\text{N/m}$ und $k = 286\,\text{N/m}$.

Die Fluidsimulation wird mit einem rotationssymmetrischen Modell durchgeführt. Die Drucklast und der Volumenstrom werden durch Integration in der radialen Richtung und um 360° bestimmt. Bild 7.10 illustriert die typischen Ergebnisse der Strömungsfelder in Rückwärts- und Vorwärtsrichung. Die Durchfluss-Charakteristik der drei Ventilvarianten wird im Abschnitt 7.4.2 im Zusammenhang mit den Messergebnissen diskutiert.

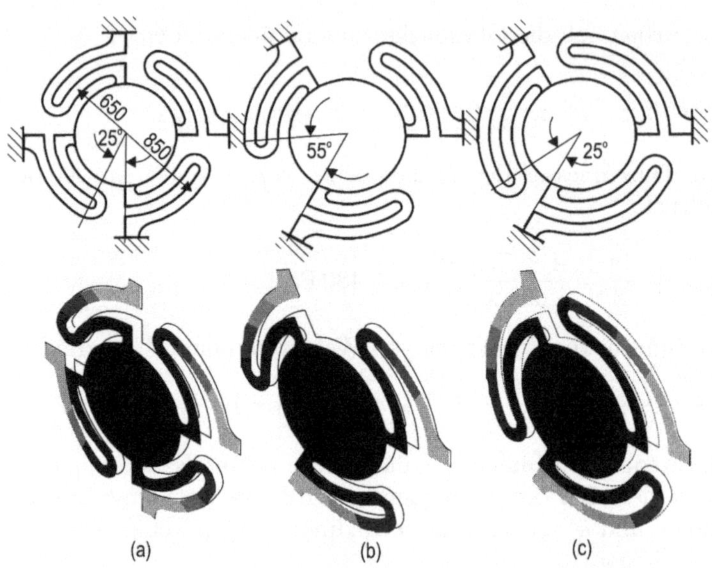

Bild 7.9: FEM-Modelle der Ventilklappe: (a) Ventil 1 mit vier Federbalken ($k = 927\,\text{N/m}$), (b) Ventil 2 mit drei kurzen Federbalken ($k = 691\,\text{N/m}$), (c) Ventil 3 mit drei langen Federbalken ($k = 286\,\text{N/m}$)

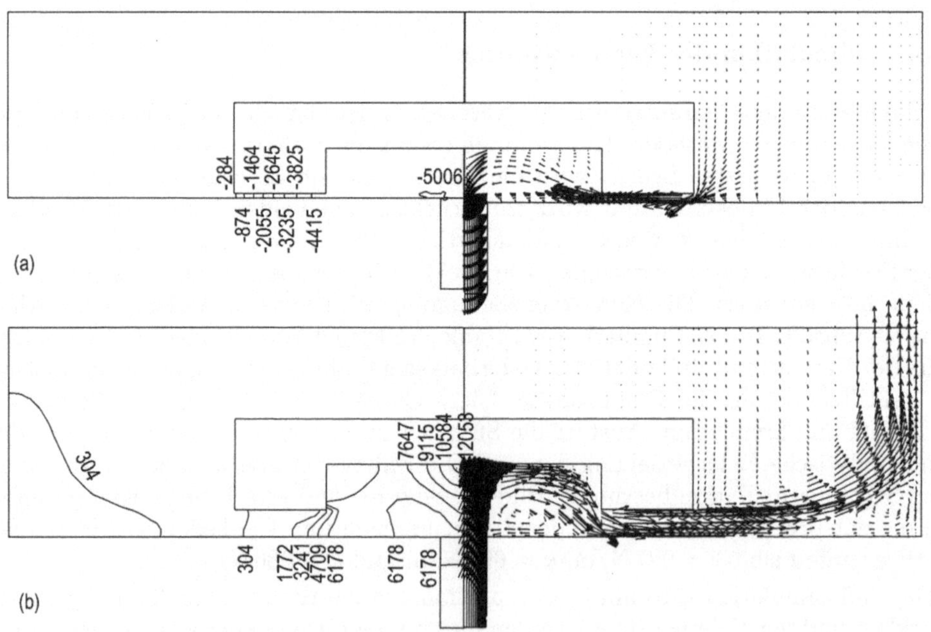

Bild 7.10: Ergebnisse des Druckfeldes und des Geschwindigkeitsfeldes mit Hilfe der gekoppelten Fluid-Struktur-Simulation: (a) rückwärts, (b) vorwärts

7.3   Herstellungstechnologie

Der Herstellungsprozess der polymeren Mikropumpe besteht aus drei getrennten Techniken: polymere Oberflächenmikromechanik zur Herstellung der SU-8-Klappenventile, die Laser-Abtragungstechnik zur Herstellung der PMMA- und Kleberteile und die stoffschlüssige Verbindung mit zweiseitigen sowie einseitigen Kleberschichten.

Die Einzelheiten und die Prozessparameter der polymeren Oberflächenmikromechanik wurden bereits in den Beispielen 3.1 und 3.2 diskutiert. Diese Techniken werden in einer modifizierten Form für die Klappenventile verwendet. Wegen des Auflageringes werden zur Herstellung der Ventilscheibe aus SU-8 zwei Masken benötigt. Im Gegensatz zur konventionellen Vorgehensweise für polymere Oberflächenmikromechanik wird keine Opferschicht (Beispiel 3.2) benötigt. Ein polierter Siliziumwafer dient als Träger- und Opfersubstrat.

Der SU-8-Prozess beginnt mit dem Aufschleudern von SU-8 2100 (MicroChem Corp., USA) auf den Siliziumwafer, Bild 7.11a. Die Prozessparameter für eine Schichtdicke von 100 µm sind im Beispiel 3.1 angegeben. Diese erste SU-8 Schicht wird mit der ersten Maske belichtet, 7.11b. Nach dem Nachbacken ist der Wafer für die zweite SU-8-Schicht bereit. Für die zweite Schicht werden die gleichen Schritte wiederholt. Die zweite Maske definiert den Auflagering auf der Ventilklappe, 7.11c. Nach dem zweiten Nachbacken wird der SU-8-Verbund entwickelt. Die belichteten Teile bleiben auf dem Siliziumsubstrat, 7.11d. Im letzten Schritt werden die SU-8-Teile in einer KOH-Lösung bei Raumtemperatur ausgelöst. Im Entwurf werden auf der Ventilscheibe viele kleine Löcher implementiert. Diese Löcher wirken als Stressbarriere zur Vermeidung von Mikrorissen und Verwölbung der Ventilscheibe. Gleichzeitig sind diese Löcher Ätzzugänge für den Auslösungsschritt. Dieser spezielle Entwurf ermöglicht die Freilegung der SU-8-Teile, ohne dass eine Opferschicht gebraucht wird.

Die Herstellung der PMMA- und Kleberteile erfolgt mittels Laserabtragung. Wie im Beispiel 3.3 erwähnt, ist der Laserstrahl mit entsprechenden Leistungen und Abtastgeschwindigkeiten in der Lage, durch das 1,5 mm-dicke PMMA-Substrat zu schneiden. Diese Technik wird auch benutzt, um die Ein/Auslasslöcher und die Ausrichtungslöcher in den PMMA- und Kleberteilen herzustellen. Die benötigten Teile sind im Bild 7.13 dargestellt. Die Montage erfolgt mit einer Vorrichtung mit zwei Ausrichtungsstiften. Die unterschiedliche Schichten im Bild 7.13 werden aufeinander gelegt und fest laminiert. Die obere einseitige Kleberschicht erfolgt ohne Ausrichtung, um die Pumpkammer dicht zu halten. Ein Ring aus der zweiseitigen Kleberschicht wirkt als Abstandhalter für die Pumpenkammer. Im letzten Schritt wird die Piezoscheibe angebracht. Bild 7.14 zeigt die fertige Mikropumpe.

7.4   Experimentelle Ergebnisse

7.4.1   Charakterisierung der piezoelektrischen Aktuatoren

Für die Mikropumpe wird eine kommerziell erhältliche Piezoscheibe als Aktuator eingesetzt. Der piezoelektrische Aktuator besteht aus einer 175 µm-dicken Piezokeramik-Schicht, die auf eine größeren 95 µm-dicken Bronzenscheibe geklebt ist. Die Piezosschei-

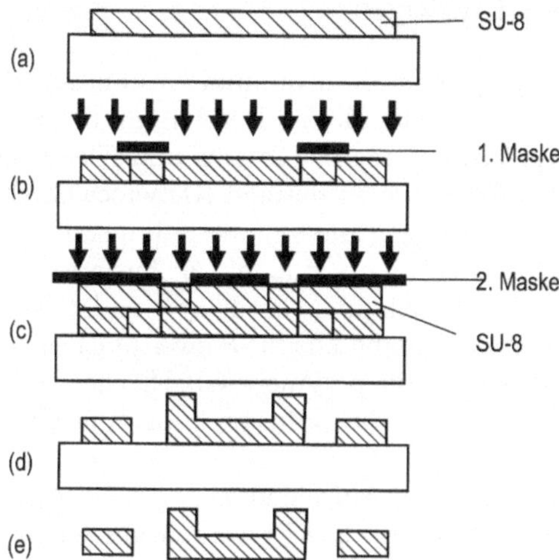

Bild 7.11: Polymere Oberflächenmikromechanik zur Herstellung der Klappenventile: (a) Aufschleudern der ersten SU-8-Schicht, (b) Belichtung der ersten SU-8-Schicht mit der ersten Maske zur Gestaltung der Ventilklappe und Federbalken,(c) Aufschleudern der zweiten SU-8-Schicht und Belichtung mit der zweiten Maske zur Gestaltung des Auflagerings, (d) Entwicklung beider Schichten, (e) Naßchemisches Ätzen des Siliziums im kalten KOH zur Freilegung des SU-8-Ventils

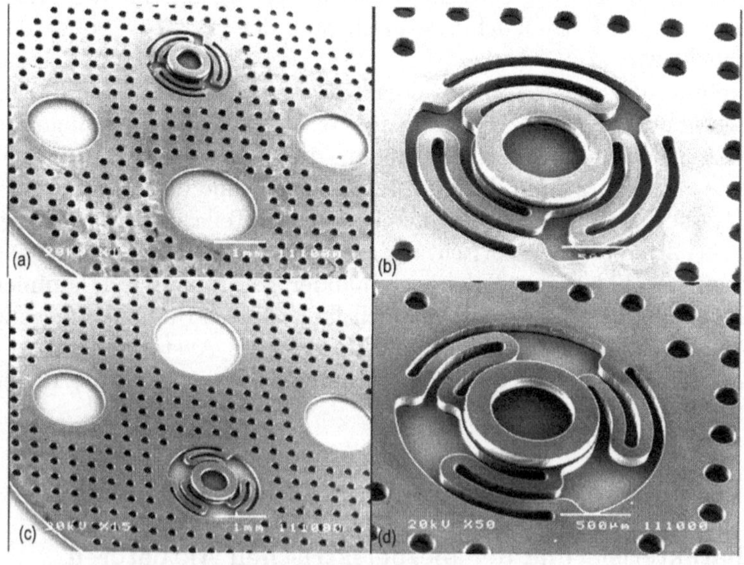

Bild 7.12: Die hergestellten SU-8-Teile: (a, b) Ventilscheibe und Ventil mit drei langen Federbalken, (c, d) Ventilscheibe und Ventil mit drei kurzen Federbalken

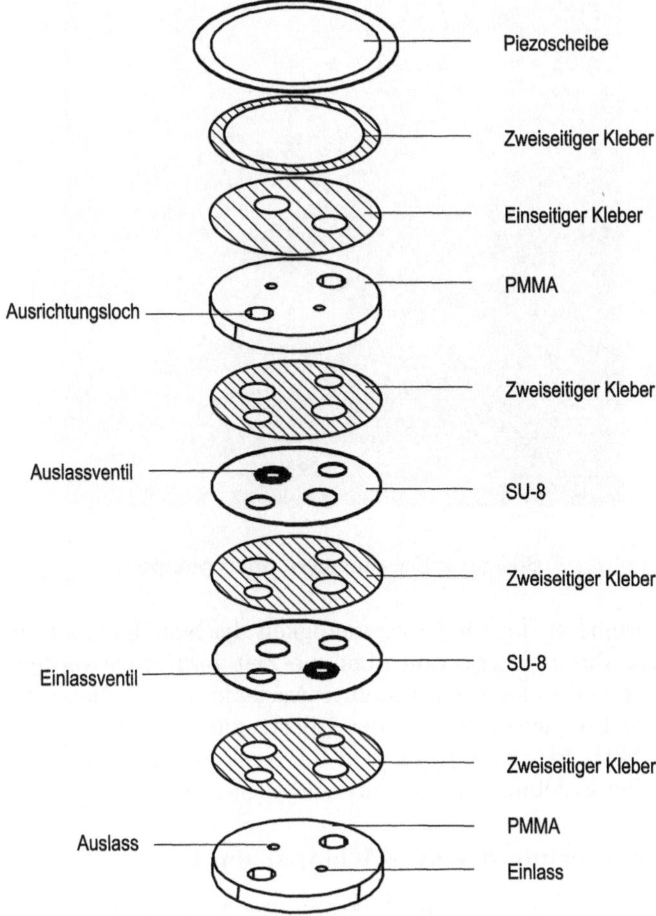

Bild 7.13: Montage der polymeren Mikropumpe

be hat einen Durchmesser von 12 mm, während die Bronzescheibe einen Durchmesser von 15 mm hat. Die maximale elektrische Feldstärke bei einer elektrischen Spannung von 200 V ist etwa 1.1 kV/mm und liegt unter der elektrischen Durchschlagsfeldstärke der meisten piezoelektrischen Materialien von mehr als 2 kV/mm. Eine dünne Metallschicht auf der Piezoscheibe wirkt als positive Elektrode, während die Bronzescheibe die negative Elektrode ist.

Das über der piezoelektrischen Schicht angelegte elektrische Feld erzeugt eine Ausdehnung in der radialen Achse und eine Kontraktion in der Dicke. Dieses Verhalten wird angenommen, wenn die piezoelektrischen Koeffizienten d_{31} negativ und d_{33} positiv sind. Weil die piezoelektrische Schicht auf der Bronzeschicht fest geklebt ist, existiert eine Widerstandskraft der Bronzescheibe gegen die Ausdehnung der Piezoscheibe.

Die Charakterisierung der Piezoscheibe erfolgt mit einem Laser-Vibrometer von Polytech (Abschnitt 5.1.2). Bild 7.15a zeigt die dynamische Charakteristik der Piezoscheibe.

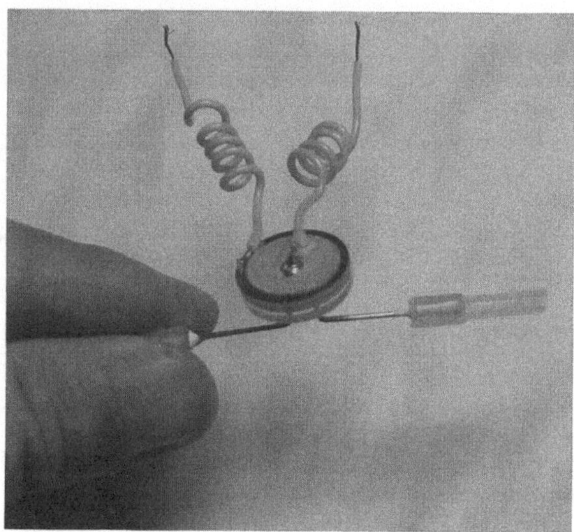

Bild 7.14: Die polymere Mikropumpe

Weil das Laser-Vibrometer nur die Geschwindigkeit der Scheibenoberfläche erfasst, kann die Auslenkung nur durch Integration über die Zeit bestimmt werden. Wegen der unbekannten Anfangsposition kann die absolute Auslenkung mit dieser Methode nicht bestimmt werden. Das Frequenzspektrum der Übertragungsfunktion deutet auf eine Resonanzfrequenz von 4 kHz hin. Bild 7.15b zeigt die Auslenkungs-Spannungs-Charakteristik der Piezoscheibe. Die Ergebnisse zeigen ein eindeutiges quadratisches Verhalten.

7.4.2 Charakterisierung der su-8 Klappenventile

Das Rektifikationsverhalten der in der Mikropumpe eingesetzten Mikroventile wird mit entionisiertem Wasser überprüft. Dieses Verhalten wird durch die Abhängigkeit des Durchflusses vom Spannungsabfall in beide Strömungsrichtungen charakterisiert.

Der Durchfluss wird durch die Messung der Meniskus-Geschwindigkeit in einer Kapillare mit einem Durchmesser von 0,8 mm bestimmt. Die Meniskus-Geschwindigkeit wird durch die Passagezeit über eine bestimmte Länge gemessen.

Wegen des gegenüber der Oberflächenspannung am Meniskus großen Druckabfalles wird der Einfluss der Oberflächenspannung in der Messung vernachlässigt. Der Druckabfall über dem Ventil wird mit einem Differenz-Drucksensor (Honeywell 22PC-Series) gemessen. Der Drucksensor wird für den Messbereich von 0 bis 6 000 Pa kalibriert.

Der Druckabfall wird durch die Höhe eines großen Wasserreservoirs eingestellt. Diese Anordnung ermöglicht eine stabile Druckversorgung und verringert den durch die Höhenänderung verursachten Fehler während der Messung.

Der Fehler der oben beschriebenen Messanordnung kann wie folgt abgeschätzt werden:

$$\Delta Q = \sqrt{\left(\frac{\Delta V}{t}\right)^2 + \left(\Delta t \frac{V}{t^2}\right)^2}.$$

(7.17)

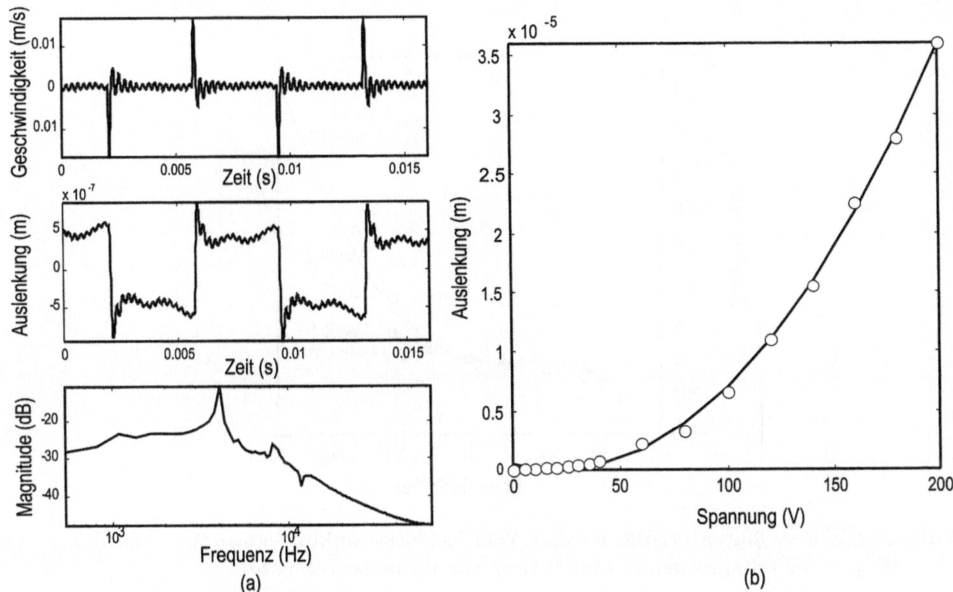

Bild 7.15: Gemessene Charakteristik der piezoelektrischen Bimorph-Scheibe: (a) Laser-Vibrometrie-Messung, (b) Auslenkungen über der angelegten Spannung

Dabei sind V und t das gemessene Volumen und die gemessene Zeit, ΔV und Δt sind die *Worst-Case*-Fehler der Messung. Ein Fehler von etwa 5 % wird von der Messung erwartet.

Bild 7.16 vergleicht die Messergebnisse mit der Simulation der drei Ventilvarianten (Bild 7.9). Die Ergebnisse stimmen gut überein. Es ist ersichtlich, dass ein weicher Ventilentwurf einen grösseren Durchfluss in die Vorwärtsrichtung erlaubt. Alle Ventile sind mit 50 µm (die Dicke der zweiseitigen Kleberschicht) vorgespannt. Die Leckraten der Rückwärtsrichtung sind daher sehr gering und für alle Ventilvarianten fast gleich. Die gleichen Leckraten deuten darauf, dass die Leckströmung nicht von der Federkonstante des Ventils abhängt.

7.4.3 Charakterisierung der Mikropumpe

Drei Mikropumpen mit den drei Ventilvarianten werden charakterisiert. Der Durchfluss wird mit der gleichen Methode wie in der Ventilcharakterisierung bestimmt.

Bild 7.17a zeigt die Abhängigkeit des Durchflusses von der Antriebsspannung bei einer festen Antriebsfrequenz. Die Charakteristik ist eine typische quadratische Funktion, die genau das Verhalten der Piezoscheibe widerspiegelt (Bild 7.15b). Es ist aus den Bildern 7.15b und 7.17a ersichtlich, dass der Durchfluss proportional zum Hubvolumen und der Auslenkung der Piezoscheibe ist.

Bild 7.17a zeigt die Abhängigkeit des Durchflusses von der Antriebsfrequenz bei einer festen Antriebsspannung. Es ist deutlich, dass das lineare Verhalten bei etwa 40 Hz aufhöht. Bei Antriebsfrequenzen höher als 50 Hz nimmt der Durchfluss nicht mehr zu. Diese

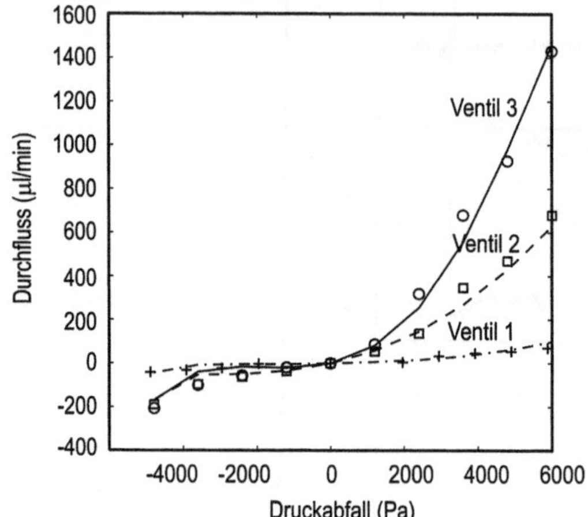

Bild 7.16: Durchfluss-Charakteristik der drei Ventile (Messpunkte: Ventil 1 +, Ventil 2 □, Ventil 3 ○; Die entsprechende Linien sind Simulationsergebnisse)

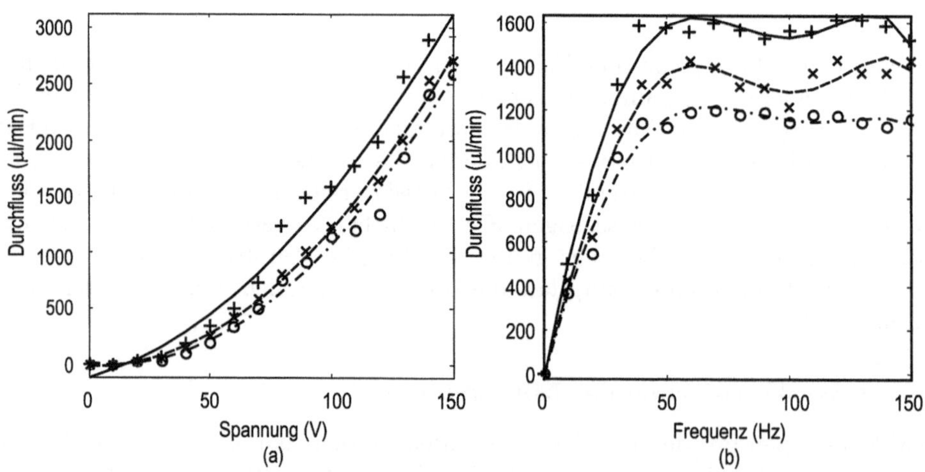

Bild 7.17: Charakteristik der Mikropumpe: (a) Durchfluss als Funktion der Antriebsspannung (*zero-to-peak*, Frequenz $f = 100\,\mathrm{Hz}$), (b) Durchfluss als Funktion der Antriebsfrequenz (Antriebsspannung $\pm 100\,\mathrm{V}$), Mikropumpe mit Ventil 1: ○, Mikropumpe mit Ventil 2: ×, Mikropumpe mit Ventil 3: +

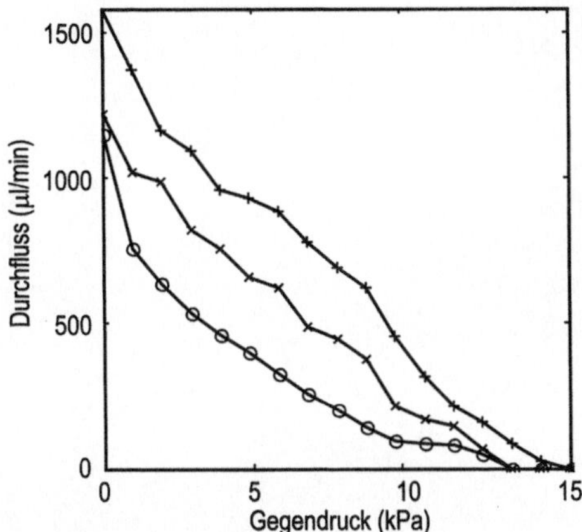

Bild 7.18: Durchfluss-Gegendruck-Charakteristik der Mikropumpe Antriebsfrequenz $f =$ 100 Hz, Antriebsspannung $U = \pm 100\,\text{V}$)

Ergebnisse stimmen mit der dynamischen Theorie überein, die eine kritische Frequenz von etwa 5 Hz (Abschnitt 4.3.3) vorhersagt.

Bild 7.18 illustriert die Abhängigkeit des Durchflusses vom Gegendruck. Der Gegendruck wird durch die Höhe der Auswertungsstelle gegenüber dem Einlass eingestellt. Das im Beispiel 7.1 vorhersagte nichtlineare Verhalten wird durch die Messung bestätigt.

In allen Messungen zeigt die Pumpe mit dem Ventil 3 die beste Leistung. Weiche Ventilentwürfe verbessern die Pumpenleistung deutlich.

7.5   Schlussfolgerung

Dieses Kapitel beschreibt den Entwurf, die Simulation und die Charakterisierung einer polymeren Mikropumpe. Die Mikropumpe wird durch eine Kombination von Laserabtragung und polymerer Oberflächenmikromechanik hergestellt. Die Montage erfolgt durch Lamellierung der unterschiedlichen polymeren Schichten mit Hilfe von zweiseitigen Kleberschichten. Die Kleberschichten sind kommerziell erhältlich und haben eine definierte Dicke.

Die Klappenventile werden als Federstrukturen entworfen. Die Federkonstante kann durch die Dicke der su-8-Schicht, die Länge und die Anzahl der Federbalken eingestellt werden. Ein Zwei-Masken-Prozess erlaubt die dreidimensionale Herstellung der Ventilklappe. Ein Dichtring auf der Klappenplatte kompensiert die 50 µm-Dicke der Kleberschicht und spannt die Ventilfeder mit einer Anfangsposition von 50 µm vor. Dieser Entwurf führt zu einer geringen Leckrate der Klappenventile.

Die Mikropumpen können erfolgreich Durchflussraten bis zu 3 ml/min liefern und gegen einen maximalen Druck von 16 kPa arbeiten. Die Antriebsfrequenz kann jedoch nur für Werte unter 40 Hz als Steuerungsgröße dienen. Pumpen mit weicheren Klappenventilen haben eine bessere Leistung. Mit der vorgestellten Herstellungstechnologie kann die Mikropumpe in komplexeren polymeren Systemen integriert werden.

8 Entwurfsbeispiel 3: Mikromischer

8.1 Einführung

Mikrofluidische Systeme für die analytische Chemie werden oft als Labors auf einem Mikrochip (LOC, *lab on a chip*) bezeichnet. Neben Mikropumpen und Mikroventilen sind Mikromischer unentbehrliche Komponente eines LOCs. In einem LOC wird oft eine Probelösung mit einer Reagenz getestet. Gute Ergebnisse verlangen eine vollständige chemische Reaktion zwischen der Probelösung und der Reagenz. Wegen der relativ kurzen Verweildauer im LOC ist die komplette Reaktion nur durch die effektive Mischung der chemischen Komponenten möglich. Mikromischer können durch ihre Arbeitsprinzipien in passive und aktive Typen unterteilt werden [99].

Das Arbeitsprinzip der passiven Mikromischer basiert auf dem Diffusionseffekt zwischen zwei im Kontakt befindlichen Medien. Wegen des laminaren Strömungsverhältnisses im Mikrobereich erfolgt die Mischung nur durch Diffusion. Passive Mikromischer können weiter in Laminationsmischer und Injektionsmischer unterteilt werden.

In einem Laminationsmischer werden die zwei Mischkomponenten in mehrere parallele Lamellen geteilt und später in der Mischstrecke zusammengefügt. Die Lamellierung verringert den Mischpfad zwischen den zwei Komponenten und dadurch die Mischzeit [36, 56]. Die zwei Komponenten können aber auch sequentiell geteilt und zusammengefügt werden [125, 40]. Laminationsmischer können zur Vorbereitung eines Arrays von Lösungen mit unterschiedlichen Konzentrationen verwendet werden [51, 57].

Im Gegensatz zum Laminationsmischer teilt ein Injektionsmischer nur eine Mischkomponente in mehrere Stofffahnen, die in die andere Komponente eingespritzt werden. Dieses Mischkonzept vergrößert die Kontaktflächen und verringert den Mischabstand zwischen den zwei Komponenten [92].

Aktive Mikromischer benutzen externe Antriebsfelder, um die zwei Mischkomponenten aufzurühren. Die Antriebsfelder können ein Druckfeld [30], ein Ultraschallfeld [153], ein magnetisches Feld [5] oder ein elektrisches Feld [102] sein.

Im folgenden werden die zwei typischen passiven Mikromischer, der Laminationsmischer und der Injektionsmischer, analytisch und experimentell untersucht.

8.2 Analytische Modelle

8.2.1 Laminationsmischer

Die einfachste Ausführung eines Laminationsmischers ist der Y-Mischer. Dieser Mikromischer hat zwei Einlässe für die zwei Komponenten und eine einzige Mischstrecke. Die Diffusion der zwei Komponenten erfolgt in der Mischstrecke. Dieser Mischertyp wurde bereits mit einem vereinfachten zweidimensionalen numerischen Modell in [60] untersucht. Diese Arbeit vernachlässigt den Diffusionseffekt in der Strömungsrichtung. Dieser Effekt

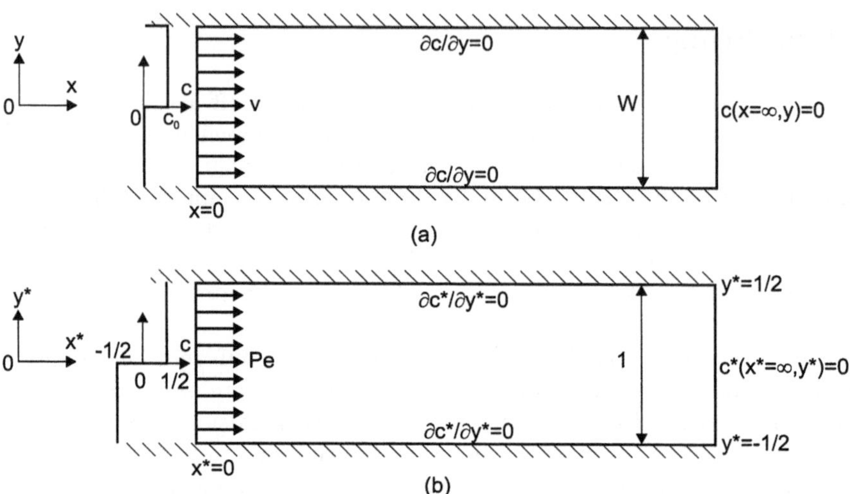

Bild 8.1: Zweidimensionales Modell eines Laminationsmischers: (a) Das physikalische Modell, (b) Das dimensionslose mathematische Modell.

kann bei kleinen Strömungsgeschwindigkeiten nicht vernachlässigt werden. Darüberhinaus verleiht ein numerisches Modell wenig Einblick in das Verhalten dieses einfachen, aber wichtigen Mischertyps.

Beard führte in [6] ein zweidimensionales analytisches Modell unter Berücksichtigung der Diffusion in der Strömungsrichtung ein. Die explizite Form dieser Lösung [6] war aber sehr komplex und nicht sehr nützlich für weitere Analysen. Eine ähnliche Lösung mit Vernachlässigung der Diffusion in Strömungsrichtung wurde in [51] angegeben. Alle bisher veröffentlichten Modelle vernachlässigen den nichtlinearen Effekt des Diffusionskoeffizienten.

Im folgenden wird ein vollständiges analytisches Modell der diffusiven Mischung vorgestellt. Das Geschwindigkeitsfeld wird als homogen über die Kanalbreite angenommen. Dieses Geschwindigkeitsfeld tritt in einer Hele-Shaw-Strömung eines flachen Kanals oder in einer elektrokinetisch getriebenen Strömung auf. Dieses Modell wird dimensionslos gelöst und analysiert, so dass der einzige Optimierungsparameter des Mikromischers die Peclet-Zahl ist.

In den meisten Anwendungen des Makrobereiches wird der Diffusionskoeffizent zwischen zwei Mischkomponenten als konstant angenommen. Der Diffusionskoeffizient D wird durch das Ficksche Gesetz definiert

$$\Phi = -D\frac{\mathrm{d}c}{\mathrm{d}x}, \tag{8.1}$$

wobei Φ der Stofffluss und c die Konzentration sind. Das folgende analytische Modell nimmt einen konstanten Diffusionskoeffizienten D für den ganzen Konzentrationsbereich an.

Das zweidimensionale Modell eines Mikromischers mit zwei Einlassströmungen ist im

Bild 8.1 dargestellt. Die Mischstrecke ist ein langer Kanal mit der Breite W. Ein Einlass ist die lösliche Komponente mit einer Konzentration von c_0. Der andere Einlass ist das Solvens mit der Konzentration von $c = 0$. Es wird angenommen, dass die Strömung in der Mischstrecke eine konstante Geschwindigkeit von u hat. Die entsprechenden Randbedingungen dieses Modells sind im Bild 8.1a dargestellt. Die Transportgleichung kann wie folgt formuliert werden [23]

$$D\left(\frac{\partial^2 c}{\partial x^2} + \frac{\partial^2 c}{\partial y^2}\right) = u\frac{\partial c}{\partial x}, \tag{8.2}$$

wobei D der Diffusionskoeffizient der löslichen Komponente ist. Werden die dimensionslose Koordinaten $x^* = x/W$, $y^* = y/W$, die dimensionslose Konzentration $c^* = c/c_0 - 1/2$ und die Peclet-Zahl

$$\mathrm{Pe} = \frac{uW}{D} \tag{8.3}$$

eingeführt, kann (8.2) in der dimensionslosen Form

$$\frac{\partial^2 c^*}{\partial x^{*2}} + \frac{\partial^2 c^*}{\partial y^{*2}} = \mathrm{Pe}\frac{\partial c^*}{\partial x^*}. \tag{8.4}$$

formuliert werden. Das dimesionslose mathematische Modell (8.4) ist im Bild 8.1b illustriert. Die entsprechenden Randbedingungen für (8.4) sind:

$$\begin{aligned}
c^*\Big|_{(x^*=0,\,0<y^*<1/2)} &= 1/2,\\
c^*\Big|_{(x^*=0,\,-1/2<y^*<0)} &= -1/2,\\
c^*\Big|_{(x^*=\infty)} &= 0.
\end{aligned} \tag{8.5}$$

Die Kanalwand ist undurchlässig. Daher ist der Stofffluss an der Wand:

$$\frac{\partial c^*}{\partial y^*}\Big|_{y=\pm 1/2} = 0. \tag{8.6}$$

Durch die Trennung der Variablen in (8.4) und die Benutzung der Randbedingungen (8.5) kann die Lösung für die dimensionslose Konzentration gefunden werden:

$$\begin{aligned}
c^*(x^*, y^*) = \frac{1}{\pi}\sum_{n=1}^{\infty}\exp\left[\frac{\mathrm{Pe}-\sqrt{\mathrm{Pe}^2+4(2n-1)^2\pi^2}}{2}x^*\right] \times\\
\times \sin\left[\pi(2n-1)y^*\right]\frac{1-\cos[\pi(2n-1)]}{2n-1}.
\end{aligned} \tag{8.7}$$

Für große Peclet-Zahlen ist der diffusive Term der x^*-Richtung viel kleiner als der konvektive Term in (8.4). Deshalb kann Gleichung (8.4) weiter vereinfacht werden:

$$\frac{\partial^2 c^*}{\partial y^{*2}} = \mathrm{Pe}\frac{\partial c^*}{\partial x^*}. \tag{8.8}$$

Tabelle 8.1: Diffusionskoeffizienten für typische Substanzen im Wasser bei 25 °C

Substanz	$D(\times 10^{-9}\ \mathrm{m^2/s})$	Substanz	$D(\times 10^{-9}\ \mathrm{m^2/s})$
Luft	2,00	Ammoniak	1,64
CO_2	1,92	Benzol	1,02
Chlor	1,25	Schwefelsäure	1,73
Ethan	1,20	Salpetersäure	2,60
Ethylen	1,87	Acetylen	0,88
Methan	1,49	Ethanol	0,84
Stickstoff	1,88	Ameisensäure	1,50
Sauerstoff	2,10	Essigsäure	1,21
Hämoglobin	0,069	Azeton	1,16

Die Lösung der Gleichung (8.8) mit den gleichen Randbedingungen (8.5) und (8.6) ist:

$$c^*(x^*, y^*) = \frac{1}{\pi} \sum_{n=1}^{\infty} \exp\left[\frac{-\pi^2(2n-1)^2 x^*}{\mathrm{Pe}}\right] \times$$
$$\times \sin\left[\pi(2n-1)y^*\right] \frac{1-\cos[\pi(2n-1)]}{2n-1}. \tag{8.9}$$

Es ist ersichtlich, dass eine kurze Mischstrecke eine kleine Peclet-Zahl verlangt. Eine kleine Peclet-Zahl bedeutet eine geringe Geschwindigkeit u, eine kleine Kanalbreite W oder einen großen Diffusionskoeffizienten D. Für eine typische wässrige Lösung mit einem Diffusionskoeffizienten von $10^{-9}\ \mathrm{m^2/s}$ (Tabelle 8.1), eine Strömungsgeschwindigkeit von $100\ \mu\mathrm{m/s}$ und eine Kanalbreite von $100\ \mu\mathrm{m}$ beträgt die Peclet-Zahl Pe $= 10$. Bei dieser Peclet-Zahl sind die zwei Komponenten bei $x^* \approx 2$ vollständig gemischt.

Beispiel 8.1:   Länge der Mischstrecke in einem Laminationsmischer

Es ist ein Laminationsmischer für die vollständige Mischung von Ethanol in Wasser ($D = 0{,}84 \times 10^{-9}\ \mathrm{m^2/s}$) zu entwerfen. Die Durchflussmengen der beiden Strömungen sind $Q = 10\ \mu\mathrm{l/min}$. Die Mischstrecke hat einen Querschnitt von $100\ \mu\mathrm{m} \times 100\ \mu\mathrm{m}$. Bestimme die benötigte Länge der Mischstrecke!

Wird die lineare Definition des Diffusionskoeffizienten D (8.1) angenommen, kann eine *diffusive Geschwindigkeit* über die Kanalbreite W definiert werden:

$$v = D/W.$$

Weil jede Lösung die Hälfte des Kanals besitzt, haben beide Komponenten einen Mischpfad von $W/2$. Die dazu benötigte Mischzeit ist:

$$t = \frac{W/2}{v} = \frac{W^2}{2D} = \frac{(100 \times 10^{-6})^2}{2 \times 0{,}84 \times 10^{-9}} = 5{,}95\ \mathrm{s}.$$

Die mittlere Geschwindigkeit in der Mischstrecke ist:

$$u = \frac{2\dot{Q}}{A} = \frac{2 \times 10 \times 10^{-9}/60}{(100 \times 10^{-6})^2} = 33{,}33 \cdot 10^{-3}\ \mathrm{m/s}.$$

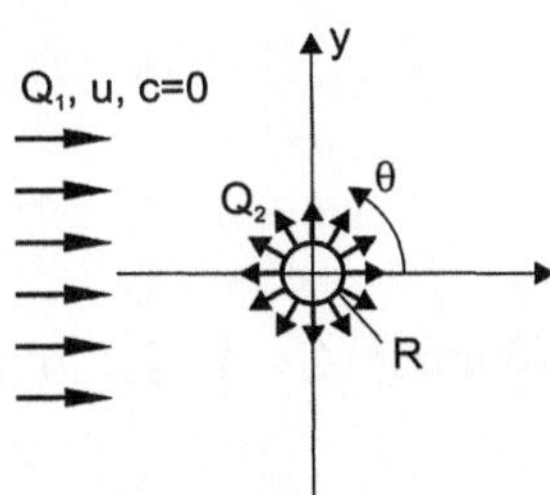

Bild 8.2: Zweidimensionales Modell eines Injektionsmischers.

Die benötigte Länge der Mischstrecke ist daher:

$$L = ut = 33{,}33 \times 10^{-3} \times 5{,}95 = 0{,}198\,\mathrm{m} = 198\,\mathrm{mm}.$$

Aus diesem einfachen Beispiel ergibt sich für die Peclet-Zahl von (Pe $= uW/D =$ 3968) eine Mischstrecke von ($x^* = L/W = $ 1980). Die Beziehung (8.9) ergibt näherungsweise für $n = 1$ eine Mischstrecke von:

$$x^* = 3\frac{\mathrm{Pe}}{\pi^2} = 3\frac{3968}{pi^2} = 1206,$$

wenn sich der Exponentialterm dem Wert Null nähert.

8.2.2   Injektionsmischer

Bild 8.2 zeigt das zweidimensionale Modell eines Injektionsmischers. Der kreisförmige Einlass der löslichen Komponente hat einen Radius R. Die lösliche Komponente tritt in die Mischstrecke mit einem konstanten Durchfluss $\dot{Q}_2$ (m^3/s) (Bild 8.2) ein. Die Geschwindigkeit in der Mischstrecke wird als gleich verteilt mit dem Wert u angenommen. Das Solvens hat einen Durchfluss von $\dot{Q}_1$ und eine Konzentration am Einlass von $c = 0$.

Durch die Vernachlässigung des Quellterms kann die Transportgleichung die homogene Form einer zweidimensionalen Partialdifferentialgleichung haben:

$$\frac{\partial^2 c}{\partial x^2} + \frac{\partial^2 c}{\partial y^2} = \frac{u}{D}\frac{\partial c}{\partial x}. \tag{8.10}$$

Die Lösung der Gleichung (8.10) kann als das Produkt eines geschwindigkeitsabhängigen Terms und eines symmetrischen Terms Ψ

$$c = \exp\left(\frac{ux}{2D}\right)\Psi(x,y) \tag{8.11}$$

beschrieben werden. Wird (8.11) in (8.10) eingesetzt, ergibt sich die Grundgleichung für den symmetrischen Term:

$$\frac{\partial^2 \Psi}{\partial x^2} + \frac{\partial^2 \Psi}{\partial y^2} = \left(\frac{u}{2D}\right) \Psi. \tag{8.12}$$

Wird eine sehr kleine Injektionsströmung ($Q_2 \ll Q_1$) angenommen, gelten für (8.12) die folgenden Randbedingungen:

$$\frac{\partial \Psi}{\partial x}\bigg|_{x=\pm\infty} = 0,$$

$$\frac{\partial \Psi}{\partial y}\bigg|_{y=\pm\infty} = 0.$$

Wird die radiale Koordinate $r = \sqrt{x^2 + y2}$ vom Ursprung des Modells im Bild 8.2 berücksichtigt, lautet die Randbedingung der Einlassströmung nach (8.1)

$$\frac{\mathrm{d}c}{\mathrm{d}r}\bigg|_{r=R} = -\frac{\Phi}{D} = -\frac{\dot{Q}_2}{2\pi RHD},$$

wobei H die Kanalhöhe der Mischstrecke ist. Weil die Randbedingungen und der Term Ψ symmetrisch in Beziehung zu r sind, kann Gleichung (8.12) in der zylindrischen Koordinatensytem als

$$\frac{\mathrm{d}^2 \Psi}{\mathrm{d}r^2} + \frac{1}{r}\frac{\mathrm{d}\Psi}{\mathrm{d}r} - \left(\frac{u}{2D}\right)^2 \Psi = 0, \tag{8.13}$$

formuliert werden. Die Lösung der Gleichung (8.13) ist die modifizierte Bessel-Funktion der zweiten Gattung und nullter Ordnung:

$$\Psi = K_0[ur/(2D)]. \tag{8.14}$$

Im folgenden werden die Peclet-Zahl $\mathtt{Pe} = 2uR/D$ und die dimensionslose radiale Variable $r^* = r/R$ eingeführt, um die dimensionslose Lösung der Konzentration zu formulieren. Berücksichtigt man den konstanten Durchfluss der löslichen Komponente Q_2, ist die Lösung der Konzentrationsverteilung:

$$c(r,\theta) = \frac{\dot{Q}_2 D}{\pi RH} u^{-1} \frac{K_0[ur/(2D)]}{K_1[uR/(2D)] - K_0[uR/(2D)]\cos\theta} \frac{\exp[ur\cos\theta/(2D)]}{\exp[uR\cos\theta/(2D)]}. \tag{8.15}$$

Dabei ist θ die Winkelkoordinate des zylindrischen Koordinatensystems. Wird die dimensionslose Konzentration wie folgt definiert

$$c^* = \frac{c}{2\dot{Q}_2/(\pi H)},$$

kann (8.15) als dimensionslose Lösung formuliert werden:

$$c^*(r^*, \theta) = \frac{K_0(\mathrm{Pe}\,r^*/4)/\mathrm{Pe}}{K_1(\mathrm{Pe}/4) - K_0(\mathrm{Pe}/4)\cos\theta}\{\exp[\mathrm{Pe}(r^* - 1)/4]\}^{\cos\theta}. \tag{8.16}$$

Dabei ist K_1 die modifizierte Bessel-Funktion der zweiten Gattung und der ersten Ordnung. Bild 8.3 zeigt die dimensionslose Konzentrationsverteilung (8.16) bei unterschiedlichen Peclet-Zahlen.

8.2.3 Nichtlineares Diffusionsmodell

Im Vergleich zu makroskopischen Anwendungen verursacht die kleine Abmessung der mikrofluidischen Systeme einen viel höheren Konzentrationsgradienten. Wegen dieses hohen Gradienten spielt die Abhängigkeit des Diffusionskoeffizienten von der Konzentration im Mikrobereich eine wichtige Rolle.

Eine binäre Mischung der zwei Komponenten A und B wird als ideal betrachtet, wenn die Wechselwirkungen zwischen den Molekülpaaren A-A, B-B und A-B gleich sind. In der Praxis hängt die Wechselwirkung zwischen zwei Molekülen von der Konzentration jeder Komponente ab [34]. Das heißt, der Diffusionskoeffizient einer Komponente ist eine Funktion der Konzentration.

Für das einfachste nichtlineare Diffusionsmodell wird eine binäre Mischung von A und B berücksichtigt. A ist die lösliche Komponente, während B das Solvens ist. Der Diffusionskoeffizient von A bei der maximalen Konzentration $c = c_0$ ist D_0. Bei einer Konzentration von $c = 0$ hat der Diffusionskoeffizient den Wert aD_0. Mit den zwei Parametern D_0 und a kann der Diffusionskoeffizient als eine lineare Funktion der Konzentration c beschrieben werden:

$$D(c) = D_0\left[(1 - a)\frac{c}{c_0} + a\right] \tag{8.17}$$

Wird die dimensionslose Konzentration c^* im mathematischen Modell benutzt, kann der Diffusionskoeffizient wie folgt formuliert werden:

$$D(c^*) = D_0\left[(1 - a)(c^* + 1/2) + a\right]. \tag{8.18}$$

Der Parameter a in (8.17) and (8.18) beschreibt die Wechselwirkung zwischen den Molekülen der zwei Komponenten A und B:

- Wenn $a = 1$, sind alle Wechselwirkungen A-A, B-B und A-B gleich. Das Diffusionsmodell ist ideal und linear, weil der Diffusionskoeffizient $D = D_0$ konstant und unabhängig von der Konzentration ist.

- Wenn $a < 1$, ist die Wechselwirkung A-B stärker als A-A. Es ist deshalb schwieriger für ein Molekül von A, sich in B zu bewegen. Der Diffusionskoeffizient mit einer geringen Konzentration von A ist geringer.

- Wenn $a > 1$, ist die Wechselwirkung A-B schwächer als A-A. Deshalb ist der Diffusionskoeffizient mit einer geringen Konzentration von A größer.

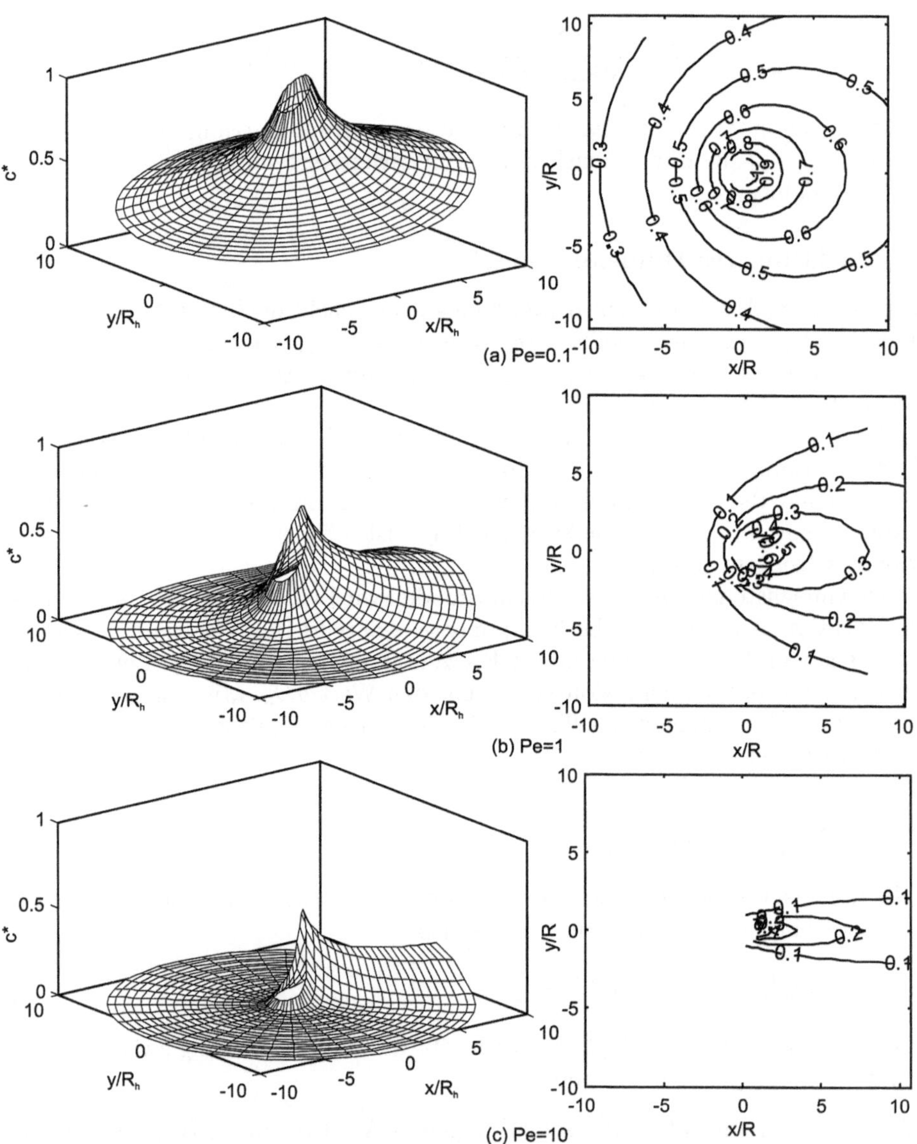

Bild 8.3: Konzentrationsverteilung in einem Injektionsmischer bei unterschiedlichen Peclet-Zahlen (für dieses Modell wird angenommen, dass der Durchfluss der löslichen Komponente viel kleiner als der Durchfluss des Solvens ist): (a)Pe = 0,1, (b)Pe = 1, (c) Pe = 10.

Das in (8.17) dargestellte Verhalten kann in vielen binären Lösungen beobachtet werden [4, 143]. Mit diesem nichtlinearen Modell kann die Peclet-Zahl in (8.4) wie folgt bestimmt werden:

$$\mathrm{Pe}(c^*) = \frac{\mathrm{Pe}_0}{a + (1 - a)c^*},$$

(8.19)

wobei Pe_0 die mit D_0 berechnete Peclet-Zahl ist. Gleichung (8.4) mit (8.19) ist schwierig in einer expliziten Form zu lösen. An dieser Stelle kann eine Iterationsmethode benutzt werden. Die Berechnung beginnt mit der linearen Lösung (8.7) oder (8.16). In der nächsten Iteration wird die Peclet-Zahl (8.18) mit der Konzentration der vorhergehenden Iteration bestimmt und eingesetzt. Das Ergebnis konvergiert normalerweise nach drei Iterationen.

Bild 8.4 vergleicht das Ergebnis des linearen Modells ($a = 1$, Bild 8.4a) mit den nichtlinearen Modellen ($a < 1$, Bild 8.4b) und ($a > 1$, Fig. 8.4c).

8.3   Herstellungstechnologie

Bild 8.5 zeigt den in den folgenden Experimenten benutzten Mikromischer. Der 25 mm × 75 mm Mischer wird aus Kunststoff (PMMA) hergestellt. Die Herstellung dieses polymeren Mikromischers basiert auf der Lamellierung mit Hilfe einer Kleberschicht. Zuerst werden zwei PMMA-Teile mit einem CO_2-Laser geschnitten (Abschnitt 3.4.1). In den PMMA-Teilen werden Löcher zur Ausrichtung und für fluidische Anschlüsse vorgesehen. Im nächsten Schritt wird eine zweiseitige Kleberfolie (Adhesives Research, Inc, Arclad 8102 transfer adhesive) mit dem Laser geschnitten, um die Kleberschicht und die Strömungskanäle zu formen. Die Kleberschicht von 50 μm bestimmt die Kanalhöhe. Die drei Teile werden dann mit Hilfe von Ausrichtungslöchern positioniert und zusammengeklebt. Die Mischstrecke des im Bild 8.5 dargestellten Mischers ist 850 μm breit und 50 μm hoch.

8.4   Experimentelle Ergebnisse

8.4.1   Mikro-PIV-Messung

Zur Charakterisierung des Mikromischers wird das im Abschnitt 5.3.3 beschriebene optische System benutzt. Außer dem Laser wird eine Quecksilberdampflampe als Beleuchtungsquelle für die Konzentrationsmessung benutzt, Bild 8.6.

Für die Mikro-PIV-Messung werden 3 μm-große fluoreszierende Spurpartikeln von Duke Scientific benutzt. Die Partikeln haben eine maximale Erregungsfrequenz von 540 nm (grün, nahe der charakteristischen Wellenlänge des Nd:YAG-Lasers) und eine maximale Emissionsfrequenz von 610 nm (rot). Die Messung erfolgt mit dem Epi-Fluoreszenz-Attachment Nikon G-2E/C (Erregungsfilter von 540 nm, Dichroitic-Spiegel für 565 nm und Emissionsfilter für 605 nm). Beide Filter im Attachment sind Bandpassfilter mit dem Frequenzband von 25 nm.

Die PIV-Messung benutzt ein 4×-Objektiv. Die Abmessung des CCD-Sensors von 6,3 mm × 4,8 mm ergibt einen Bildpunkt von 2,475 μm eine Messfläche von 1 584 μm × 1 188 μm. Die fluoreszierenden Partikeln werden mit entsalzenem Wasser gemischt, in zwei Spritzen

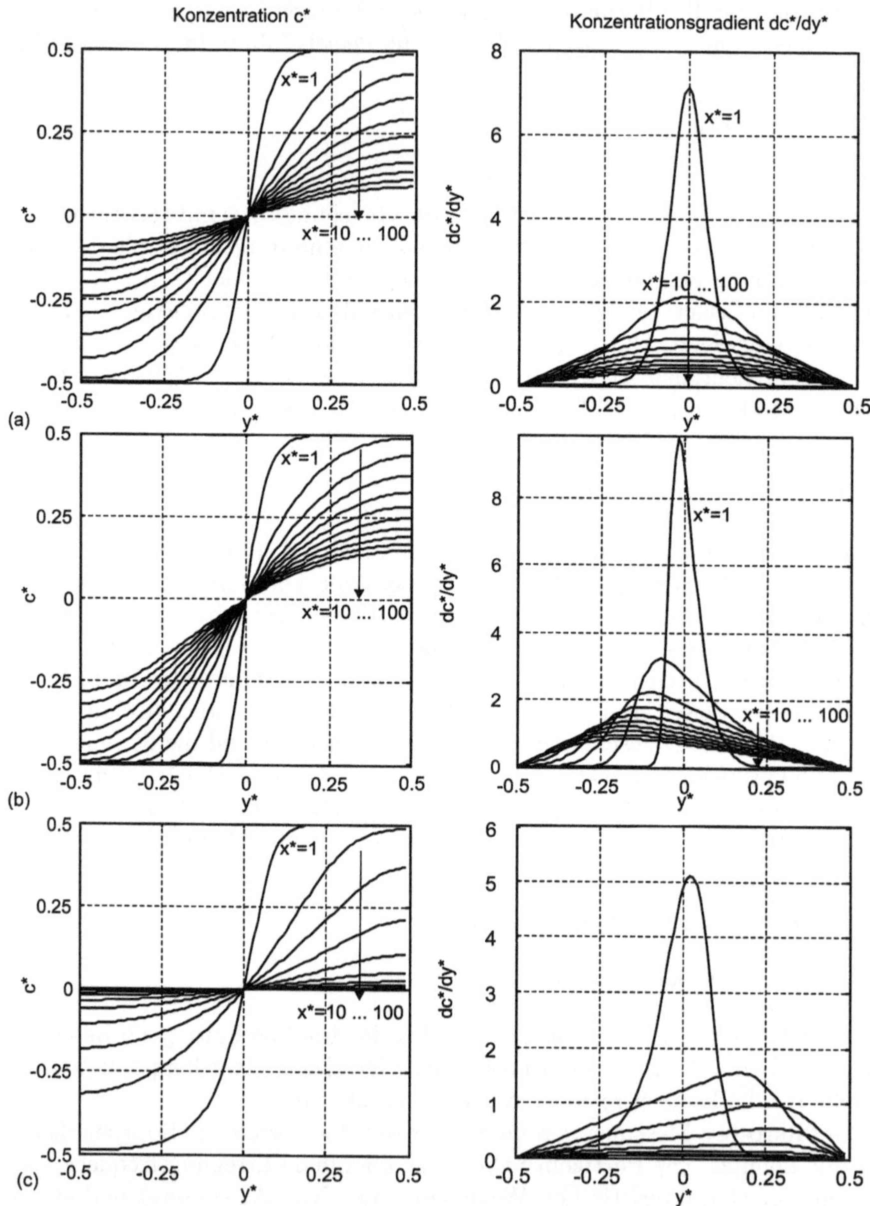

Bild 8.4: Verteilung der dimensionslosen Konzentration und des dimensionslosen Konzentrationsgradienten über der Kanalbreite ($Pe_0 = 50$): (a) Ideales Modell ($a = 1$), (b) Nichtlineares Modell, starke Wechselwirkung zwischen den zwei Komponenten ($a = 0.2$), (c) Nichtlineares Modell, schwache Wechselwirkung zwischen den zwei Komponenten ($a = 5$).

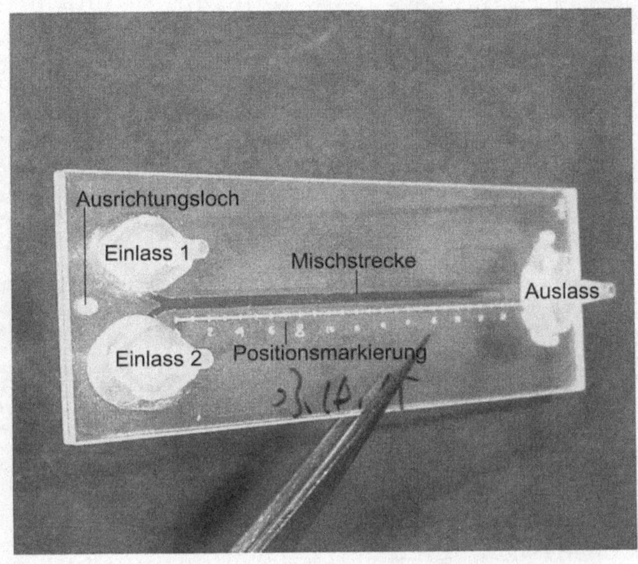

Bild 8.5: Der polymere Mikromischer.

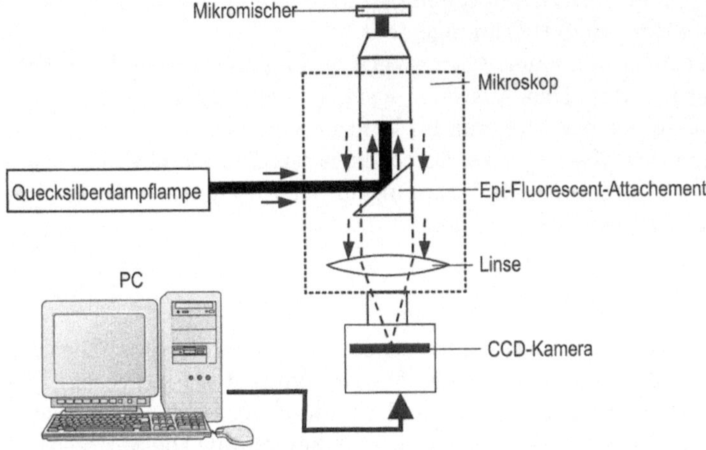

Bild 8.6: Messstand für die Micro-PIV-Messung und die Konzentrationsmessung.

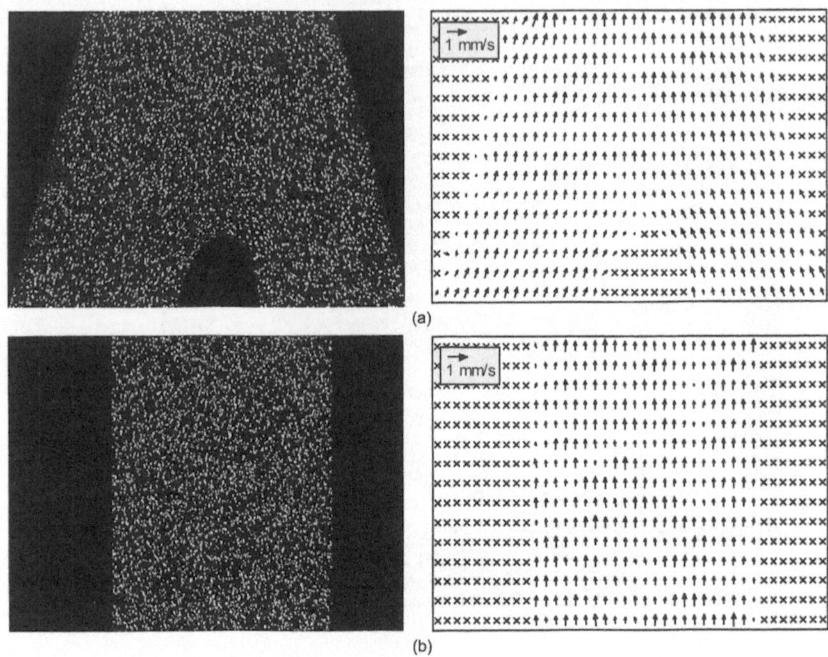

Bild 8.7: Ergebnisse der Mikro-PIV-Messung: (a) Am Eingang der Mischstrecke, (b) In der Mischstrecke.

gefüllt und mit Hilfe einer Spritzenpumpe in den Mikromischer gefördert. Der Durchfluss in der Mischstrecke wird auf 200 µl/h eingestellt.

Zwei 30-mJ Laserpulse mit einer 3,5-ms-Verzögerung werden als Beleuchtungsquelle für die PIV-Messung benutzt. Das Auswertungsfenster ist 32 pixels×32 pixels groß. Bild 8.7 zeigt die Ergebnisse der PIV-Messung im Laminationsmischer. Die Ergebnisse zeigen, dass die Einlauflänge der Mischstrecke relativ kurz ist. Die Geschwindigkeitsverteilung in der Mischstrecke ist homogen. Die Strömung in der Mischstrecke kann daher als eine Hele-Shaw-Strömung angenommen werden.

8.4.2   Konzentrationsmessung

In der Konzentrationsmessung wirkt entsalzenes Wasser als Solvens. Die lösliche Komponente ist eine fluoreszierende Farbe (mit Wasser gemischtes Fluorescein Disodiumsalz $C_{20}H_{10}Na_2O_5$). Diese Farbe wird auch als Acid Yellow 73 oder C.I. 45350 bezeichnet. Zwei gleiche Spritzen werden mit der Farblösung und Wasser gefüllt. Die Spritzen werden dann von einer Spritzenpumpe (Cole-Parmer 74900-05, 0,2 µL/h - 500 ml/h, 0,5 % Genauigkeit) getrieben. Die gleichen Spritzen gewährleisten gleiche Durchflüsse der Mischströmungen.

Der Messbereich wird von der Quecksilberdampflampe beleuchtet. Für die Messung werden das Epi-Fluorescent-Attachment Nikon B-2A (Erregungsfilter für 450-490 nm, Dichrotik-Spiegel für 505 nm und ein Emissionsfilter von 520 nm) benutzt. Nach der

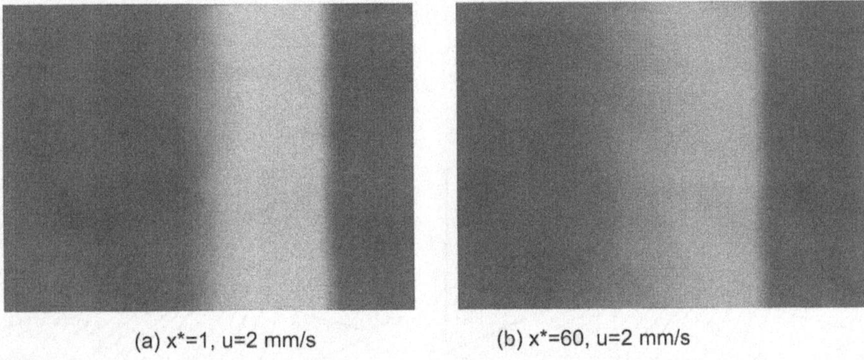

Bild 8.8: Intensitätsverteilung in der Mischstrecke bei einer Geschwindigkeit von $u = 2\,\mathrm{mm/s}$.

Abspeicherung der Bilder auf einem PC wird die Konzentration mit Hilfe eines MAT-LAB-Programmes ausgewertet.

Das Programm entfernt zuerst mittels eines Adaptivfilters das Hochfrequenz-Rauschen in den gemessenen Bildern . Der Durchschnittswert eines 5×5-pixels-Fensters wird für jeden Bildpunkt berechnet. Die Gauss'sche Verteilung wird für das Rauschsignal angenommen. Im nächsten Schritt wird ein Auswertungspfad gewählt. Die Position entlang dem Pfad wird gegen die Kanalbreite $y^* = y/W$ normalisiert, während die gemessene Intensität I gegen den maximalen Wert I_{max} und den minimalen Wert I_{min} am Eingang der Mischstrecke normalisiert wird:

$$I^* = \frac{I - I_{\mathrm{min}}}{I_{\mathrm{max}} - I_{\mathrm{min}}} - \frac{1}{2}. \tag{8.20}$$

Die gemessenen dimensionslosen Intensitätswerte und die dimensionslose Konzentration der fluoreszierenden Farbe können als gleich angenommen werden ($I^* = c^*$). Bild 8.8 zeigt die typische Konzentrationsverteilungen in der Mischstrecke.

Wegen der unbekannten Parameter D_0 und a der löslichen Komponente kann die im Abschnitt 8.2.3 diskutierte Theorie zur Anpassung der Messergebnisse benutzt werden. Während die Seite der löslichen Komponente ($c^* = 1/2$) zur Bestimmung von D_0 benutzt wird, wird die Seite des Solvens ($c^* = -1/2$) zur Ermittlung des Faktors a verwendet. Die unterschiedlichen Messungen bei verschiedenen Strömungsgeschwindigkeiten ergeben die Werte $a = 0.4$ und $D_0 = 1.5 \times 10^{-9}\ \mathrm{m^2/s}$. Bild 8.9 stellt die Messergebnisse und die theoretischen Ergebnisse mit den gefundenen Parametern dar.

Bild 8.10 vergleicht die gemessenen Verteilungen der Konzentration und des Konzentrationsgradienten mit den theoretischen Werten. Es ist ersichtlich, dass das nichtlineare Diffusionsmodell den Mischprozess gut repräsentiert. Das Verbreitungsband kann in der Gradientenverteilung deutlich beobachtet werden. Dieses Band ist dünner bei höheren Peclet-Zahlen.

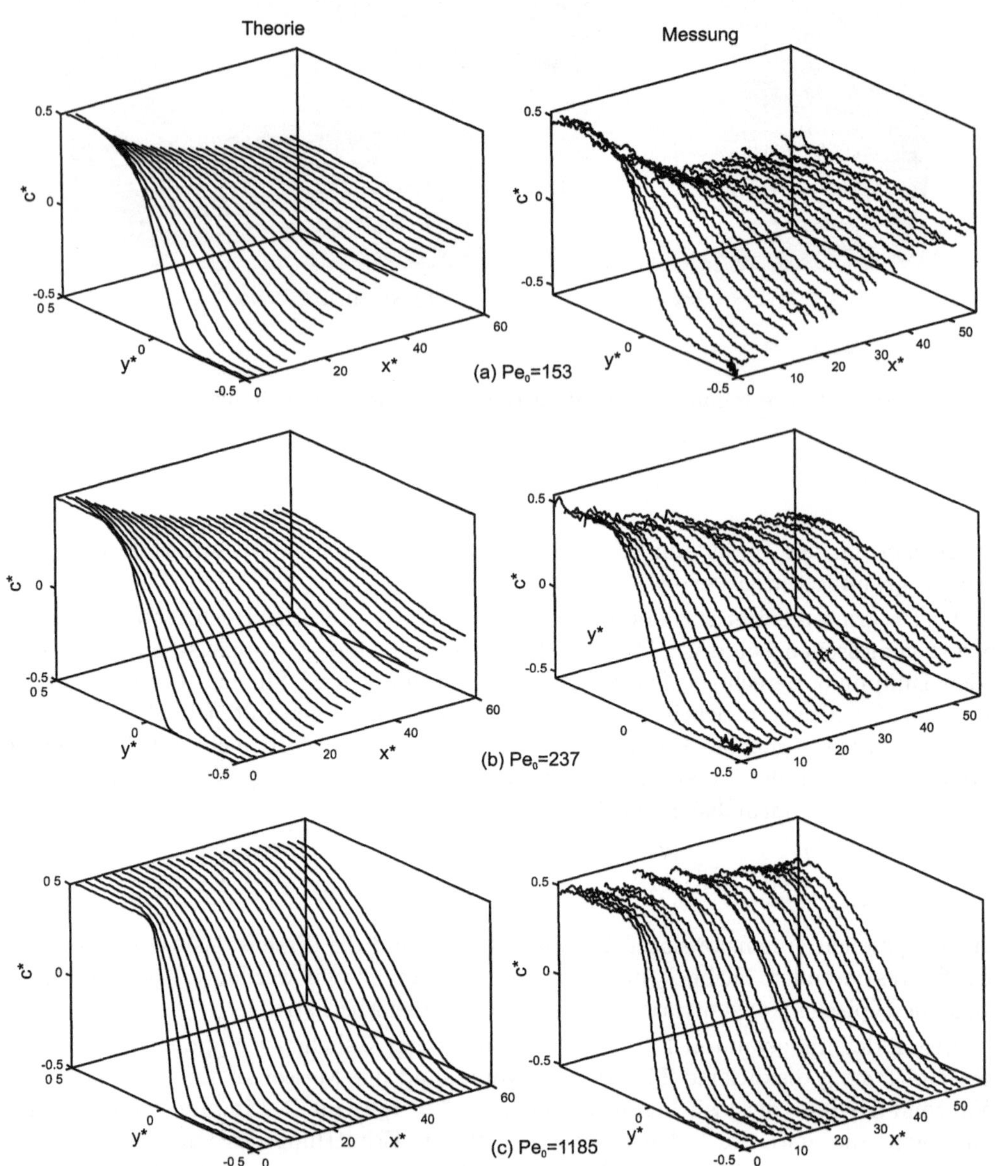

Bild 8.9: Dimensionslose Konzentration in der Mischstrecke: (a) Pe$_0$ = 153 ($\dot{Q}$ = 40 μL/h, u = 270 μm/s, Re = 18,3 × 10^{-3}); (b) Pe$_0$ = 237 ($\dot{Q}$ = 62 μL/h, u = 418 μm/s, Re = 28,3×10^{-3}); (c) Pe$_0$ = 1185 ($\dot{Q}$ = 310 μL/h, u = 2090 μm/s, Re = 141,7×10^{-3});

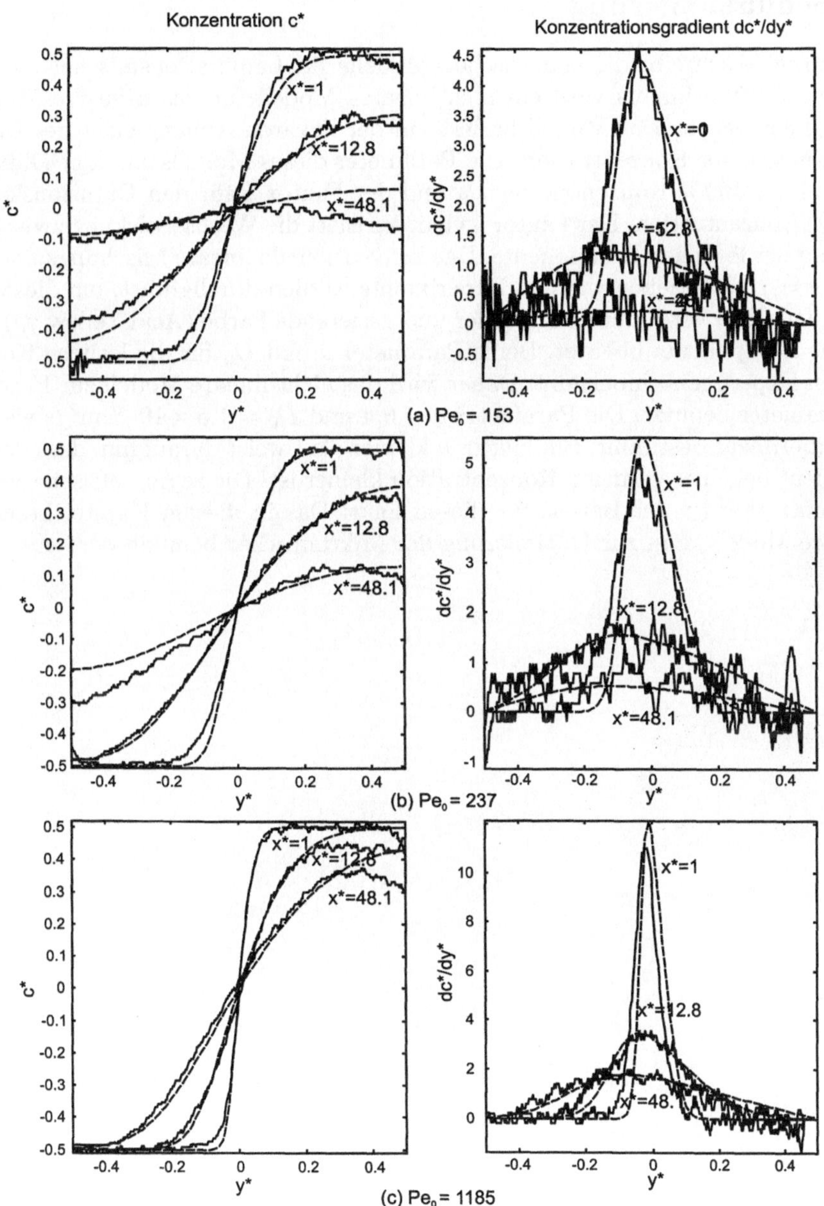

Bild 8.10: Verteilung der Konzentration und des Konzentrationsgradienten entlang der Kanalbreite bei verschiedenen Positionen $x^* = 1$, $x^* = 12.8$ und $x^* = 48.1$ (feste Linien sind gemessene Ergebnisse, gestrichelte Linen sind theoretische Ergebnisse mit $D_0 = 1.5 \times 10^{-9}$ and $a = 0.4$): (a) Pe₀ = 153; (b) Pe₀ = 237; (c) Pe₀ = 1185.

8.5   Schlussfolgerung

Dieses Kapitel beschreibt die analytischen Modelle für Laminationsmischer und Injektionsmischer. Darüberhinaus wird ein nichtlineares Modell für das diffusive Mischen im Mikrokanal entwickelt. Das Modell basiert auf der linearen Abhängigkeit des Diffusionskoeffizienten von der Konzentration. Die Parameter dieses Modells sind der Diffusionskoeffizient bei der 100 %-Konzentration D_0 und der Faktor a für den Diffusionskoeffizient bei der 0 %-Konzentration. Der Faktor a charakerisiert die Wechselwirkung zwischen dem Solvens und der löslichen Komponente. Das konventionelle lineare Mischungsmodell kann dann mit $a = 1$ beschrieben werden. Experimente werden durchgführt, um diese Theorie nachzuprüfen. Eine verdünnte Lösung der fluoreszierende Farbe (Acid Yellow 73) wird als die lösliche Komponente benutzt. Beide Parameter a und D_0 für die lösliche Komponenten sind im Experiment unbekannt. Daher wird das nicht-lineare Modell zur Bestimmung dieser Parameter benutzt. Die Parameter $a = 0.4$ und $D_0 = 1.5 \times 10^{-9}$ m^2/s werden aus diesem Experiment bestimmt. Ein Faktor a kleiner als 1 weist darauf hin, dass der Diffusionskoeffizient bei einer geringen Konzentration kleiner ist. Die asymmetrische Verteilung der Konzentration ist der Beweis für diesen Fakt. Das in diesem Kapitel beschriebene nichtlineare Modell kann zur Optimierung der Mikromischer benutzt werden.

Literaturverzeichnis

[1] ADRIAN, R. J. und ET AL. (Herausgeber): *Developments in Laser Techniques in Fluid Mechanics*, Seiten 125–134. Springer-Verlag, New York, 1. Auflage, 1997.

[2] ALDERMAN, B. E. J., C. M. MANN, D. P. STEENSON und J. M. CHAMBERLAIN: *Microfabrication of Channels Using and Embedded Mask in Negative Resist.* Journal of Micromechanics and Microengineering, 11:703–705, 2001.

[3] ANDERSON, R. C., X. SU, G. J. BOGDAN und J. FENTON: *A Miniature Integrated Device for Automated Multistep Genetic Assays.* Nucl. Acids Res., 28:60, 2000.

[4] BASSI, F. A., ARCOVITOM G. und G. D'ABRAMO: *An Improved Optical Method of Obtaining the Diffusion Coefficient from the Refractive Index Gradient Profile.* Journal of Physics E: Scientific Instruments, 10:249–253, 1976.

[5] BAU, H. H., J. ZHONG und M. YI: *A Minute Magneto Hydro Dynamic (MHD) Mixer.* Sensors and Actuators B, 79:207–215, 2001.

[6] BEARD, D. A.: *Taylor Dispersion of a Solute in a Microfluidic Channel.* Journal of Applied Physics, 89:4667–4669, 2001.

[7] BECKER, E., W. EHRFIELD, P. HAGMANN, A. MANER und D. MÜNCHMEYER: *Fabrication of Microstructures with High Aspect Ratios and Great Structural Heights by Synchrotron radiation Lithography, Galvanoforming, and Plastic Moulding (LIGA Process).* Microelectronic Engineering, 4:35–36, 1986.

[8] BECKER, H. und U. HEIM: *Hot Embossing as a Method for the Fabrication of Polymer High Aspect Ratio Structures.* Sensors and Actuators A, 83:130–135, 2000.

[9] BELL, T. E., P. T. J. GENNISSEN, D. DeMUNTER und M. KUHL: *Porous Silicon as a Sacrificial Material.* Journal of Micromechanics and Microengineering, 6:361–369, 1996.

[10] BELLOY, E., S. THURRE, E. WALCKIERS, A. SAYAH und M. A. M. GIJS: *The Introduction of Powder Blasting for Sensor and Microsystem Applications.* Sensors and Actuators A, 84:330–337, 2000.

[11] BINNIG, G. und H. ROHRER: *Scanning Tunneling Microscopy–from Birth to Adolescence.* Reviews of Modern Physics, 615(59), 1987.

[12] BINNIG, G. AND QUATE, C .F . AND GERBER, CH.: *Atomic force microscope.* Physics Review Letter, 9(56):930–933, 1986.

[13] BIRD, G. A.: *Molecular Gas Dynamics and the Direct Simulation of Gas Flows.* Clarendon Press, Oxford, 1. Auflage, 1994, ISBN 0-471-40065-3.

[14] BÖHM, S., W. OLTHUIS und P. BERGVELD: *A Plastic Micropump Constructed with Conventional Techniques and Materials.* Sensors and Actuators A, 77:223–228, 1999.

[15] BRACKE, M., F. DE VOEGHT und P. JOOS: *The Kinetics of Wetting, The Dynamic Contact Angle.* Progr. Colloid Polym. Sci., 79:142–149, 1989.

[16] BRADLEY, C. E. und R. M. WHITE: *Acoustically-Driven Flow in Flexural Plate Wave Devices: Theory and Experiments.* In: *Proceedings IEEE Ultrasonics Symposium,* Seiten 593–597, 1994.

[17] BRODY, J. P., T. D. OSBORN, F. K. FORSTER und P. YAGER: *A Planar Microfabricated Fluid Filter.* Sensors and Actuators A, 54(1–3):704–708, 1996.

[18] BUSTILLO, J. M., R. T. HOWE und R. S. MULLER: *Surface Micromachining for Microeletromechanical Systems.* Proceeding of the IEEE, 86(8):1552–1574, 1998.

[19] CHEN, C. S., LEE, S. M. und J. D. SHEU: *Numerical Analysis of Gas Flow in Microchannels.* Numer. Heat Transfer A, 33:749–762, 1998.

[20] CHEN, J. und ET AL.: *A Multichannel Neutral Probe for Selective Chemical Delivery at the Cellular Level.* IEEE Transaction on Biomedical Engineering, 44(8):760–769, 1997.

[21] CHEN, Z., T. E. MILNER, D. DAVE und J. S. NELSON: *Optical Doppler Tomographic Imaging of Fluid Flow Velocity in Highly Scattering Media.* Optics Letters, 22:64–66, 1997.

[22] CUMMINGS, E. B.: *An Image Processing and Optimal Nonlinear Filtering Technique for PIV of Microflows.* Exp. Fluids, 29:42–50, 2001.

[23] CUSSLER, E. L.: *Diffusion Mass Transfer in Fluid Systems.* Cambridge University Press, New York, 2. Auflage, 1997, ISBN 0-521-56477-8.

[24] DE BOER, M. J., H. V. JANSEN, W. TJERKSTRA und M. C. ELWENSPOEK: *Micromachining of Buried Micro Channels in Silicon.* Journal of Microelectromechanical Systems, 9(1):94–103, 2000.

[25] DEAN, W. M.: *An Analysis of Transport Phenomena.* Oxford University Press, Oxford, 1. Auflage, 1998, ISBN 0-195-08494-2.

[26] DIEM, B., D. F. MICHEL, S. RENARD und G. DELAPIERRE: *SOI (SIMOX) as a Substrate for Surface Micromachining of Single Crystalline Silicon Sensors and Actuators.* In: *Proceedings of Transducers '93, 7th International Conference on Solid-State Sensors and Actuators Yokohama, Japan, June 7-10,* Seiten 233–236, 1993.

[27] EINSTEIN, A.: *Theory of Brownian Movement: On the Movement of Small Particles Suspended in a Stationary Liquid Demanded by the Molecular-Kinetic Theory of Heat,* Seiten 1–18. Dover, New York, 1. Auflage, 1905.

[28] ELWENSPOEK, M., KANNERUBJ, MIYAKE T. S., R. und J. H. J. FLUIDMAN: *Toward Integrated Microliquid Handling Systems.* Numer. Heat Transfer A, 4:227–245, 1994.

[29] EPSTEIN, A. H., S. D. SENTURIA, G. ANATHASURESH, A. AYON, K. BREUER, K. S. CHEN, F. E. EHRICH, G. GAUBA, R. GHODSSI, C. GROSHENRY, S. JACOBSON, J. H. LANG, C. C. LIN, A. MEHRA, J. O. M. MIRANDA, S. NAGLE, D. J. ORR, E. PIEKOS, M. A. SCHMIDT, G. SHIRLEY, S. M. SPEARING, C. S. TAN, Y. S. TZENG und I. A. WAITZ: *Power MEMS and Microengine*. In: *Proceedings of Transducers '97, the 9th International Conference on Solid-State Sensors and Actuators, Chicago, IL, June 16-19*, Seiten 753–756, 1997.

[30] EVANS, J., D. LIEPMANN und A. P. PISANO: *Planar Laminar Mixer*. In: *Proceedings of MEMS'97, 10th IEEE International Workshop Micro Electromechanical System, Nagoya, Japan, Jan. 26-30*, Seiten 96–101, 1997.

[31] FRAZIER, A. B. und M. G. ALLEN: *Metallic Microstructures Fabricated Using Photosensitive Polyimide Electroplating Molds*. Journal of Micromechanics and Microengineering, 2(2):87–94, 1993.

[32] FRIEDRICH, H., D. WIDMANN und H. MADER: *Technologie hochintegrierter Schaltungen*. Springer Verlag, Berlin, 2. Auflage, 1996, ISBN 3-54059-357-8.

[33] GARCIA, A. L.: *Numerical Methods for Physics*. Prentice Hall, Upper Saddle River, 2. Auflage, 2000, ISBN 0-139-06744-2.

[34] GASKELL, D. R.: *Introduction to Thermodynamics of Materials*. Taylor & Francis, London, 1. Auflage, 1995, ISBN 1-56032-432-5.

[35] GERLACH, G. UND DÖTZEL, W.: *Grundlagen der Mikrosystemtechnik*. Hanser Verlag, München, 1. Auflage, 1997, ISBN 3-44618-395-7.

[36] GOBBY, D., ANGELI P. und A. GAVRIILIDIS: *Mixing Characteristics of T-type Microfluidic Mixers*. Journal of Micromechanics and Microengineering, 11:126–132, 2001.

[37] GOLOVCHENKO, J.: *The Tunneling Microscope: A New Look at the Atomic World*. Science, 232(48), 1986.

[38] GONZALEZ, C., S. D. COLLINS und R. L. SMITH: *Fluidic Interconnects for Modular Assembly of Chemical Microsystems*. Sensors and Actuators B, 49:40–45, 1998.

[39] GRAVESEN, P., J. BRANEBJERG und JENSEN O. S.: *Microfluidics–a Review*. Journal of Micromechanics and Microengineering, 3:168–182, 1993.

[40] GRAY, B. L., D. JAEGGI, N. MOURLAS, B. P. VAN DRIE"ENHUIZEN, K. WILLIAMS, N. MALUF und G. KOVACS: *Novel Interconnection Technologies for Integrated Microfluidic Systems*. Sensors and Actuators A, 77:57–65, 1999.

[41] GUCKEL, H., T. R. CHRISTENSEN und K. J. SKROBIS: *Formation of Microstructures Using a Preformed Photoresist Sheet*, 1995. U. S. Patent #5378583.

[42] GUCKEL, H., J. UGLOW, M. LIN, D. D. DENTON, J. TOBIN, K. EUCH und M. JUDA: *Plasma Polymerization of Methyl Methacrylate: A Photoresist for 3D Applications*. In: *Technical Digest of the IEEE Solid State Sensor and Actuator Workshop, Hilton Head Island, SC, June 4-7*, Seiten 43–46, 1988.

[43] GUÉRIN, L. J., M. BOSSEL, M. DEMIERRE, S. CALMES und PH. RENAUD: *Simple and Low Cost Fabrication of Embedded Micro Channels By Using a New Thick-Film Photoplastic.* In: *Proceedings of Transducers '97, 9th International Conference on Solid-State Sensors and Actuators, Chicago, IL, June 16-19*, Seiten 1419–1421, 1997.

[44] GUO, Z. und Z. LI: *Size Effect on Microscale Single-Phase Flow and Heat Transfer.* International Journal of Heat and Mass Transfer, 46:149–159, 2003.

[45] GURRUM, S. P., S. MURTHY und Y. K. JOSHI: *Numerical Simulation of Thermocaillary Pumping Using Level Set Method.* In: *5th ISHMT/ASME Heat and Mass Transfer Conference, January 3-5, 2002, Kolkata, India*, 2002.

[46] HAK, M. GAD-EL: *The Fluid Mechanics of Microdevices - The Freeman Scholar Lecture.* ASME Journal of Fluid Engineering, 121:5–32, 1999.

[47] HAK, M. GAD-EL (Herausgeber): *The MEMS Handbook*, Kapitel Flow Physics. CRC Press, Boca Raton, 2. Auflage, 2002, ISBN 0-849-30077-0.

[48] HIRSCHFELDER, J., C. GURTISS und R. BIRD: *Molecular Theory of Gases and Liquids.* Wiley, New York, 1. Auflage, 1954, ISBN 0-471-40065-3.

[49] HO, C. M. und Y. C. TAI: *Review: MEMS and Its Applications for Flow Control.* ASME Journal of Fluid Engineering, 118:437–447, 1996.

[50] HO, C. M. und Y .C. TAI: *Micro Electromechanical Systems (MEMS) and Fluid Flow.* Annu. Rev. Fluid Mech., 20:579–612, 1998.

[51] HOLDEN, M. A., S. KUMAR, E. T. CASTELLANA, A. BESKOK und P. S. CREMER: *Generating Fixed Concentration Arrays in a Microfluidic Device.* Sensors and Actuators B, 92:199–207, 2003.

[52] HUNTER, R. J.: *Zeta Potential in Colloid Science Principles and Applications.* Academic Press, London, 1. Auflage, 1981.

[53] INOUE, S. und K. R. SPRING: *Video Microscopy.* Plenum Press, New York, 2. Auflage, 1997, ISBN 0-30642-120-8.

[54] ISTAT: *Istat blood analysis devices.* http://www.istat.com.

[55] ITO, T. und ET AL.: *Fabrication of Microstructure Using Fluorinated Polyimide and Silicon-Based Positive Photoresist.* Microsystem Technologies, 6:165–168, 2000.

[56] JACKMAN, R. J., T. M. FLOYD, R. GHODSSI, M. A. SCHMIDT und K. F. JENSEN: *Microfluidic Systems with On-Line UV Detection Fabricated in Photodefinable Epoxy.* Journal of Micromechanics and Microengineering, 11:263–269, 2001.

[57] JACOBSON, S. C., T. E. MCKNIGHT und J. M. RAMSEY: *Microfluidic Devices for Electrokinetic Driven Parallel and Serial Mixing.* Analytical Chemistry, 71:4455–4459, 1999.

[58] JANSEN, H., M. J. DE BOER und M. C. ELWENSPOEK: *The Black Silicon Method IV: The Fabrication of Three-Dimentional Structures in Silicon with High Aspect Ratios for Scanning Probe Microscopy and Other Applications.* In: *Proceedings of MEMS'95, 8th IEEE International Workshop on Micro Electromechanical Systems, Amsterdam, the Netherlands, Jan. 29-Feb. 2*, Seiten 88–93, 1995.

[59] JUDY, J., D. MAYNES und B. W. WEB: *Characterization of Frictional Pressure Drop for Liquid Flows Through Microchannels.* International Journal of Heat and Mass Transfer, 45:3477–3489, 2002.

[60] KAMHOLZ, A. E., B. H WEIGL, B. A. FINLAYSON und P. YAGER: *Quantitative Analysis of Molecular Interaction in Microfluidic Channel: the T-Sensor.* Analytical Chemistry, 71:5340–5347, 1999.

[61] KARNIADAKIS, G. E. und A. BESKOK: *Micro Flows: Fundamentals and Simulation.* Springer, New York, NY, 1. Auflage, 2001, ISBN 0-38795-324-8.

[62] KELLER, C. G. und R. T. HOWE: *HexSil Bimorphs for Vertical Actuation.* In: *Proceedings of Transducers '95, 8th International Conference on Solid-State Sensors and Actuators, Stockholm, Sweden, June 16-19,* Seiten 99–102, 1995.

[63] KOCH, M., N. HARRIS, A. G. R. EVANS, N. M. WHITE und A. BRUNNSCHWEILER: *A Novel Micromachined Pump Based on Thick-Film Piezoelectric Actuation.* Sensors and Actuators A, 70:98–103, 1998.

[64] KOO, J. und C. KLEINSTREUER: *Liquid Flow in Microchannels: Experimental Oberservations and Computational Analyses of Microfluidic Effects.* Journal of Micromechanics and Microengineering, 13:568–579, 2003.

[65] KOPLIK, P. J. und J. R. BANAVAR: *Continuum Deductions from Molecular Hydrodynamics.* Annual Review of Fluid Mechanics, 27:257–292, 1995.

[66] KOVAKS, G. T. A., N. MALUF und K. E. PETERSEN: *Bulkmicromachining of Silicon.* Proceeding of the IEEE, 86(8):1536–1551, 1988.

[67] LÄRMER, P.: *Method of Anisotropically Etching Silicon,* 1994. Deutscher Patent DE 4241 045.

[68] LEE, J. und C. K. KIM: *Surface-Tension-Driven Microactuation Based on Continous Electrowetting.* Journal of Microelectromechanical Systems, 9(2):171–180, 2000.

[69] LEE, J., H. MOON, J. FOWLER, T. SCHOELLHAMMER und C. J. KIM: *Electrowetting and Electrowetting-on-Dielectric for Microscale Liquid Handling.* Sensors and Actuators A, 95:259–268, 2002.

[70] LEE, S., S. PARK und D. CHO: *The Surface/Bulk Micromachining (SBM) Process: A New Method for Fabricating Released MEMS in Single Crystal Silicon.* Journal of Microelectromechanical Systems, 8(4):409–416, 1999.

[71] LI, Y. X., P. J. FRENCH, SARRO P. und WOLFFENBUTTEL R.: *Fabrication of Single Crystalline Silicon Capacitive Lateral Accelerometer Using Micromachining Based on Single Step Plasma Etching.* In: *Proceedings of MEMS'95, 8th IEEE International Workshop on Micro Electromechanical Systems Amsterdam, the Netherlands, Jan. 29-Feb. 2,* Seiten 398–403, 1995.

[72] LIN, L. und A. P. PISANO: *Silicon Processed Microneedles.* In: *Proceedings of Transducers '93, 7th International Conference on Solid-State Sensors and Actuators, Yokohama, Japan, June 7-10,* Seiten 237–240, 1993.

[73] LINTEL, H. T. G. VAN, D. C. M. VAN DEN POL und S. BOWSTRA: *A Piezoelectric Micropump Based on Micromachining in Silicon*. Sensors and Actuators A, 15:153–167, 1988.

[74] LIPPMANN, M. G.: *Relations entre les phénomèn électriques et capillares*. Ann. Chim. Phys., 5(11):494–549, 1875.

[75] LONDON, A. P.: *Development and Test of a Microfabricated Bipropellant Rocket Engine*. Dissertation, Massachusetts Institute of Technology, 2000.

[76] LORENZ, H., M. DESPONT, N. FAHRNI, N. LaBIANCA, P. RENAUD und P. VETTIGER: *SU-8: A Low-Cost Negative Resist for MEMS*. Journal of Micromechanics and Microengineering, 7:121–124, 1997.

[77] LUGINBUHL, P., S. D. COLLINS, G. A. GRE'TILLAT, N. F. DE ROOIJ, K. G. BROOKS und N. SETTER: *Microfabricated Lamb Wave Device Based on PZT Sol-Gel Thin Film for Mechanical Transport of Solid Particles and Liquids*. Journal of Micro Electromechanical Systems, 6(4):337–346, 1997.

[78] MADOU, M.: *Fundamentals of Microfabrication*. CRC Press, Boca Raton, 1. Auflage, 1997, ISBN 0-84930-826-7.

[79] MAILLEFER, D., H. VAN LINTEL, S. GAMPER, B. FREHNER, P. BALMER und PH. RENAUD: *A High-Performance Silicon Micropump for an Implantable Drug Delivery System*. In: *Proceedings of MEMS'99, 12th IEEE International Workshop on Micro Electromechanical Systems, Miyazaci, Japan, Jan. 23-27*, Seiten 541–546, 1999.

[80] MALA, G. M. und D. LI: *Flow Characteristics of Water in Microtubes*. International Journal of Heat and Mass Transfer, 12:142–148, 1999.

[81] MAN, P. F., D. K. JONES und C. H. MASTRANGELO: *Microfluidic Plastic Capillaries on Silicon Substrates: A New Inexpensive Technology for Bioanalysis Chips*. In: *Proceedings of MEMS'97, 10th IEEE International Workshop Micro Electromechanical System, Nagoya, Japan, Jan. 26-30*, Seiten 311–316, 1997.

[82] MANZ, A., N. GRABER und H. M. WIDMER: *Miniaturized Total Chemical Analysis Systems: A Novel Concept for Chemical Sensing*. Sensors and Actuators B, 1:244–248, 1990.

[83] MARTIN, P. M., D. W. MATSON, W. D. BENNETT, D. C. STEWART und Y. LIN: *Laser Micromachined and Laminated Microfluidic Components for Miniaturized Thermal Chemical and Biological Systems*. In: *SPIE Conference Proceedings, Vol. 3680: Design, Test, and Microfabrication of MEMS and MOEMS, Paris, France, Mar. 30-Apr. 1*, Seiten 826–833, 1999.

[84] MARUO, S. und K. IKUTA: *Three-Dimensional Microfabrication by Use of Single-Photon-Absorbed Polymerization*. Applied Physics Letters, 76(19):2656–2658, 2000.

[85] MARUO, S. und S. KAWATA: *Two-Photon-Absorbed Near-Infrared Photopolymerization for Three-Dimensional Microfabrication*. Journal of Microelectromechanical Systems, 7(4):411–415, 1998.

[86] MATSON, D. W. und ET AL.: *Laminated Ceramic Components for Micro Fluidic Applications*. In: *SPIE Conference Proceeding Vol 3877: Microfluidic Devices and Systems II, Santa Clara, CA, Sept. 20-22*, Seiten 95–100, 1999.

[87] MAXWELL, J. C.: *On Stress in Rarefied Gases Arising from Inequalities of Temperature*. Philosophical Transactions of the Royal Society Part 1, 170:231–256, 1879.

[88] MCLENNAN, J.: *Introduction to Non-Equilibrium Statistical Mechanics*. Prentice Hall, Upper Saddle River, 1. Auflage, 1989, ISBN 0-13490-962-3.

[89] MENG, A. H., N. T. NGUYEN und R. M. WHITE: *Focused Flow Micropump Using Ultrasonic Flexural Plate Waves*. Biomedical Microdevices, 2(3):169–174, 2000.

[90] MENG, E. und ET AL.: *A Check-Valved Silicone Diaphragm Pump*. In: *Proceedings of MEMS'oo, 13th IEEE International Workshop on Micro Electromechanical Systems*, Seiten 23–27, 2000.

[91] MENG, E., S. WU und Y .-C. TAI: *Micromachined Fluidic Couplers*. In: BERG, ET AL. A. VAN DEN (Herausgeber): *Micro Total Analysis Systems 2000*, Seiten 41–44, Netherlands, 2000. Kluwer Academic Publishers.

[92] MIYAKE, R., T. S. LAMMERINK, M. ELWENSPOEK und J. FLUITMAN: *Micro Mixer with Fast Diffusion*. In: *Proceedings of MEMS'93, 6th IEEE International Workshop on Micro Electromechanical Systems, Nagoya, Japan, Jan. 26-30*, Seiten 102–107, 1993.

[93] MOHR, J. und ET AL.: *Requirements on Resist Layers in Deep-Etch Synchrotron Radiation Lithography*. Journal of Vacuum Science and Technology, B6:2264–2267, 1988.

[94] MOORE, S. K.: *Making Chips to Probe Genes*. IEEE Spectrum, 38(3):54–60, 2001.

[95] MORONEY, R. M.: *Ultrasonic Microtransport*. Dissertation, University of California Berkeley, 1995.

[96] MORONEY, R. M., R. M. WHITE und R. T. HOWE: *Microtransport Induced by Ultrasonic Lamb Waves*. Applied Physics Letters, 59(7):774–776, 1991.

[97] MOURLAS, N. J. und ET AL.: *Reuseable Microfluidic Coupler with PDMS Gasket*. In: *Proceedings of Transducers '99, 10th International Conference on Solid-State Sensors and Actuators, Sendai, Japan, June 7-10*, Seiten 1888–1889, 1999.

[98] MYER, D.: *Surfaces, Interfaces and Colloids: Principles and Applications*. Wiley, New York, 2. Auflage, 1999, ISBN 0-471-33060-4.

[99] NGUYEN, N. T. und S. T. WERELEY: *Fundamentals and Applications of Microfluidics*. Artech House, Boston, MA, 1. Auflage, 2002, ISBN 1-58053-343-4.

[100] NIGGEMANN, M.: *Miniaturized Plastic Micro Plates for Applications in HTS*. Journal of Microelectromechanical Systems, 6:48–53, 1999.

[101] O'BRIEN, J. und ET AL.: *Advanced Photoresist Technologies for Microsystems*. Journal of Micromechanics and Microengineering, 11:353–358, 2001.

[102] ODDY, M. H., J. G. SANTIAGO und J. C. MIKKELSEN: *Electrokinetic Instability Micromixing.* Analytical Chemistry, 73:5822–5832, 2001.

[103] ORCAD: *Exploring the nature of SPICE convergence problems,* 2003. http://www.orcadpcb.com/downloads/pdf/PSpice/ConvergenceOnly.pdf.

[104] PAIK, PH., V. K. PAMULA, M. G. POLLACK und R. B. FAIR: *Electrowetting-Based Droplet Mixers for Microfluidic Systems.* Lab on a Chip, 3:28–33, 2003.

[105] PAPAUTSKY, I., J. BRAZZLE, T. AMEEL und A. B. FRAZIER: *Laminar Fluid Behaviour in Microchannel Using Micropolar Fluid Theory.* Sensors and Actuators A, 73:101–108, 1999.

[106] PAPAUTSKY, I., J. BRAZZLE, H. SWERDLOW und A. B. FRAZIER: *Micromachined Pipette Arrays.* IEEE Transaction on Biomedical Engineering, 47(6):812–819, 2000.

[107] PAUL, P. H., M. G. GARGUILO und D. J. RAKESTRAW: *Imaging of Pressure-and Electrokinetically Driven Flows Through Open Capillaries.* Analytical Chemistry, 70:2459–2467, 1998.

[108] PENG, X. F. und G. P. PETERSON: *Convective Heat Transfer and Flow Friction for Water Flow in Microchannel Structures.* International Journal of Heat and Mass Transfer, 39:2599–2608, 1996.

[109] PETERSEN, K. E., , W. A. MCMILLAN, G. T. A. KOVACS, M. A. NORTHRUP, L. A. CHRISTEL und F. POURAHMADI: *Toward Next Generation Clinical Diagnosis Instruments: Scaling and New Processing Pradigms.* Journal of Biomedical Microdevices, 2(1):71–79, 1999.

[110] PFAHLER, K., J. HARLEY und H. BAU: *Liquid Transport in Micron and Submicron Channels.* Sensors and Actuators A, 21–23:431–434, 1990.

[111] PHAN, N. M., T. ONO und M. ESASHI: *Fabrication of Silicon Microprobes for Optical Near-Field Applications.* CRC Press, Boca Raton, 1. Auflage, 2002, ISBN 0-84931-154-3.

[112] POL, D. C. M. VAN DEN, H. T. G. VAN LINTEL, M. C. ELWENSPOEK und J. H. J. =FLUITMAN: *A Thermopneumatic Micropump Based on Micro Enbgineering Technique.* Sensors and Actuators A, 21–23:198–202, 1990.

[113] POTTER, M. C. und D. C. WIGGERT: *Mechanics of Fluids.* Prentice Hall, Upper Saddle River, 2. Auflage, 1997, ISBN 0-13207-622-5.

[114] PUNTAMBEKAR, A. und C. H. AHN: *Self-Aligning Microfluidic Interconnects for Glass- and Plastic-Based Microfluidic Systems.* Journal of Micromechanics and Microengineering, 12(1):35–40, 2002.

[115] RAFFEL, M., C. J. WILLERT und J. KOMPENHANS: *Particle Image Velocimetry: A Practical Guide.* Springer, New York, 1. Auflage, 1998, ISBN 3-54063-683-8.

[116] RAPP, R., W. K. SCHOMBURG, D. MAAS, J. SCHULZ und W. STARK: *LIGA Micropump for Gases and Liquids.* Sensors and Actuators A, 40:57–61, 1994.

[117] REED, H. A., C. E. WHITE, V. RAO, S. A. B. ALLEN, C. L. HENDERSON und P. A. KOHL: *Fabrication of Microchannels Using Polycarbonates as Sacrificial Materials.* Journal of Micromechanics and Microengineering, 11:733–737, 2001.

[118] REN, H., R. B. FAIR, M. G. POLLACK und E. J. SHAUGHNESSY: *Dynamics of Electro-Wetting Droplet Transport.* Sensors and Actuators B, 87:201–206, 2002.

[119] REN, L., W. QU und D. LI: *Interfacial Elektrokinetic Effekts on Liquid Flow in Microchannels.* International Journal of Heat and Mass Transfer, 44:3125–3134, 2001.

[120] RICHTER, M.: *Modellierung und experimetelle Charakterisierung von Mikrofluidsystemen und anderen Komponeneten.* Dissertation, Universität der Bundeswehr München, 1998.

[121] RICHTER, M., R. LINNEMANN und P. WOIAS: *Robust Design of Gas and Liquid Micropumps.* Sensors and Actuators A, 68:480–486, 1998.

[122] SASHIDA, T. und T. KENJIO: *An Introduction to Ultrasonic Motors.* Clarendon Press, Oxford, 2. Auflage, 1993.

[123] SCHÄDEL, H.: *Fluidische Bauelemente und Netzwerke.* Vieweg Verlag, Braunschweig, 1. Auflage, 1979, ISBN 3-52808-423-5.

[124] SCHOMBURG, W. K., J. FAHRENBERG, D. MAAS und R. RAPP: *Active Valves and Pumps for Microfluidics.* Journal of Micromechanics and Microengineering, 3:216–218, 1993.

[125] SCHWESINGER, N., T. FRANK und H. WURMUS: *A Modular Microfluid System with an Integrated Micromixer.* Journal of Micromechanics and Microengineering, 6:99–102, 1996.

[126] SEIDEL, H. und ET AL.: *Piezoresistive silicon accelerometer for automative applications.* In: *Proceedings Sensor '93,* Seite 271, 1993.

[127] SHAH, R. K. und A. L. LONDON: *Laminar Flow Forced Convection in Ducts.* Academic Press, New York, 1. Auflage, 1978, ISBN 0-12020-051-1.

[128] SHAW, K. A., Z. L. ZHANG und N. C. MACDONALD: *SCREAM-I: A Single Mask, Single-Crystal Silicon Reactive Ion Etching Process for Microelectromechanical Structures.* Sensors and Actuators A, 40(1):63–70, 1994.

[129] SHOJI, S. und M. ESASHI: *Microflow Devices and Systems.* Journal of Micromechanics and Microengineering, 4:157–171, 1994.

[130] SHOJI, S., S. NAKAFAWA und M. ESASHI: *Micropump and Sample-Injector for Integrated Chemical Analyzing Systems.* Sensors and Actuators A, 21–23:189–192, 1990.

[131] SMELA, E.: *Microfabrication of Ppy Microactuators and Other Conjugated Polymer Devices.* Journal of Micromechanics and Microengineering, 9:1–18, 1999.

[132] SMOLUCHOWSKI, M. VON: *Über Wärmeleitung in verdünnten Gasen.* Annalen der Physik und Chemie, 64:101–130, 1898.

[133] SPIERING, V. L., J. N. VAN DER MOOLEN, G. J. BURGER und A. VAN DEN BERG: *Novel Microstructures and Technologies Applied in Chemical Analysis Techniques*. In: *Proceedings of Transducers '97, 9th International Conference on Solid-State Sensors and Actuators, Chicago, IL, June 16-19*, Seiten 511–514, 1997.

[134] STIEGLITZ, T.: *Flexible Biomedical Microdevices with Double-Sided Electrode Arrangements For Neural Applications*. Sensors and Actuators A, 90:203–211, 2001.

[135] STJERNSTRÖM, M. und J. ROERAADE: *Method for Fabrication of Microfluidic System in Glass*. Journal of Micromechanics and Microengineering, 8:33–38, 1998.

[136] TALBOT, N. H. und A. P. PISANO: *Polymolding: Two Wafer Polysilicon Micromolding of Closed-Flow Passages for Microneedles and Microfluidic Devices*. In: *Technical Digest of the IEEE Solid State Sensor and Actuator Workshop, Hilton Head Island, SC, June 4-8*, Seiten 265–268, 1998.

[137] TAY, F. E. H., J. A. VAN KAN, F. WATT und W. O.= CHOONG: *A Novel Micro-Machining Method for the Fabrication of Thick-Film SU-8 Embedded Micro-Channels*. Journal of Micromechanics and Microengineering, 11:27–32, 2001.

[138] TAYLOR, M. T., P. NGUYEN, J. CHING und K .E. PETERSON: *Simulation of Microfluidic Pumping in a Genomic DNA Blood-Processing Cassete*. Journal of Micromachanics and Microengineering, 13:201–208, 2003.

[139] THEISSEN, H.: *Die Berücksichtigung instationären Rohrströmung bei der Simulation hydraulischer Anlagen*. Dissertation, Aachen, 1985.

[140] THOMPSON, L. F., C. G. WILLSON und M. J. BOWDEN: *Introduction to Microlithography*. American Chemical Society, Washington, D. C., 2. Auflage, 1994, ISBN 0-84122-848-5.

[141] THOMPSON, P. A. und S. M. TROIAN: *A General Boundary Condition for Liquid Flow at Solid Surfaces*. Nature, 389:360–362, 1997.

[142] TIEU, A. K., M. R. MACKENZIE und E. B. LI: *Microscopic Flow with a Solid-State LDA*. Exp. Fluids, 19:293–294, 1995.

[143] TIMMERMANS, J.: *The Physio-Chemical Constants of Binary Systems in Concentrated Solution*. Interscience, New York, 1. Auflage, 1960, ISBN 0.

[144] TIMOSHENKO, S. und S. WOINOWSKY-KRIEGER: *Theory of Plates and Shells*. McGraw-Hill, New York, 1. Auflage, 1959, ISBN 0-07064-779-8.

[145] URBANEK, W., J. ZEMEL und H. H. BAU: *An Investigation of the Temperature Dependence of Poiseuille Number in Microchannel Flow*. Journal of Micromachanics and Microengineering, 3:206–208, 1993.

[146] VINCENTI, W. und C. KRUGER: *Introduction to Physical Gas Dynamics*. Robert E. Krieger Publishing Company, Huntington, 1. Auflage, 1977, ISBN 0-882-75309-6.

[147] WAITZ, I. A., G. GAUTAM und Y. S. TZENG: *Combustors for Micro-Gas Turbine Engines*. ASME Journal of Fluid Engineering, 120:109–117, 1998.

[148] WENSINK, H., H. V. JANSEN, J. W. BERENSCHOT und M. C. ELWENSPOEK: *Mask Materials for Powder Blasting.* Journal of Micromechanics and Microengineering, 10:175–180, 2000.

[149] WENZEL, S. W. und R. M. WHITE: *A Multisensor Employing and Ultrasonic Lamb Wave Oscillator.* IEEE Trans. Electron Devices, 35:735, 1988.

[150] WIJNGARRT, W., H. ANERSSON, P. ENOKSSON, K. NOREN und G. STEMME: *The First Self-Priming and Bi-Directional Valve-Less Diffuser Micropump for Both Liquid and Gas.* In: *Proceedings of MEMS'oo, 13th IEEE International Workshop Micro Electromechanical System, Miyazaci, Japan, Jan. 23-27*, Seiten 674–679, 2000.

[151] XIA, Y. und G. M. WHITESIDES: *Soft Lithography.* Annu. Rev. Mater. Sci., 28:153–194, 1998.

[152] XU, B., K. T. OOI, T. N. WONG und W. K. CHAN: *Experimental Investigation od Flow Friction for Liquid Flow in Microchannels.* International Communication on Heat Mass Transfer, 27:1165–1176, 2000.

[153] YANG, Z., S. MATSUMOTO, H. GOTO, M. MATSUMOTO und R. MAEDA: *Ultrasonic Micromixer for Microfluidic Systems.* Sensors and Actuators A, 93:266–272, 2001.

[154] YAO, T. J., S. W. LEE, W. FANG und Y. C. TAI: *Micromachined Rubber O-Ring Micro-Fluidic Couplers.* In: *Proceedings of MEMS'oo, 13th IEEE International Workshop Micro Electromechanical System, Miyazaci, Japan, Jan. 23-27*, Seiten 745–750, 2000.

[155] ZENGERLE, R., A. RICHTER und H. SANDMAIER: *A Micromembrane Pump with Electrostatic Actuation.* In: *Proceedings of MEMS'92, 5th IEEE International Workshop on Micro Electromechanical Systems, Travemünde, Germany, Jan. 25-28*, Seiten 31–36, 1992.

Stichwortverzeichnis